建筑安装工程施工工艺标准系列丛书

发输电工程施工工艺

山西建设投资集团有限公司　组织编写

张太清　梁　波　主编

中国建筑工业出版社

图书在版编目(CIP)数据

发输电工程施工工艺/山西建设投资集团有限公司
组织编写. —北京：中国建筑工业出版社，2019.3
（建筑安装工程施工工艺标准系列丛书）
ISBN 978-7-112-23174-4

Ⅰ.①发…　Ⅱ.①山…　Ⅲ.①发电-电力工程-工
程施工②输电-电力工程-工程施工　Ⅳ.①TM614
②TM7

中国版本图书馆 CIP 数据核字(2019)第 007504 号

本书是《建筑安装工程施工工艺标准系列丛书》之一。该标准经广泛调查研究，认真总结工程实践经验，参考有关国家、行业及地方标准规范编写而成。

该书编制过程中主要参考了《电气装置安装工程　爆炸和火灾危险环境电气装置施工及验收规范》GB 50257—2014、《电气装置安装工程　高压电器施工及验收规范》GB 50147—2010 等标准规范。每项标准按引用标准、术语、施工准备、操作工艺、质量标准、成品保护、注意事项、质量记录八个方面进行编写。

本书可作为工业电气及发输电工程施工生产操作的技术依据，也可作为编制施工方案和技术交底的蓝本。在实施工艺标准过程中，若国家标准或行业标准有更新版本时，应按国家或行业现行标准执行。

责任编辑：万　李　张　磊
责任校对：李美娜

建筑安装工程施工工艺标准系列丛书
发输电工程施工工艺
山西建设投资集团有限公司　组织编写
张太清　梁　波　主编

*

中国建筑工业出版社出版、发行（北京海淀三里河路 9 号）
各地新华书店、建筑书店经销
北京科地亚盟排版公司制版
北京京华铭诚工贸有限公司印刷

*

开本：787×960 毫米　1/16　印张：19½　字数：380 千字
2019 年 5 月第一版　2019 年 5 月第一次印刷
定价：**70.00** 元
ISBN 978－7－112－23174－4
(33255)
版权所有　翻印必究
如有印装质量问题，可寄本社退换
（邮政编码 100037）

发 布 令

　　为进一步提高山西建设投资集团有限公司的施工技术水平，保证工程质量和安全，规范施工工艺，由集团公司统一策划组织，系统内所有骨干企业共同参与编制，形成了新版《建筑安装工程施工工艺标准》（简称"施工工艺标准"）。

　　本施工工艺标准是集团公司各企业施工过程中操作工艺的高度凝练，也是多年来施工技术经验的总结和升华，更是集团实现"强基固本，精益求精"管理理念的重要举措。

　　本施工工艺标准经集团科技专家委员会专家审查通过，现予以发布，自2019年1月1日起执行，集团公司所有工程施工工艺均应严格执行本"施工工艺标准"。

山西建设投资集团有限公司

党委书记：

董事长：

2018 年 8 月 1 日

丛书编委会

本书编委会

序

企业技术标准是企业发展的源泉，也是企业生产、经营、管理的技术依据。随着国家标准体系改革步伐日益加快，企业技术标准在市场竞争中会发挥越来越重要的作用，并将成为其进入市场参与竞争的通行证。

山西建设投资集团有限公司前身为山西建筑工程（集团）总公司，2017年经改制后更名为山西建设投资集团有限公司。集团公司自成立以来，十分重视企业标准化工作。20世纪70年代就曾编制了《建筑安装工程施工工艺标准》；2001年国家质量验收规范修订后，集团公司遵循"验评分离，强化验收，完善手段，过程控制"的十六字方针，于2004年编制出版了《建筑安装工程施工工艺标准》（土建、安装分册）；2007年组织修订出版了《地基与基础工程施工工艺标准》、《主体结构工程施工工艺标准》、《建筑装饰装修施工工艺标准》、《建筑屋面工程施工工艺标准》、《建筑电气工程施工工艺标准》、《通风与空调工程施工工艺标准》、《电梯与智能建筑工程施工工艺标准》、《建筑给水排水及采暖工程施工工艺标准》共8本标准。

为加强推动企业标准管理体系的实施和持续改进，充分发挥标准化工作在促进企业长远发展中的重要作用，集团公司在2004年版及2007年版的基础上，组织编制了新版的施工工艺标准，修订后的标准增加到18个分册，不仅增加了许多新的施工工艺，而且内容涵盖范围也更加广泛，不仅从多方面对企业施工活动做出了规范性指导，同时也是企业施工活动的重要依据和实施标准。

新版施工工艺标准是集团公司多年来实践经验的总结，凝结了若干代山西建投人的心血，是集团公司技术系统全体员工精心编制、认真总结的成果。在此，我代表集团公司对在本次编制过程中辛勤付出的编著者致以诚挚的谢意。本标准的出版，必将为集团工程标准化体系的建设起到重要推动作用。今后，我们要抓住契机，坚持不懈地开展技术标准体系研究。这既是企业提升管理水平和技术优势的重要载体，也是保证工程质量和安全的工具，更是提高企业经济效益和社会效益的手段。

在本标准编制过程中，得到了住建厅有关领导的大力支持，许多专家也对该标准进行了精心的审定，在此，对以上领导、专家以及编辑、出版人员所付出的辛勤劳动，表示衷心的感谢。

在实施本标准过程中，若有低于国家标准和行业标准之处，应按国家和行业现行标准规范执行。由于编者水平有限，本标准如有不妥之处，恳请大家提出宝贵意见，以便今后修订。

山西建设投资集团有限公司

总经理：

2018 年 8 月 1 日

前　　言

本书是山西建设投资集团有限公司《建筑安装工程施工工艺标准系列丛书》之一。该标准经广泛调查研究，认真总结工程实践经验，参考有关国家、行业及地方标准规范，在2007版基础上增加了发输电工程施工工艺，经广泛征求意见修订而成。

该书编制过程中主要参考了《电气装置安装工程　爆炸和火灾危险环境电气装置施工及验收规范》GB 50257—2014、《电气装置安装工程　高压电器施工及验收规范》GB 50147—2010、《电气装置安装工程　母线装置施工及验收规范》GB 50149—2010、《电气装置安装工程　电缆线路施工及验收规范》GB 50168—2006、《电气装置安装工程　电力变压器、油浸电抗器、互感器施工及验收规范》GB 50148—2010、《电气装置安装工程　起重机电气装置施工及验收规范》GB 50256—2014等标准规范。每项标准按引用标准、术语、施工准备、操作工艺、质量标准、成品保护、注意事项、质量记录八个方面进行编写。

本标准修订的主要内容是：

1　起重机电气装置及母线工程适用范围扩大了，电压等级提高了，相应提高了对安装各个环节施工技术、指标等要求。

2　爆炸和火灾危险场所电气装置工程部分增加了术语，修改了相关规定。

3　高压电器装置工程部分主要增加了SF₆断路器、空气断路器的安装要求、隔离开关的施工要求、互感器的施工要求、避雷器的施工要求、SF₆组合电器的施工要求。

4　增加了同步发电机的施工要求。

本书可作为工业电气及发输电工程施工生产操作的技术依据，也可作为编制施工方案和技术交底的蓝本。在实施工艺标准过程中，若国家标准或行业标准有更新版本时，应按国家或行业现行标准执行。

本书在编制过程中，限于技术水平，有不妥之处，恳请提出宝贵意见，以便今后修订完善。随时可将意见反馈至山西建设投资集团公司技术中心（太原市新建路9号，邮政编码030002）。

目　　录

第1篇 电气施工标准

第1章 220kV 及以下架空电力线路施工工艺

本工艺标准适用于 220kV 及以下架空电力线路铁塔基础、铁塔组立、输电线路、地线、导线架设的安装工程。

1 引用文件

《110kV～750kV 架空输电线路施工及验收规范》GB 50233—2014

2 术语

2.0.1 架空电力线路 overhead power line
用绝缘子和杆塔将导线及地线架设于地面上的电力线路。

2.0.2 档距 span length
两相邻杆塔导线悬挂点间的水平距离。

2.0.3 对地距离 ground clearance
在规定条件下，任何带电部分与地之间的最小距离。

2.0.4 耐张段 section of an overhead line
两耐张杆塔间的线路部分。

2.0.5 垂直档距 weight span
杆塔两侧导线最低点之间的水平距离。

2.0.6 弧垂 sag
一档架空线内，导线与导线悬挂点所连接直线间的最大直距离。

2.0.7 杆塔 support structure of an overhead line
通过绝缘子悬挂导线的装置。

2.0.8 根开 root distance
两电杆根部或塔脚之间的水平距离。

3 施工准备

3.1 基础工程施工准备

3.1.1 材料准备

砂子、石子、水泥、水、钢筋、模板、钢管、扎丝、铁丝。

3.1.2 机械准备

混凝土搅拌机、振动棒、钢筋切割机、电焊机、木工锯、大锤。

3.1.3 检测设备

钢卷尺（20m）、钢卷尺（5m）、水平尺、经纬仪、水准仪。

3.1.4 作业条件

1 施工地树木、杂草等障碍物处理完毕，达到场地平整要求；

2 线路复测完成，基坑位置确定；

3 临时施工道路修筑完成、施工材料机械到位。

3.2 外拉线内悬浮抱杆组塔施工准备

3.2.1 材料

塔材、铝镁合金抱杆、承托绳（ϕ19mm）、起吊绳（ϕ13.5mm）、外拉线（ϕ13.5mm）。

3.2.2 机械与工具

卷扬机、起吊滑车、地滑车、地锚（3t）。

3.2.3 作业条件

1 施工人员应熟悉并掌握设计图纸和施工方案。

2 清理施工场地，保证无施工障碍物。

3 对基础顶面高差（或主角钢顶面）和工器具进行施工前的检查，保证基础型和塔型无误，工器具无朽、无伤且满足施工要求并填写转场检查表。

4 清点塔材并按顺序排列整齐。

5 施工人员合理组织，分工明确。

3.2.4 现场布置

如图 1-1、图 1-2：1 号、2 号、3 号、4 号为抱杆拉线，对地夹角在抱杆最高时不大于 45°，用 3t 地锚，埋深 1.6m。

3.2.5 周围地形高差比较大的塔位，为了便于起吊过程中控制起吊构件与塔身的距离，以及便于吊件就位，要求在起吊侧设置 3t 控制绳地锚，并在控制绳尾端配用滚杠。

3.2.6 当起吊重量超过 1000kg 时，必须在起吊构件上安装 5t 动滑车（1-1 回头滑车）。

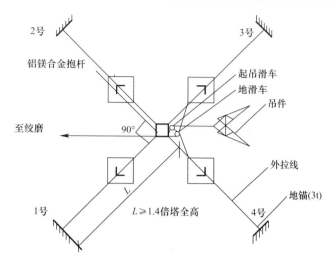

图 1-1　外拉线悬浮抱杆分解组塔平面布置示意图

（注：相邻拉线夹角如受地形限制不满足 90°时，最大偏转角度不允许超过±20°）

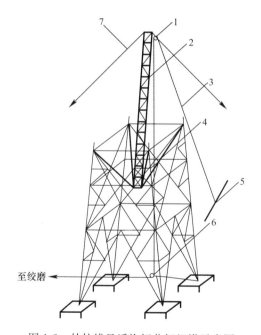

图 1-2　外拉线悬浮抱杆分解组塔示意图

1—起吊滑车（5t）；2—铝镁合金抱杆（0.5m×0.5m×23m）；3—起吊绳（ϕ13.5mm）；

4—承托绳（ϕ19mm）；5—吊件；6—地滑车（5t）；

7—外拉线（ϕ13.5mm）

3

3.3 内拉线悬浮抱杆组塔施工准备

3.3.1 材料、机械与工具

起吊滑车（5t）、铝镁合金抱杆（0.5m×0.5m×23m）、起吊绳（ϕ13.5mm）、承托绳（ϕ19mm）、吊件、地滑车（5t）、内拉线（ϕ15.5mm）。

3.3.2 现场布置

内拉线抱杆单片组塔现场布置示意见图1-3。

内拉线抱杆双片组塔现场布置示意见图1-4。

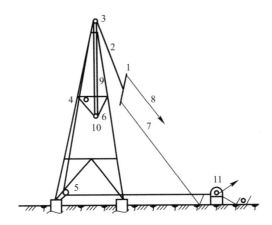

图1-3　内拉抱杆单片组塔法现场布置示意图

1—被吊塔片；2—起吊绳；3—朝天滑车；4—腰滑车；5—地滑车；
6—承托绳；7—控制绳；8—调整绳；9—抱杆；10—朝地滑车；11—绞盘

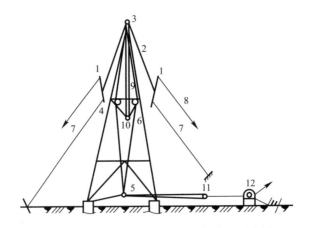

图1-4　内拉抱杆双片组塔法现场布置示意图

1—被吊塔片；2—起吊绳；3—朝天滑车；4—腰滑车；5—地滑车；6—承托绳；
7—控制绳；8—调整绳；9—抱杆；10—朝地滑车；11—平衡滑车；12—绞盘

3.3.3　抱杆的选择及布置

1　抱杆的构成

抱杆由朝天滑车、朝地滑车及抱杆本身构成。在抱杆两端设有连接拉线系统和承托系统用的抱杆帽及抱杆底座。

朝天滑车连接于抱杆帽，其主要作用是穿过起吊绳以提升铁塔塔片并将起吊重力沿轴向传递给抱杆。单片组塔法用单轮朝天滑车，双片组塔法用双轮朝天滑车。抱杆帽与抱杆的连接，一般采用套接力式。朝天滑车能在抱杆顶端围绕抱杆中心线水平旋转，以适应起吊绳在任何方向都能顺利通过。

朝地滑车连接于抱杆底座，其作用是提升抱杆。

抱杆分段应用内法兰连接，以便在提升抱杆时，能顺利通过腰环。如果为外法兰接头，提升抱杆过程中，接头通过应有防卡阻的措施。

2　常用的内拉线抱杆

木抱杆 400mm×9～12m，适用于吊装 110kV 及以下线铁塔，限吊质量 1500kg 以下。

薄壁钢管抱杆 ϕ250mm×15～18m，分段内法兰，适用于吊装 220～500kV 线路铁塔，限吊质量 1500kg 以下。

铝合金抱杆 400mm×15～18m，分段内法兰，适用于吊装 220kV 线路铁塔，限吊质量 1000kg 以下。

铝合金抱杆 500mm×21m，分段内法兰，适用于吊装 220～500kV 线路铁塔，限吊 1500kg 以下。

钢抱杆 500mm×21～24m，适用于吊装 500kV 线路铁塔，限吊质量 2500kg 以下。

3　抱杆的长度

根据吊装铁塔的分段长度及根开尺寸，选择适宜的抱杆长度。

抱杆在塔上位置示意如图 1-5 所示，抱杆露出已组塔段的长度 L_1 及插入已组塔段的长度 L_2 应保持一定比例。一般经验是：$L_1:L_2=7:3$。为了方便构件（即塔片）安装就位，抱杆可以稍向起吊的构件侧倾斜，其倾角不应大于 10°。

抱杆上部长度 L_1 应满足吊装构件就位的需要，抱杆下部长度 L_2 应满足承托绳与相对的承托绳间夹角小于 90°的要求。

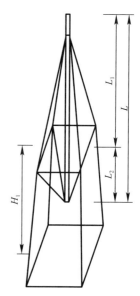

图 1-5　抱杆位置

3.3.4　抱杆拉线的布置

抱杆拉线是由四根钢丝绳及相应索具组成。拉线的上端通过卸扣固定于抱杆帽的拉环，下端用索卡或卸扣分别固定于已组塔段四根主材上端节点的下方。

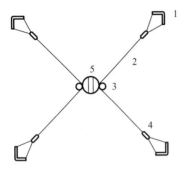

图1-6　承托系统布置平面

1—塔段主材；2—承托钢绳；
3—平衡滑车；4—双钩；5—抱杆座

拉线与塔身的连接点应选在分段接头处的水平段附近，或颈部K节点（指酒杯形铁塔）的连接板附近。挂拉线的主材处宜设置挂板或预留施工孔。

3.3.5　承托系统的布置

抱杆的承托系统由承托钢丝绳、平衡滑车和双钩等组成。承托系统布置平面如图1-6所示。

承托绳由两条钢绳穿过各自的平衡滑车，其端头直接缠绕在已组塔段主材节点的上方，用卸扣锁定，也可以通过专用夹具或尼龙吊带固定于铁塔主材上。承托绳在已组塔段上的绑扎点，应选择在铁塔水平材节点上方，或者颈部的K节点处附近。

为了保持抱杆根部处于铁塔结构中心，两条承托绳的长度应相等。

两平衡滑车根据起吊构件位置可以前后或左右布置。当被吊构件在塔的左、右侧起吊时，平衡滑车应布置在抱杆的左、右方向；当被吊构件在塔的前、后侧起出时，平衡滑车应布置在抱杆的前、后方向。该布置方式可使抱杆的承托绳受力均匀及防止抱杆在提升过程中沿平衡滑车位移。

当承托绳选用规格较大时，可不用平衡滑车，即用4条独立的钢丝绳分别挂于已组塔体的4根主材上。采用此布置方式时，要求4条承托绳应等长，连接方式应相同，使4条承托绳受力均匀。

3.3.6　起吊绳的布置

1　单片组塔时，起吊绳是由被吊构件经朝天滑车、腰滑车、地滑车引到机动绞磨间的钢丝绳双片组塔时，起吊绳经过2个地滑车之后还应通过平衡滑车。

2　单片组塔时，起吊绳同时也是牵引绳。为了方便论述及计算起见，起吊绳与牵引绳区分如下：以抱杆的起吊滑车（即朝天滑车）为界，起吊构件侧为起吊绳，牵引动力侧为牵引绳。双片组塔时，起吊绳与牵引绳通过平衡滑车相连接。

3　起吊绳的规格。应按每次最大起吊质量选取。当起吊质量在1000kg以下时，起吊钢绳选用11mm规格；起吊质量在1000～1500kg时，选用12.5mm规格；起吊质量大于1500kg时，应使用复式滑车组。

3.3.7　牵引设备的布置

内拉线抱杆组塔时，牵引设备选用30kN级机动绞磨或手扶拖拉机机动绞磨。牵引设备的锚固：在坚土地质条件下，应使用二联角铁桩；在软土地质条件下，应使用螺旋地钻；在各种土质条件下均可使用钢板地锚。

绞磨应尽可能顺线路或横线路力向设置且与起吊构件方向约呈垂直线方向。在起吊构件过程中，绞磨机手应能观测到起吊构件。绞磨距塔位中心的距离应不小于1.5倍的抱杆长度且不小于20m。

3.3.8　攀根绳和调整绳的布置

1　攀根绳是绑扎在被吊塔片下端的绳，其作用是控制被吊塔片不与已组塔体相触碰。攀根绳受力的大小，对抱杆、拉线系统及承托系统的受力均有直接影响。而攀根绳与地面间的夹角大小，直接影响着自身的受力，一般要求夹角不大于45°。

攀根绳规格应根据计算确定。一般经验是：被吊构件质量小于500kg，且攀根绳对地夹角小于30°，选用棕绳规格应不小于ϕ18mm；被吊构件大于500kg或由于地形限制，攀根绳对地夹角小于30°时，应选ϕ11mm或ϕ12.5mm钢绳。

当构件组装后的根开小于2m时，攀根绳一般用一条，用V形钢绳套与被吊塔片相连接。攀根绳必须连在V形套的顶点处。当构件的根开大于2m时，宜使用2条攀根绳，且按八字形布置。

2　调整绳（也称上控制绳）是绑扎在被吊塔片上端的绳，其作用是调整被吊构件的位置及协助塔上操作人员就位时对孔找正。正常起吊构件时，调整绳不受力，处于备用状态。调整绳一般用2条，分别绑于被吊塔片两侧主材上端。当塔片较宽时，为协助塔片就位，也可以用4条，2条绑在主材上端，2条绑在主材下端。通常选用16～20mm的棕绳。

3.3.9　底滑车和腰滑车的布置

1　腰滑车是为了合理引导牵引绳走向，避免牵引绳与塔段或抱杆相摩擦所设置的一种转向滑车。

腰滑车应布置在已组塔段上端接头处（起吊构件对侧）的主材上。固定腰滑车的钢绳套越短越好，以增大牵引绳与抱杆轴线间的夹角，从而减小抱杆受力。

2　底滑车（也称地滑车）是将通过铁塔内的牵引绳引向塔外，直至绞磨，起转向作用。若为双片吊塔时，两条牵引绳引至塔外穿过平衡滑车后与总牵引绳相连接。

底滑车通过钢丝绳固定在靠近地面的3根或4根塔腿主材上，基础不需加固。在特殊地质、地形条件下，为防止铁塔基础受力损伤，可在牵引方向的相反侧，增设一根或两根（地质松软时用两根）角铁桩，以加固基础。角铁桩与塔腿间用钢绳及双钩连接，起吊构件前收紧双钩。

3.3.10 腰环的布置

内拉线抱杆提升过程中，采用上下两道腰环，使抱杆始终保持竖直状态。上下两道腰环间的垂直距离一般应保持在 6m 以上。上腰环应布置在已组塔段的最上端，下腰环应布置在抱杆提升后的下部位置。腰环应通过钢丝绳套及花兰螺丝固定在已组塔段的四根主材节点处并适当收紧。

3.4 架空线路中的张力架线施工

3.4.1 材料

导线、地线、线路金具、压接管等。

3.4.2 机械与工具

牵引机、张力机、导线滑车、地线滑车、压接机、牵引绳、钢管。

3.4.3 主要检测设备

经纬仪、游标卡尺、钢卷尺。

3.4.4 作业条件

1 基础混凝土强度达到100％，耐张转角塔预偏值符合标准，基础验收合格。

2 铁塔组立完毕已通过中间验评；放线段内铁塔接地装置全部安装完毕，接地电阻均满足设计条件。

3 经审批的施工技术安全资料已出版，交底完毕；特殊工种人员经过培训并考试合格。

4 各种架线机具已进行检修保养，安全规程中规定带负荷试验要求的工器具已经试验，确认合格。

5 导地线压接试验合格。

6 架线材料已经检验合格并试组装合适，其供货时间及供货量安排不影响连续施工。

7 已详细调查交叉跨越情况，并与有关单位取得联系，办妥跨越协议及其他有关手续。

3.5 液压压接施工准备

3.5.1 材料准备

压接管、防锈漆、黑胶布（细绑线）、导电脂、汽油。

3.5.2 机械与工具

压接机、割线器（钢锯）、锉子、卷尺、断线钳、直板尺、毛刷。

3.5.3 检测设备

游标卡尺等。

3.5.4 作业条件

1 认真检查所用导、地线的结构及规格，其规格应与设计相符，并符合现行国家及行业标准的各项规定。

2　核对所使用的各种接续管及耐张线夹的规格、型号，并用精度为0.02mm的游标卡尺测量受压部分的内、外径；用钢尺测量各部长度，其尺寸、公差应符合现行国家及行业标准，并作记录。耐张线夹、直线接续管、补修管在使用前还必须进行外观检查，不得有裂纹、砂眼、气孔等缺陷。

3　在使用液压设备之前，应检查其完好程度，以保证正常操作。油压表要定期校核，做到准确可靠。

4　压接前应首先核对相序，理顺线号，严防错相、混线及交叉压接。

4　操作工艺

4.1　架空线路工程中的基础工程

4.1.1　施工工艺流程

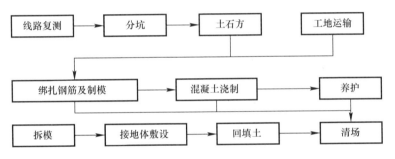

4.1.2　线路复测

1　在施工开始前必须对线路进行复测，核实现场情况与设计图纸是否相符。

2　复测的工作内容：

1）按设计平断面图，核对现场桩位是否与设计图纸相符；

2）校核直线与转角度数；

3）校核杆位高差和档距，补钉丢失的杆位桩，补充施工用辅助方向桩；

4）校核交叉跨越位置和标高；

5）校核风偏影响点；

6）对杆位进行全面校核，特殊地形包括塔位断面及基础保护范围，核实现场实际地形与杆位明细表情况是否相符，最终确认杆位是否可行，为降基分坑提供资料；

7）作好原始记录，填写复测分坑关键工序卡；

8）根据需要多补钉方向桩，以利于施工；

9）复测时发现的偏差不符合规范要求时，应及时与设计取得联系。

4.1.3　土石方工程

1　降基开方

1）划分降基面前，首先检查塔位中心桩与前后方向桩及塔位桩是否在一条直线上，复查档距，确定中心桩无误；并再次核实现场实际地形与杆位明细表是否相符，切不可贸然大开方，造成难以弥补的后果。在降基施工中，中心桩应尽可能地保留，以备后续施工及核查使用。若中心桩不能保留，应分别钉出四个十字辅助桩及标高桩，测量各桩与中心桩的距离及标高，并作好记录，以便降基后重新恢复中心桩。

2）降基开方时，应尽量避免或减少对自然植被的破坏，注意保护环境，防止水土流失；弃土、弃石应运转至合适的地方堆放。

2　基础分坑及开挖

1）根据复测后的杆塔中心桩，定出各基础的位置，按设计要求，开挖和清理施工基面。清理的范围应比基坑坑口各放出 0.5m。为了防止坍塌，应放出坡度，以保证安全。

2）基础分坑

分坑前应校核杆塔基础形式与杆塔明细表及配置表中的基础形式是否相符，确认无误后再进行分坑。

对角线斜距法：

将经纬仪置于中心桩 O 点，先前后视检查线路方向。然后顺时针转 45°角，在此方向上钉立辅助方向桩 C′，作为检查复核使用。再用钢尺量出从仪器中心点至钢尺与地面接触点的距离，并读出此接触点的竖直角，根据这两个数据计算出中心桩至钢尺与地面接触点的水平距离，与该基础腿的半对角线值相比较，并不断调整钢尺与地面接触点的位置，使计算值与该基础腿的半对角线值相等，钉出该 C 点。C 点即为该基础腿的中心点，根据该点和断面半径，即可划出 C 腿基坑开挖位置。再转 45°角，用同样方法钉出 D 腿基坑位置。依此类推，分别钉出A、B 腿基坑位置。若基坑为正方形时，则可以采用同样的方法钉出基坑的远、近点，再利用勾股定理，勾画出其他两点。

在地势平坦时，可采用井字拉线法分坑。

3）基坑开挖

当底台支模时，坑底每边考虑 200mm 的工作裕度。

基坑开挖时，应将坑边 1m 以内的浮土杂物清理干净；为防止塌方，出土堆放宜离开坑口边 1m 以外，特别是水渗透强及饱和土质，更应注意。

排除基面浮石、积水，必要时开挖排水沟。

根据土质特性、地下水位和挖掘深度坑壁应留有适当坡度，参考表 1-1：

坑壁坡度 表 1-1

土质情况	砂土浮土淤泥	砂质黏土	黏土黄土	坚土
坡度（深：宽）	1：0.75	1：0.5	1：0.3	1：0.15

软弱地质开挖，可设挡土板。挡土板应按阶梯布置且设对撑。

基坑内渍水，渗水应及时排除。

地下水位高、渗水量大，坑底应设积水坑，边开挖边排水。

4.1.4　基础工程

1　基坑修正放线

根据控制桩钉立放线桩，对基础坑尺寸进行修整；用经纬仪、塔尺检查各基坑的深度，同一深度的基础在规范允许偏差范围内按最深的一个坑操平。

当基坑开挖超过基础设计埋深时，所超过部分可用 C10 混凝土或铺石灌浆作为垫层，进行调整。

2　模板支立及钢筋的绑扎

1）模板支立时，根据放线桩校正模板位置；钢模板表面应平整且接缝严密，并刷废机油；模板卡子要安装齐全，并尽可能朝向节点。

2）钢筋的绑扎，应严格按照设计图纸施工，确保规格数量正确，位置、尺寸偏差在容许范围内；钢筋交叉点应用铁丝扎牢；有焊接点的主筋，应错开布置，同一断面接头面积受拉基础不大于总面积的 25%，受压基础不大于总面积的 50%；主钢筋的弯钩方向，位于模板平直部分与模板垂直，位于模板角部则沿该角的平分线布置。

根据基础钢筋的重量和现场地形，决定施工方法。整体安放：先将钢筋在地面绑扎成整体，再用三脚架吊放入坑内；逐个安放：将钢筋单个放入坑内，在坑内绑扎成钢筋笼。

钢筋笼在坑内应找正，找正后应在居中位置，不得偏斜，在坑内的高度位置应符合设计要求。

3）制作样板用于固定地脚螺栓。样板在坑口经找正后要支放牢固，在浇制过程中，不得有丝毫的移动。

3　基础浇制

1）基础浇制前，全面复核各部尺寸是否符合；基础浇制的过程中，应随时检查根开、对角线、高差等，发生问题及时调整。

2）基础浇制时，配比材料用量严格按混凝土配合比施工。

在施工时，拌和混凝土的水应使用饮用水或清洁的河水。

3）振捣

使用插入式振捣器应掌握快插慢拔的原则，使混凝土均匀受振，时间为

10～20s，混凝土中气泡逸出，基本出浆混凝土明显下沉为宜，防止过振。振捣的形式采用排列式和交错式两种，布置间距为振捣半径的1.5倍（振捣棒有效作用半径一般取30～40cm），连续分层振捣每层不应超过30cm。振捣器要插到前一层混凝土内3～4cm，防止漏振。

4）施工过程中，按验收规范的要求现场制作试块，并作记录。

5）坍落度每班日或每个基础腿应检查两次及以上。

6）配比材料用量每班日或每基基础应至少检查两次。

7）施工队技术员填写基础施工过程控制卡。

4　拆模

基础拆模时，应保证混凝土表面及棱角不受损。

5　基坑回填

1）普通开挖基础拆模后，应及时回填，并利于植被。

回填必须满足下列要求：

每回填300mm厚度夯实一次，夯实程度应达到原状土密实度的85%及以上。回填时应先排出坑内积水。

2）杆塔的回填，必须在坑面上筑防沉层。防沉层的上部不得小于坑口，宜为300～500mm。经沉降后应及时补填夯实。

6　基面施工时，要加强对塔基的保护。对降基较大的塔位，施工形成的边坡上方的不稳定危岩块体应予以处理，坡脚修筑排水沟，在坡顶修筑截水沟，有效地疏导坡上的水流，以防止雨水对已开挖的坡面和基面的冲刷。

4.2　外拉线内悬浮抱杆组塔操作工艺

本方案适用于地形条件较好，周围无电力线或其他障碍物影响，能设置四角外拉线的塔位。

4.2.1　抱杆组立、接续、拆除

1　抱杆分节运到现场，要检查有无损伤，垫平排直后进行连接，连接螺栓用开口扳手，紧固时要翻转抱杆，保证四面螺栓的紧固，抱杆起立后，紧螺栓一次，吊横担以前检查螺栓一次。抱杆的整体弯曲不得超过1.5‰，若弯曲超差，应将抱杆调直。

2　起吊抱杆平面布置

抱杆尽量按拉线对角线方向布置，以便控制抱杆；抱杆根部放在塔位中心，脚部固定在四个塔基础上，要垫上道木排，并使抱杆底座悬空。副抱杆采用梢径不小于110mm，长9m的两根杉杆或采用小铁钢管抱杆做成简易人字抱杆，腿部放置在主抱杆根部，根开3m；在主抱杆立到将要脱落人字副抱杆时，要停磨卡住拉线再脱抱杆，以避免脱抱杆时引起摆动，抱杆起吊到70°时，后拉线要控制，前拉线收紧将抱杆立直，四条拉线调好后再缓缓松磨。抱杆起立后要找正，脚部偏移铁塔中心不超过 200mm，抱杆垂直，倾斜不超过 150mm，用倒链通过钢丝绳卡线器调紧拉线，拉线本身要缠绕在滚杠上不少于 5 圈。调好后拉线在本体上打一个 8 字扣，用猫爪卡在拉线上。

3　抱杆提升

在抱杆起吊完所能及的塔片要提升时，先补全已组好的塔段上所有铁件（影响操作的铁塔内部水平铁除外）并紧好螺栓，再将一个 3t 滑车挂在最高层水平铁处的主材上，将磨绳穿入，其端头通过抱杆底座滑车锁在同高的水平铁处的对角主材上（如图 1-7 所示）。然后通过底滑车牵引使抱杆缓缓上升，抱杆提升中，横顺线路必须设监护人，抱杆保持垂直状态。指挥员指挥四条拉线（拉线尾端由滚杠控制）均匀放松，控制拉线操作人员要绝对听从指挥，相互配合，精力集中。抱杆到位后先将承托绳用 10t U 形环锁在水平铁处的主材上（在绑点主材上垫橡胶轮胎片，防止勒掉镀锌层），严禁用倒链代替受力承托绳四条拉线用倒链通过卡线器打紧，然后松绞磨，倒链收紧，当承托绳完全受力后，调整抱杆，要用倒链控制四侧拉线使其松紧适宜，拉线末端通过滚杠后封在拉线上，每侧拉线用 3 个索卡相邻互换 90°方位卡住。

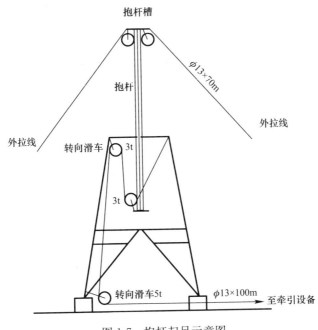

图 1-7　抱杆起吊示意图

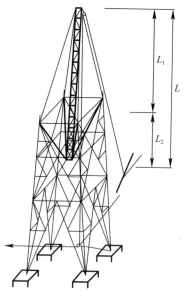

图1-8　抱杆起吊示意图

在第一次升抱杆前，底滑车应处于塔位中心。如果底滑车固定绳绑在塔腿上或基础上，应对绑点加以保护。升抱杆后，起吊铁件时也要使底滑车处于塔的中心位置，可用钢丝绳拴成星形状以避免抱杆斜受力。

抱杆的提升高度，需根据下一起吊段的垂直面长度来调整，而不宜使抱杆升的过高。根据本工程使用的抱杆，起吊作业中 $L_1 : L_2 = 7 : 3$（如图1-8），采用 23m 抱杆时，$L_1 = 16.1$m，$L_2 = 6.9$m。

4　抱杆的拆除

首先在塔顶中部挂一个 3t 单轮滑车（固定点应选在铁塔主材节点处，该节点处螺栓应全部拧紧），把起吊构件用的钢绳绑扎在抱杆重心靠上位置，然后依次穿过上述滑车和底滑车引至牵引设备，并收紧牵引绳。同时，在抱杆根部绑扎一根大绳来控制抱杆的降落方位。

拆除抱杆上拉线（这时抱杆在横担结构内不会有太大的倾斜）。

启动牵引设备，将抱杆稍升适当高度，拆除抱杆下部承托绳。

启动牵引设备回松牵引绳使抱杆缓慢下降，当抱杆头部降至横担上平面时，用绳套将抱杆头部和吊绳拢在一起，以防抱杆晃动，同时将抱杆从平口下塔身里引出，继续回松牵引绳，直至抱杆落地为止。

4.2.2　起吊操作

1　塔腿组立

根据地形条件，选择好塔腿平面摆放的位置，将四个塔腿分两侧面在地面组装好，利用抱杆将一个侧面吊起安装在基础上，紧固地脚螺栓（针对插入式基础，紧固主材根部全部螺栓），并利用上摆头绳打好临时拉线，然后再继续组立另一片，紧固螺栓后，同样打好临时拉线。组装侧面斜材及水平材，并将螺栓紧固。

2　吊装塔身

1）根据允许起吊重量，塔身分段在地面组装成片。吊点绳套在构件上绑扎位置应位于构件的重心以上节点处并对称布置，以保证起吊过程中构件平稳上升。在构件根部拴好控制绳。起吊过程中调整好控制绳，严防构件挂住塔身，并要求控制绳与地面夹角不超过 45°。起吊高度应稍高于连接处，然后缓松牵引绳

（配合操作控制绳），使低位一侧主材先就位，将尖扳子插入螺孔，并装上一个螺栓，然后继续松牵引绳，使另一侧就位。主材螺栓装好后，把下层的斜材装上，固定好主材，准备吊装另一侧塔片，另一侧塔片吊装就位后安装侧面大斜铁，在侧面大斜铁及小料螺栓紧固好后方可拆除两侧面塔片的绑扎绳套，以防止未连接牢固的塔片失稳。

2）如最下段是 3m 段或 3.5m 段，塔片可以与上段塔片合并，一次起吊，但必须补强。

3）牵引用底滑车可以固定在塔脚上，但绑扎绳套与塔脚间必须垫以块木等物，以防钢丝套受力后割伤塔材或自身被割断。

3　吊装塔头

1）由于抱杆高度有限，吊装塔头部分时，对于酒杯型塔应先下曲臂，后上曲臂（或根据本手册要求上下曲臂合吊），接着提升抱杆，下拉线绑扎点在上下曲臂 K 接点处，然后起吊横担；对耐张干字塔和换位塔，应先吊装塔身部分和地线横担，然后利用地线横担起吊导线横担。

2）从两侧面吊装上、下曲臂，在一侧上、下曲臂起吊就位后不得拆除绑扎绳套，等另一侧就位后并用 $\phi13$ 钢丝绳在两侧上曲臂处加固连接好后方可拆除绑扎绳套，提升抱杆准备吊装横担。

3）横担吊装时必须用木抱杆进行上下两层补强，横担的补强长度一般在 2/5～3/5 横担全长，V 形套间夹角不大于 112°，如横担较宽时可四点起吊。

4　耐张塔边导线横担吊装方法

耐张塔的边导线横担，可在吊装完塔身及地线支架后，利用地线支架整体吊装，如图 1-9，边导线横担整体吊装，允许吊装重量为 1000kg，JI、JII 边横担重均已超过 1000kg，应去除部分附料后进行吊装。安装时，先安装上部螺栓，再安装下部螺栓，直至安装完毕。

吊装边导线横担时，地线支架螺栓应紧固。

5 在所吊装塔片与塔身的连接螺栓全部紧好后，方可放松绞磨及控制绳。

6 补强：凡所吊塔片根开超过 4m 时，均要用杉杆补强，以避免塔材变形或折断。

4.2.3　安全技术要求及关键工艺要点说明

1 本工程悬浮抱杆组塔时，必须遵守以下几个规定：

1）抱杆在起吊侧的倾角≤10°；

2）起吊绳与抱杆的夹角≤20°；

3）控制大绳与地面夹角≤45°；

4）承托绳与抱杆夹角≤45°。

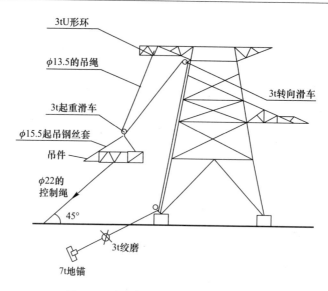

图 1-9　耐张塔边导线横担吊装示意图

2　本施工方法采用单面吊装构件的方法，起吊最大允许重量控制在 1800kg，抱杆倾斜角不宜超过 10°，吊件重量在 1000～1800kg 时，必须加挂 1-1 滑车组。

3　按规定执行安全工作票制度并划定作业区。

4　抱杆承托绳，吊套在塔件上的绑点要加以保护，塔材镀锌层受损处及时进行防腐处理。

5　悬浮抱杆使用 500mm×500mm 的铝合金抱杆组合，直线塔可采用 5.5×2＋6×2（或 5.5×2＋6×1＋4×2）组合高度进行吊装，耐张、转角、终端塔采用 5.5×2＋6×1 组合高度进行吊装。

6　每片塔片在地面要将螺栓紧固后再吊装，挂铁要上满螺母，以防脱落伤人。

7　每组完一段塔要上全所有不影响施工操作的部件，并且紧固螺栓后方可再升抱杆组上段塔，组完塔紧固全塔螺栓。

8　抱杆和吊件垂直下方不得有人，塔上人员应站在塔身内侧的安全位置上。

9　施工现场要分工明确，指挥人员号令清楚，施工人员要绝对服从指挥，做到令行禁止。

10　现场工器具、材料摆放要有序，组塔完毕要清理现场，做到"工完、料尽、场地清"。

11　所有酒杯形铁塔横担不可整体起吊，必须分片起吊。

12 吊装杯形塔横担及地线支架时，两侧曲臂要可靠连接以保证曲臂的强度，吊装杯型塔上曲臂时，下曲臂也要可靠连接以保证下曲臂的强度。

13 牵引绳要从绞磨的卷筒下方卷入，并排列整齐，缠绕不得少于5圈。

14 抱杆在荷重情况下，严禁调整抱杆拉线，在起吊过程中严禁塔上有人停留，抱杆在荷重情况下严禁过夜。

4.2.4 铁塔组立过程中螺栓紧固施工

1 铁塔螺栓穿向工艺要求

对立体结构：

1）水平方向由内向外；

2）垂直方向由下向上；

3）斜向者由斜下向斜上穿。

对平面结构：

1）顺线路方向，按线路方向穿入（即由小号向大号穿入）；

2）横线路方向，两侧由内向外穿，中间由左向右（按线路方向）；

3）垂直地面方向由下向上穿；

4）斜向者由斜下向斜上穿；

5）个别螺栓如按照上述要求不能安装，应做统一规定，但要注意相邻螺栓的穿入顺序有时影响螺栓是否能顺利穿入。

2 螺栓规格问题

在组塔时要注意，设计规定带双帽的必须带双帽，组装塔料时，应使用相应规格的连接螺栓，尤其在塔材接头包钢以及大板处，当同直径螺栓穿过的厚度一致时，其螺栓长度应一致。

3 采用螺栓连接构件时，应符合下列规定：

螺杆应与构件面垂直，螺栓头平面与构件间不应有空隙。

螺母拧紧后，螺杆露出螺母的长度，对单螺母不应小于两个螺距，对双螺母可与螺母相平。螺栓安装时，螺母必须是平面一侧贴塔材，倒角面朝外。

必须加垫者，每端不宜超过两个垫片。

4 安装要求

1）严格执行《110kV～750kV架空输电线路施工及验收规范》GB 50233—2014中有关条例，并且以施工图为标准，按照本手册进行施工，施工中对图纸和施工质量要求不得更改变动。

2）铁塔各构件的组装应牢固，交叉处有空隙的，应装设相应厚度的垫圈或垫板。

3）在铁塔组立施工中，严禁强行组装构件。个别螺孔需扩孔时，扩孔部分不应超过3mm，若超出此值时，应先堵焊再重新打孔，并应进行防锈处理，严禁用气割进行扩（烧）孔。

4）铁塔组立后螺栓应逐个紧固，其扭紧力矩不应小于表1-2要求，螺杆与螺母的螺纹有滑牙或螺母的棱角磨损以至扳手打滑的螺栓必须更换。

扭紧力矩（N·m）

表1-2

螺栓规格	扭矩值
M16	80
M20	100
M24	250

5）在组塔时，应按施工图纸将包钢处垫铁装好。

6）要求铁塔的一次紧固率达到98％以上。

7）铁塔组立后，各相邻节点间主材弯曲不得超过1/800。

8）在组塔施工过程中，对整片进行吊装的铁塔构件应采取相应的补强措施，以防塔材局部变形。

9）使用地脚螺栓连接的铁塔，应及时把地脚螺栓打毛，以防被盗，造成倒塔事故。

10）自立式塔组立质量等级评定标准及检查方法应符合表1-3的规定。

自立式塔组立质量等级评定标准及检查方法

表1-3

序号	性质	检查（检验）项目	评级标准（允许偏差）		检查方法
			合格	优良	
1	关键	部件规格、数量	符合设计要求		与设计图纸核对
2	关键	节点间主材弯曲	1/750	1/800	弦线、钢尺测量
3	关键	转角、终端塔向受力反方向侧倾斜	大于0，并符合设计要求	60°以下转角塔3‰，60°以上转角塔、终端塔5‰，架线后检查	经纬仪测量
4	重要	直线塔结构倾斜‰	3‰	2.4‰	经纬仪测量
5	重要	螺栓与构件面接触及出扣情况	符合GB 50233—2014第7.1.3条规定	紧密一致	观察
6	重要	螺栓防松	符合设计和GB 50233—2014规定	无遗漏	观察
7	重要	螺栓防盗	符合设计要求	无遗漏	观察
8	重要	脚钉	符合设计和GB 50233—2014规定	齐全紧固	观察

续表

序号	性质	检查（检验）项目	评级标准（允许偏差）		检查方法
			合格	优良	
9	一般	螺栓紧固	符合 GB 50233—2014 第 7.1.6 条，且紧固率：组塔后 95%，架线后 97%		扭矩扳手检查
10	一般	螺栓穿向	符合 GB 50233—2014 第 7.1.4 条规定	一致美观	观察
11	外观	保护帽	符合设计和 GB 50233—2014 规定	平整美观	观察

4.3　内拉线悬浮抱杆组塔施工方法

适用范围：

本方法适用于地形条件不利，塔位附近有电力线或其他障碍物影响，抱杆不能设置四角外拉线，但由于吊装塔头部位时，上部铁塔根开小，横担至平口垂直距离比较大，因此用该方案吊装塔头部位抱杆稳定性较外拉线抱杆差，在施工时必须采取措施，再顺线路打抱杆稳固性临时拉线。

4.3.1　施工工艺流程

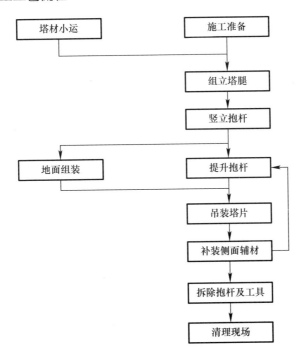

4.3.2 操作工艺

1 塔腿组立

地脚逐一装辅材的方法，该法适用于塔腿较重、根开较大的铁塔，需用工器较少，不受地形条件限制。半边塔腿整体组立的方法是将塔腿的一半在地面组装再用抱杆起吊，该法适用于塔腿较轻，根开较小的铁塔，且地形平坦的塔位，使用工具较多。现场施工可根据塔形特点及地形条件选择确定。

2 分件组立塔腿

先将铁塔底座置放在基础上，适当拧紧地脚螺帽。然后将塔腿主材下端与底座立板连上一个螺栓，利用此螺栓作为起立塔腿主材的支点。

当组立塔腿的主材长度在8m以下且质量在300kg以内时，可以用木叉杆将主材立起，使主材与底座板相连的螺栓全部装上。当组立的塔腿主材长度大于8m且质量超过300kg时，应利用小人字木抱杆（100mm×5m）或钢管抱杆按整立杆塔的方法将主材立起，布置示意如图1-10所示。亦可用独立抱杆方式起立。

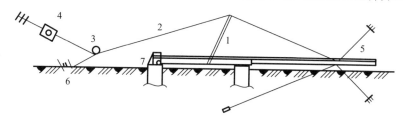

图1-10 人字抱杆组立塔腿主材布置示意图

1—人字抱杆；2—牵引绳；3—地滑车；4—机动绞磨；5—临时拉线；6—角铁桩；7—铁塔底座

人字抱杆组立塔腿主材的操作步骤如下：

1）将铁塔下部2～3段主材单根相连接，但总长度不宜超过15m，质量不宜超过500kg。主材上的联板应装上，相应的斜材及水平材用一个螺栓挂上。

2）材根部用一个螺栓连在塔脚底座立板上，作为起立塔腿主材的支点。

3）按图1-10做好现场布置后，启动绞磨，起立主材，直至主材根部与塔座立板的连接螺栓全部装上为止。

4）用临时拉线（3或4条18mm白棕绳）将塔腿主材固定后拆除起吊索具，其余三根主材同法起立或者利用已立主材起立。

塔腿四根主材立好后，自下而上组装三个侧面斜材及水平材，并将螺栓紧固。其中一个侧面的斜材暂不装，待内拉线抱杆立起后再补装。

3 整体组立半边塔腿

根据现场地形条件，选择好塔腿组装的位置，将铁塔底座板垂直地面安置在基础的垫木上。垫木的厚度应略高于地脚螺栓露出基础顶的高度。塔座底板应尽可能安装塔脚铰链。

在地面上对称地组装好两个半边塔腿且紧固螺栓。两个半边塔腿之间的辅铁应尽量带上，但螺栓不可拧太紧。

将内拉线抱杆立于基础中心，抱杆的拉线通过专用挂板分别固定在铁塔基础的地脚螺栓上，然后，按现场布置图 1-11 绑扎好吊点绳及牵引绳等。

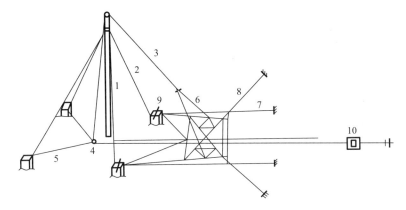

图 1-11　内拉线抱杆组立塔腿布置示意图

1—抱杆；2—抱杆拉线；3—牵引绳；4—地滑车；5—钢绳套；
6—吊点绳；7—制动绳；8—塔腿拉线；9—垫木；10—绞磨

整立半边塔腿前，塔腿根部应绑扎 2 条制动绳，塔腿两主材顶端应绑扎 4 条 11mm 钢丝绳作为临时拉线。吊点绳应绑扎在距离塔腿顶部 1/4～1/3 塔腿高度的节点处（高于塔腿重心高度）。启动绞磨后，应收紧制动绳，使铁塔底座跟随塔脚铰链转动。塔腿起立约 30°后，松开抱杆的构件侧拉线下端。塔腿立至设计位置后，绞磨停止牵引。使塔座孔对准地脚螺栓就位。套上垫板，安装地脚螺帽并拧紧后，固定塔腿临时拉线，拆除吊点绳。同样的步骤组立另一侧塔腿。

两个半边塔腿组立好后，将塔腿之间的斜材等辅铁全部装齐并拧紧螺栓，拆除塔腿临时拉线。

如果内拉线抱杆高度满足起吊塔身段的要求，则可将内拉线移至塔腿主材上端的节点处收紧，作好吊装塔身的准备。如果内拉线抱杆高度不满足起出塔身段要求时，应做好提升抱杆的准备。

4　竖立抱杆

竖立抱杆之前，应将运到现场的各段抱杆按顺序组合并进行调整，使其成为一个完整而正直的整体，接头螺栓应拧紧。将朝天滑车及抱杆临时拉线与抱杆帽连接，将起吊钢绳穿入朝天滑车。

竖立抱杆有两种方法：小人字抱杆整立法，利用塔腿单扳整立法，利用塔腿整体吊装法。可根据抱杆大小及地形条件选用。小人字抱杆整立内拉线抱杆与一般整立单杆相同。下面介绍后两种方法。

1）利用塔腿单板整立抱杆

利用塔腿板立内抱杆的现场布置示意如图1-12所示。该法是以塔腿代替小人字抱杆。抱杆应放置在未装辅材一侧的地面上。

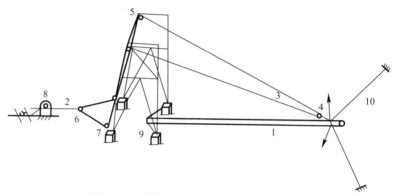

图1-12　利用塔腿板立拖杆的现场布置图

1—抱杆；2—牵引绳；3—起吊绳；4—吊点滑车；5—转向滑车；
6—平衡滑车；7—地滑车；8—机动绞磨；9—制动绳；10—抱杆拉线

当抱杆立至80°时，停止牵引，在塔腿上方收紧抱杆前方拉线达到抱杆立正的目的。抱杆立正后，将其拉线固定于塔腿主材上。

2）利用塔腿吊装抱杆

现场布置有两种方式：

当抱杆较轻时用单吊布置，示意如图1-13所示。

当抱杆较重时用回头滑车布置，示意如图1-14所示。

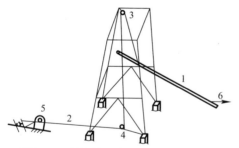

图1-13　利用塔腿单吊抱杆布置示意图

1—抱杆；2—牵引绳；3—起吊滑车；
4—地滑车；5—机动绞磨；6—攀根绳

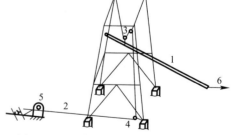

图1-14　利用塔腿双吊抱杆布置示意图

1—抱杆；2—牵引绳；3—起吊滑车；
4—地滑车；5—机动绞磨；6—攀根绳

　　抱杆根用攀根绳控制，使抱杆慢慢移向塔身内。抱杆竖立后，利用腰环及腰绳调正抱杆。然后拆除立抱杆的牵引绳索。

　　抱杆竖立后，应将塔腿的开口面辅材补装齐全并拧紧螺栓。将抱杆拉线固定在塔腿的规定位置上。

　　3）提升抱杆

　　提升抱杆有三种力式：

　　第一种利用腰环提升抱杆的现场布置示意如图 1-15 所示。

　　将提升抱杆的牵引绳由绞磨引出后，经过地滑车、起吊滑车（固定于与起吊钢绳绑扎处等高的对角主材节点处的滑车）、朝地滑车升至已组塔段上端主材节点处绑扎。

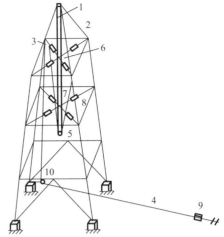

图 1-15　提升抱杆的现场布置图
1—抱杆；2—抱杆拉线；3—起吊滑车；
4—牵引绳；5—朝地滑车；6—上腰环；
7—下腰环；8—双钩；9—机动绞磨；10—地滑车

　　提升抱杆前，绑扎上腰环 6 及下腰环 7，使抱杆竖立在铁塔结构中心的位置并处于稳定状态。将 4 条拉线由原绑扎点松开，移到新的绑扎位置上予以固定。拉线应固定在已组塔段上端主材节点处的下方，各拉线长度应相等，连接方式应相同，拉线呈松弛状态。

　　启动绞磨，收紧提升钢绳 4，使抱杆提升约 1m 后，将抱杆的承托绳由塔身上解开。继续启动绞磨，使抱杆逐步升高至四条拉线张紧为止。将两条承托绳固定于已组塔段主材节点处的上方，调整承托绳使其受力一致。

　　调整抱杆拉线，使抱杆顶向被出构件侧略有倾斜。松出上下腰环及提升抱杆的牵引钢绳，做好起品塔片的准备。

　　抱杆的倾斜度宜使抱杆顶的铅垂线接近于塔片就位点，但抱杆倾斜角不得大于 10°，以避免承托绳受力不均匀，其允许最大倾斜值见表 1-4。

抱杆允许倾斜 10°时的水平距离（m）　　　　　　　　表 1-4

抱杆长度	10	13	15	18	21	24	30	35	40
水平距离	1.7	2.3	2.6	3.1	3.6	4.2	52	6.1	6.9

　　第二种利用内拉线在塔下控制提升抱杆的布置及操作方法，与利用腰环稳定抱杆的提升方法基本相同。关键是利用内拉线代替腰环稳定抱杆。

　　用内拉线稳定抱杆的布置要点是在 4 个塔腿内侧分别设置拉线控制器，在塔段顶端设置转向滑车；内拉线上端在抱杆顶固定后，其下端穿过转向滑车在塔体内引至拉线控制器。提升抱杆过程中，随着抱杆的升高，4根内拉线经控制器同步缓慢松出，使抱杆始终处于竖直状态，直至抱杆升至预定高度。先收紧承托绳并绑扎固定，再调整抱杆倾斜角到预定位置后收紧拉线并绑扎固定。

第三种利用内拉线在塔上的控制提升抱杆。

利用内拉线在塔上的控制，是在提升抱杆前先用棕绳拉住抱杆，再解开内拉线拉至已组塔体顶端留出拉线预定长度进行绑扎。提升抱杆的起始阶段，利用棕绳在塔上控制其稳定；当抱杆提升至适当高度后由内拉线承受不平衡张力。当内拉线张紧后，若抱杆高度尚不满足要求时，应解开内拉线绑扎处再第二次松出内拉线，直至达到预定高度为止。该方法只适合于抱杆高度不大于15m的工作情况。

5 构件的绑扎

构件包括单件主材、辅材及主材与辅材组装而成的塔片或塔段。构件起吊前，吊点绳、攀根绳必须按施工设计规定位置进行绑扎。

1）点绳的绑扎

吊点绳是由两条等长的钢丝绳分别捆绑在塔片的两根主材的对称节点处，合拢后构成倒"V"字形，在V形绳套的顶点穿一只卸扣与起吊绳相连接。

吊点绳在构件上的绑扎位置，必须高于构件重心1.0～2.0m处；绑扎后的吊点绳中点或其合力线，应位于构件的中心线上，以保持构件平稳提升。

吊点绳应呈等腰三角形，两吊点绳间夹角α不得大于120°，当被吊构件重力分别为5、10、15、20kN时，不同夹角下的吊点绳受力值见表1-5。吊点绑扎处应垫方木并包缠麻带，或者使用尼龙吊带代替钢丝绳绑扎，以防塔材磨损或割断钢绳。

不同夹角α下的吊点绳受力值 表1-5

被吊构件应力 (kN)	吊点绳夹角α（°）		
	60	90	120
5	2.89	3.54	5.00
10	5.77	7.07	10.00
15	8.66	10.61	15.00
20	11.55	14.14	20.00

2）构件的补强

吊点处件薄弱时，在吊点间应加补强钢管。塔片根部薄弱时，应在塔片底部加补强木或钢管，补强圆木梢径及钢管直径应不小于100mm及60mm，长度视构件长度而定。补强木与被吊构件间的绑扎可利用吊点绳缠绕后再用U形环连接，也可以用单独的 9mm 钢绳或 8 号铁线缠绕固定。

3）攀根绳及调整绳的绑扎

攀根绳应绑扎在构件下端的两根主材对称节点处。当塔片宽度小于 2m 时，相似于吊点绳的绑扎即 V 字形，地面由一条绳操作。当构件宽度大于 2m 时，则由两条绳分别操作。

调整绳一般为两条 18mm 白棕绳，分别绑扎在构件两侧上端的主材节点处。长横担的攀根绳同时作为调整绳使用。对于上字形铁塔的横担，为了安装方便，绑扎吊点绳时应使横担保持水平状态。绑扎位置通常选在横担长度的 1/2～1/3 之间（由塔身边量起）。

6 构件的吊装

1）构件吊装前的准备工作

对于已组立塔段上端接头处无水平材的，应安装临时水平材，但不应妨碍塔体上下段的连接。

已组立塔段的辅材必须安装齐全，且螺栓应拧紧。

当牵引绳可能与水平材相摩擦时，塔片上端水平材处应绑一根补强小圆木，进行隔离。

如果待吊塔片的大斜材下端无法与主材连成一体时，应在主材下端各绑一根圆木或圆管以接长主材，再将大斜材与接长主材绑扎成一体，以防止起吊伊始状态下大斜材着地受弯变形。塔片离地后拆除补强圆木或圆管。

2）构件吊装过程中的操作

构件开始起吊，攀根绳应收紧，调整绳应松弛；构件着地的一端，应设专人监护，以防构件被挂。

构件离地面后，应暂停起吊，进行一次全面检查。检查内容包括：牵引设备的运转是否正常，各绑扎处是否牢固，锚桩是否牢固，滑轮是否转动灵活，已组立塔段受力后有无变形等。检查无异常，方可继续起吊。

起吊过程中，在保证构件不触碰已组立塔段的前提下，尽量松出攀根绳，以减少各部索具受力。

构件起吊过程中，指挥人应密切监视构件起吊上升情况，应使塔片靠近已组塔体，两者间距宜为 0.3～0.5m。严防构件挂住已组塔体。

构件下端提升超过已组立塔段上端时，应暂停牵引，由塔上作业负责人指挥缓慢松出攀根绳。当构件主材对准已组立塔段主材时，再慢慢松出牵引绳，按先低后高的原则（即先到位的主材先就位，后到位的主材后就位）进行就位。

塔上作业人员应分清斜材的内外位置。固定主材时，先穿尖扳手，再穿螺栓。两主材就位后，按应先两端，后中间的顺序安装并拧紧全部接头螺栓。

构件接头螺栓安装完毕，松出起吊绳、吊点绳及攀根绳等，然后，安装斜材及水平材。

3）酒杯形铁塔横担的吊装

220kV及以下送电线路酒杯塔（或猫头塔）横担的吊装：

吊装横担一般分前后片起吊。试装一片就位后，不拆除吊点绳并带张力或设置临时拉线以稳定横担片。待另一片吊装就位，将前后两片用水平材或斜材连成整体后再拆除调整绳和临时拉线。

由于220kV线路的横担长度一般不超过12m，整体吊装时可不进行补强。

抱杆竖直后，顺线路方向的拉线与抱杆轴线间的夹角很小，因此，抱杆在顺线路方向的稳定性较差。在地形条件允许情况下应增加顺线路前后侧落地拉线。在地形无法打前后侧落地拉线情况下，吊重应酌情减小。

4）干字形铁塔横担的吊装

干字形塔的导线横担较重，不能随塔身同段吊装，通常是先分片吊装地线支架，再利用已安装好的地线支架分片吊装横担。

将横担分成前后两片在地面组装，转角外侧的跳线横担应同步组装，并将前后两片之间的辅铁挂上。横担较轻时，可将一相导线横担整体地而组装后起吊。

5）地线横担（地线支架）的吊装

地线横担由于结构的不同分为两种吊装方法：当地线支架在塔身处不断开时，如干字形塔应采用前后分片的水平吊装法，见图1-16（a）；当地线支架在塔身处断开时（如双回路直线铁塔的地线横担、应采用左右分段竖直吊装法，见图1-16（b））。

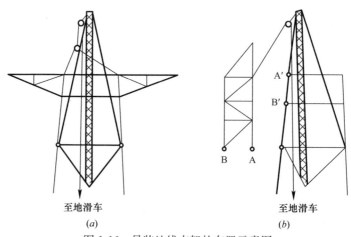

图1-16 吊装地线支架的布置示意图

（a）水平吊装法；（b）竖直吊装法

当采用竖直吊装地线横担就位操作时，应将上平面 A 点对 A′ 先就位，然后松出起吊绳，使 B 点对 B′ 再就位。

利用地线支架吊装导线横担的布置如图 1-17 所示，根据横担的长度和重心位置不同，在地线支架的某节点处悬挂起吊滑车 4。在地线支架和塔身连接处悬挂转向滑车 5，塔脚底座和基础连接处安置底滑车 6（均为开口滑车）。将牵引绳通过滑车 6、5、4 后和绑扎横担的吊点绳相连接。一个立面横担两端各挂一根18mm 棕绳，做起吊调整及攀根绳，以利调整横担就位。

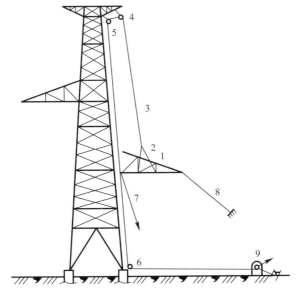

图 1-17 利用地线支架吊装导线

1—导线横担；2—吊点绳；3—起吊绳；4—起吊滑车；

5—转向滑车；6—底滑车；7—调整绳；8—攀根绳；9—绞磨

干字形铁塔横担吊装的操作要点是：吊装过程中收紧攀根绳，使横担上的角铁离开已组塔身 0～0.2m；当横担吊至设计位置后利用调整绳使横担上、下主材与塔身连板（或主材）对准孔位，安装并拧紧连接螺栓。第一片横担就位后，应将横担与塔身连接的水平材装上，使横担立面处于稳定状态。

第二片横担就位后，应由里向外（塔身为里，挂导线处为外）先下后上按顺序组装横担辅材。

4.3.3 构件吊装的注意事项

1 地面工作人员与塔上作业人员要密切配合，统一指挥。塔上作业人员不宜超过六人，且应有专人与地面联系。

2 主材接头螺栓安装完毕，侧面的必要斜材已安装，构件已组成整体，方准登塔拆除起吊绳、攀报绳、调整绳等。

3 调整绳解开后，可将其直接绑在起吊绳的下端，利用调整绳将起吊绳拉至地面与待构件的吊点绳相连接。

4 塔段的四面辅材全部组装完毕方准提升抱杆。

5 铁塔组立完毕后，方可拆除抱杆。对于酒杯塔或猫头塔通常是利用横担中点作起吊滑车悬挂点拆除抱杆；对于上字形或干字形塔通常是利用塔头顶端作悬挂点拆除抱杆。悬挂点应选在铁塔主材的节点处，且节点处的螺栓应全部拧紧。

抱杆拆除的现场布置如图 1-18 所示。

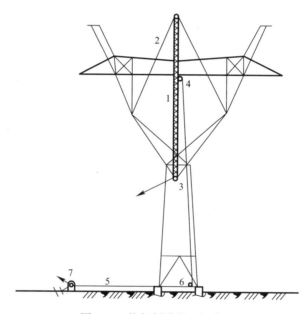

图 1-18　抱杆拆除的现场布置

1—抱杆；2—抱杆拉线；3—承托钢绳；4—起吊滑车；5—牵引钢绳；6—地滑车；7—绞磨

在横担中部节点处绑一只 30kN 单轮滑车 4，在抱杆上部离抱杆顶约 1/4～1/5 的位置绑扎起吊绳，穿过滑车 4 及底滑车 6，引至机动绞磨。抱杆根部绑一条对 18mm 棕绳，在塔身适当位置引出塔身外后拉至地面。

拆除抱杆的操作顺序是：收紧起吊绳，拆除抱杆拉线；启动绞磨，将抱杆提升约 0.5m 高度后停止牵引，拆除承托绳；再启动绞磨，松出牵引绳使抱杆徐徐下降，同时拉紧抱杆根部棕绳，将抱杆引出塔身之外；当抱杆头部降至横担以下时，拆除抱杆顶部拉线，用棕绳套或卸扣将抱杆头部与牵引绳圈住，以防抱杆翻转；继续松出牵引绳使抱杆落地，抱杆根部棕绳要适当拉紧，避免抱杆与塔身碰撞摩擦。

4.4　架空线路中的张力架线操作工艺

本工艺适用于 220kV 及以下架空输电线路、地线架设施工。

4.4.1　选场与布置

1　牵张场选择条件：

1）地形及道路条件较好，能使牵张机械到场。道路最小转弯半径不小于 8m，路面承载力不小于 12t，坡度不大于 15°。

2）牵张场地应有足够大的面积，满足机械和线轴布置要求（设计要求牵引场地长×宽＝20m×15m；张力场地长×宽＝30m×15m）。

3）不允许有压接头的档内，不得做牵张场。一般跨越档尽量不作牵张场。

4）实际垂直档距大于最大设计垂直档距 80% 的塔位前后档和直线转角塔前后档不宜作牵张场。

5）大转角塔处和严重上扬塔位处宜设牵张场。

6）放线区段选择：一般以长度不超过 8km，塔位不超过 16 个放线滑车为宜。

2　牵张场布置：

牵引场、张力场一般采取交替布置。

1）牵引机和张力机一般布置于线路中心线上，在转角耐张塔前后档布置牵张场时，牵张场应位于放线段线路方向的延长线上。如地形条件困难，张力机与线路中心线的偏移也不应超过 5°；牵引机设置转向滑车后可偏离线路方向。

2）牵张机进出口与相邻塔悬挂点高差角不宜超过 15°。

3　跨越架搭设

1）跨越架的形式应根据被跨越物的大小和重要性确定。重要的跨越架及高度超过 15m 的跨越架应由施工技术科提出搭设方案，经审批后实施。

2）跨越架的中心应在线路中心线上，跨越架宽度应超出两边导线各 1.5m，且架顶两侧应装设外伸羊角。

3）为了防止磨损导线，放线控制档跨越架顶部横杆应设保护措施。导引绳展放时跨越架顶相磨处应增加角钢补强，但导引绳展放完毕，展放导线前要拆除补强角钢。对导线展放时可能摩擦通过的跨越架顶应绑扎胶垫保护。

4）张力架线要求跨越架有较高的纵向强度，能够承受一组导线跑线时的拖力（不小于 1t），因此要求跨越架顶部的强度要高，可通过加打顺线路拉线进行补强；同时跨越架也要有足够的垂直承压强度。

5）跨越架应在白天设标志旗、警告牌；公路跨越处夜间设红色标志灯。重要的跨越架要派专人看守。

6）跨越架与被跨越物最小垂直水平距离见表 1-6。

跨越架与被跨越物最小垂直水平距离　　表1-6

类别 \ 被跨越物	公路	铁路	通信线与低压电线	电力线（kV）		
				10	35	110
最小水平距离（m）	至路边：0.6	至路中心：3.0	0.8	1.5	1.5	2.0
最小垂直距离（m）　有地线	至路面：6.0	至铁轨：7.0	1.5	1.0	1.0	1.5
最小垂直距离（m）　无地线				2.0	2.0	2.5

4.4.2 导线对地测量

具体见表1-7～表1-10。

导线对地距离（m）　　表1-7

线路所经地区	最小距离	说明
非居民区	6.5	导线最大计算弧垂条件下
居民区	7.5	导线最大计算弧垂条件下
交通困难地区	5.5	导线最大计算弧垂条件下

导线与山坡、峭壁、岩石最小净空距离（m）　　表1-8

线路所经地区	最小净空距离
步行可以到达地区	5.5
步行不能到达的山坡、峭壁、岩石	4.0

交叉跨越距离（m）　　表1-9

被跨物名称	最小垂直距离	计算条件
公路	8.0（至路面）	+40℃时导线弧垂
电力线	4.0	+40℃时导线弧垂
通信线	4.0	+40℃时导线弧垂
铁路	8.5（标准轨至轨顶）	+70℃时导线弧垂
不通航河流	4.0（百年一遇洪水）	+40℃时导线弧垂
	6.5（冬季至冰面）	覆冰时导线弧垂

电力线路与通信线路的允许交叉角　　表1-10

通信线路等级	Ⅰ	Ⅱ	Ⅲ
交叉角≥	45°	30°	不限制

4.4.3 导线悬垂绝缘子串悬挂

1　对运至现场的绝缘子、金具和滑车必须进行外观检查。玻璃瓶体破损、球头松动、碗头损坏；金具有裂纹、变形、生锈和损坏；放线滑车挂胶不良好、转动不灵活、间隙过大等均不得使用。

2 绝缘子安装前应将表面擦拭干净，绝缘子插销端部必须向两侧弯折成60°，使之在拆卸绝缘子或正常情况下都不能自行脱离。

4.4.4 导线放线滑车悬挂

1 导线放线包络角大于30°时必须在顺线路方向悬挂双滑车。

2 实际转角小于15°的耐张转角塔滑车为单放线滑车；当实际转角大于15°时，为双放线滑车，双滑车在主轴处用两根1.0m长的∠45角钢连接固定。

3 直线塔放线滑车

1）单滑车：单联悬垂串时，悬挂于WS-10型碗头挂板下方；双联悬垂串时：悬挂于放线前进方向一联的WS-10型碗头挂板下方。此时另一悬垂串下方用8号铁线提起，吊在横担上，中间需绑设木杆支撑，避免两悬垂串相碰撞。

2）双滑车：滑车各自悬挂于两联串的WS-10型碗头挂板下方，并用两根角钢连接固定。

4 耐张塔放线滑车

1）单滑车：用2根ϕ17.5mm×1.0m长钢丝绳套呈"V"形悬挂，绳套绑扎在前后两侧导线挂点附近的主材接点处。

2）双滑车：分别用2根ϕ17.5mm×1.0m长钢丝绳套双折悬挂，绳套对称绑扎在前后两侧导线挂点附近的主材接点处。

5 钢丝绳套在塔材绑扎处需垫设和主材相应厚度的方木。

4.4.5 导引绳展放

1 导引绳特性

具体见表1-11。

导引绳特性　　　　　　　　　　　　　　　　　　表1-11

直径（mm）	截面积（mm²）	单位重量（kg/m）	计算拉断力（kg）
ϕ13	65.04	0.588	10300
ϕ16	98.52	0.891	15602

2 导引绳使用要求

1）导引绳在展放过程中应进行外观检查，发现严重锈蚀、多处断股、打金钩者应切断重接。

2）ϕ13mm导引绳自身连接采用5吨级连接器；用于地线、光缆的展放。ϕ16mm导引绳自身连接采用5吨级连接器；用于导线的展放。

3 导引绳展放方法

1）采用人工分段展放，逐塔穿过放线滑车，与邻段导引绳相连接，展放过程中应避免相互缠绕，尽量少留余线。

2）导引绳展放时在带电跨越处两端挂接地滑车。

3）导引绳在展放过程中要有熟悉地形的技工领放。

4.4.6　施工工艺流程

施工机械、材料到场→铁塔挂滑车→牵引绳过滑轮→牵引绳接导线及牵引机、张力机反转→导线牵引→紧线及金具安装。

4.4.7　导线张力展放施工操作

1　展放方案

1）导线以一牵二方式张力展放，单根子导线展放工器具按5t级配备。

2）展放前的检查：牵张机械、工器具的规格及完好情况；猪笼套、走板、旋转器销钉连接牢固情况；机械设备的锚固、连接和接地情况；通讯系统的畅通清晰情况等。

2　张力场放线操作准备

1）用吊车将指定线轴分别安装在两个线轴支架上，导线从线轴上方抽出，穿入猪笼套用14号铁线在尾端缠绕两道扎紧，每道15～20圈，用ϕ15mm尼龙引绳一头连接猪笼套，另一头按规定的方向缠过张力轮，发动张力机将导线引出张力轮。

2）导线猪笼套通过3t旋转器连接一牵二走板，走板再通过5t旋转器与ϕ16mm导引绳连接好。

3）启动张力机反转，将牵导线导引绳拉紧受力后，将余导线收回线轴，并保持200～300kg尾张力，拆除导引绳临锚装置，调好张力，挂好接地滑车，准备牵引。

3　牵引场放线操作准备

1）将临锚后侧不受力的导引绳按规定方向缠绕在牵引机鼓轮上，引入导引绳卷绳装置。

2）开动牵引机适当慢速牵引使导引绳收紧，原导引绳临锚放松后停止牵引，拆除导引绳临锚，挂好接地线，待命牵引。

4　沿线塔位准备

转角塔位安装并调整滑车预倾斜设施；

上扬塔位安装导引绳压线滑车；

检查并处理导引绳跳槽或腾空障碍。

5　张力放线

由放线指挥人员通过报话机查询沿线各点情况均正常后各机启动，命令牵引机开始牵引。

放线初始，需慢速牵引，观察牵引机、张力机的工作状态是否正常；观察设备的锚固，牵引绳、导线与走板间的连接是否可靠；了解各杆位的放线滑车是否转动自如。待走板通过首基杆位后，可按正常速度牵引，牵引速度一般为 80～100m/min。走板靠近较大转角塔滑车和抗弯连接器过鼓轮等特殊情况应减速牵引。待走板和抗弯连接器通过放线滑车和鼓轮后再提速牵引。当走板靠近压线滑车时应停止牵引，待加装导线压线滑车、拆除牵引绳压线滑车后方可启动牵引。

导线调平：子导线张力随时调整，保证走板平衡。

6　张力场更换线轴

前一组导线放至剩 20～30m 尾线时，应放慢速度牵引，线轴剩 4～5 圈导线时停止牵引，机后做好一次临锚，倒出导线更换新线轴。用双辫猪笼套将新旧线头联接，用铁线将猪笼套两端扎牢将余线收回线轴保持尾张力。拆除一次临锚慢速牵引，当接头引出张力机 10～15m 时停止牵引，做好二次临锚。通过卡线器、GJ-100×20m 包胶锚绳、3t 工具 U 形环将导线临锚在张力机前，同时在牵引机侧做好导引绳临锚。二次临锚后，放松导线使其落在预先铺设的帆布上，割去猪笼套处导线，做好压接准备。

压接完毕后张力机向后反转，分别收紧各子导线，调整好尾张力，牵张机两端解除二次临锚，继续牵引放线。

7　压接管保护：为防止导线压接管过滑车时产生弯曲变形，需在压接管外加装保护钢甲。具体方法为：先将压接管用塑料布包裹后，装两端胶垫，最后装中间组合钢甲，然后用 14 号铁线沿槽绑扎牢固，并在铁线外缠绕两层黑胶布以防与滑车相挂及子导线间鞭击时损伤导线。

8　导线地面临锚

1）导线展放完毕，应及时地面临锚，各子导线分别用卡线器、GJ-80 挂胶锚绳、3t 工具 U 形环临锚在 7t 二线锚线架上。

2）临锚时应使导线不等高排列，张力在满足导线对地距离且不摩擦跨越架的前提下尽量减小。

3）如因故暂停施工或者当日未能完成该放线区段的导线展放工作时，两端应做好临锚，导线端临锚与导线展放完毕地面临锚相同，但靠近锚线架侧加挂 3t 倒链；牵引绳端用牵引绳卡线器、ϕ17.5mm 钢丝绳套和 5t 导链、7t 锚线架。

4）导线展放完毕断线时，要预留一定长度的尾线，以供压接使用。

9　导线损伤处理

1）外层导线铝股有轻微擦伤，其擦伤深度不超过单股直径的 1/2，且截面积损伤不超过导电部分的截面积的 5% 时，强度损失尚不超过总拉断力的 4%，用不粗于 0 号细砂纸磨光表面棱刺。

2）当导线损伤已超过轻微损伤，但因损伤导致强度损失不超过总拉断力的5%，且损伤截面积不超过导电部分截面积的7%时，可以缠绕修理。

3）当导线在同一处损伤的强度损失已经超过总拉断力的5%，但不足7%，且损伤截面积不超过导电部分截面积的25%时，采用补修管进行补修。

4）采用缠绕处理时应符合下列规定：

将受伤处线股处理平整；

缠绕材料应为铝单丝，缠绕应紧密，其中心应位于损伤最严重处，并应将受伤部分全部覆盖。其长度不得小于100mm。

5）采用补修管补修时应符合下列规定：

将损伤处线股先恢复原绞制状态；

补修管的中心应在损伤最严重处，需补修的范围应位于管内两端各20mm。

6）有下列情况之一时，必须将损伤部分全部锯掉，用接续管将导线重新连接：

强度损失和截面积损伤超过采用补修管补修的规定时；

损伤的范围超过一个补修管允许补修的范围；

钢芯有断股；

金钩、破股已使钢芯或内层线股形成无法修复的永久变形。

4.4.8　导线走板通过转角塔位滑车时易出现的问题及处理方法

走板通过滑车时有卡壳现象，采用放线滑车下端设控制绳或设辅助转角滑车的方法，牵张机司机在操作熟练后可通过调整二线张力，使走板倾斜一定角度并配合牵引速度的变化使走板顺利通过。

因放线滑车倾斜，容易造成走板平衡锤过滑车后翘搭在导线上，出现此种情况时应立即停止牵引，登塔处理。

4.4.9　导线紧线与平衡挂线

紧线

1）紧线采用牵张场地面紧线或耐张塔紧线方式，两根子导线同步紧线。

2）线序排列如图1-19示意。

图1-19　线序排列

（a）附件前线序；（b）附件后线序

注：图中左右方位指面向线路前进方向而言。

4.4.10　牵张场地面紧线

1　操作方法：采用各子导线单独紧线方式，将导线用机动绞磨以"紧—松—紧"方式进行粗调，当弧垂基本达到标准时，再用3t导链将导线固定在二线锚线架上进行细调。紧线完毕后进行画印。

2　紧线工器具组合：

导线卡线器、3t级动滑轮、ϕ13mm钢丝绳、5t绞磨。

3　注意事项

1）紧线操作同时要设专人回收导线，以免导线受损。

2）紧线应尽量减少过牵引。

3）紧线主牵引地锚在各相导线放线方向延长线上，牵引绳对地夹角不得大于20°。

4）紧线完毕导线在放线滑车中停留时间越短越好，挂线和附件安装工作一般不应超过72h，重要交叉跨越处，不应超过48h。

5）一个耐张段分两次或多次紧线时，应在第一次紧线完毕后，除靠近紧线场一基塔外，其他进行附件安装，并在最后一基塔做好过轮临锚。

4.4.11　耐张塔紧线

1　耐张塔紧线同直线塔紧线操作方法基本相同，只是紧线前必须在紧线侧的反方向安装好反向补强拉线，如果反方向已紧挂好导线可不安装补强拉线。

2　每相导线反向拉线由一根GJ-80钢绞线组成，配一个3t地锚（埋深不小于1.6m），反向拉线对地夹角不得大于45°。

3　耐张塔紧线时，导线与拉线容易发生摩擦。必要时在拉线上要进行挂胶保护。

4　直线塔画印

1）弛度调整完毕，在紧线段内各直线塔上同时画印，印记应准确、清晰。

2）直线塔画印采用以下方法：用垂球将横担中心投影到任一子导线上，将直角三角板的一个直角边贴紧导线，另一直角边对准投影点，在其他子导线上画印。

4.4.12　弧垂观测

观测方法：根据现场实际情况，采用三种方法进行弧垂观测。一般情况尽量采用等长法观测弧垂；当悬点高差较大时，可采用异长法进行观测；对于大高差、大弧垂当用以上两种方法都不能进行观测时，可采用档端角度法进行观测。

1　等长法观测

具体见图1-20。

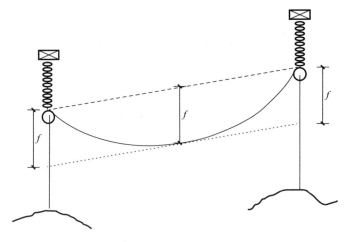

图 1-20 等长法观测弧垂示意图

2 异长法观测

用异长法观测弧垂时：$b=(2\sqrt{f}-\sqrt{a})^2$

检查弧垂时：$f=(\sqrt{a}+\sqrt{b})^2\times 1/4$

具体见图 1-21。

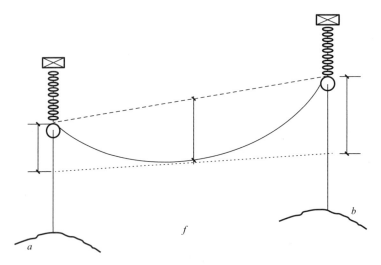

图 1-21 异长法观测弧垂示意图

3 档端角度法观测

具体见图 1-22。

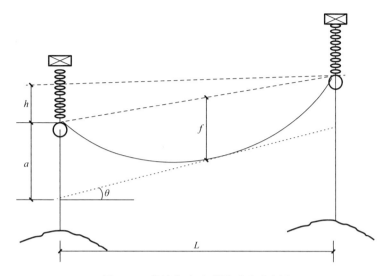

图 1-22　档端角度法观测弧垂示意图

角度法计算公式：$\theta = \tan^{-1}\left[(\pm h - 4f + \sqrt{4a \cdot f})/L\right]$

检查弧垂公式：$f = (\sqrt{a} + \sqrt{a - L \cdot \tan\theta} \pm h)^2 \times 1/4$

式中：

θ——观测角（°），正值表示仰角，负值表示俯角；

L——档距（m）；

h——导线悬点高差（m），靠近经纬仪的悬点低时取"＋"，

反之取"－"；

a——经纬仪至悬点的垂直距离（m）；

f——观测弧垂（m）。

4　弧垂观测注意事项

1）弧垂观测前应复测观测档档距，并应查明档距变化原因；若档距与弧垂表不符时，弧垂值要进行调整，其计算公式为：

$$f_2 = f_1(L_2/L_1)^2$$

2）弧垂观测前应先检查确认观测档两端绝缘子数量及规格是否与图号相符，确保观测计算无误。

3）需用异长法观测时，要在现场进行计算；需用角度法观测时，需在现场测定悬点高差。

4）弧垂观测档的选择应符合下列规定：

导线弧垂观测档的选择：

观测档位置分布比较均匀，相邻两观测档位置不宜超过 6 个线档。

观测档具有代表性，如连续倾斜档的高处和低处、较高悬挂点的前后两侧、相邻紧线段的结合处、重要被跨越物附近应设观测档。

宜选档距较大，悬挂点高差较小的线档作观测档。

宜选对邻近线档监测范围较大的塔号作测站。

不宜选邻近转角塔的线档作观测档。

观测弧垂时的实测温度应能代表导线的温度，温度应在观测档内实测。

4.4.13　压接升空

在两放线段中间连接处，当前一放线段已完成紧线并安装好过轮临锚，后一放线段也已完成放线施工时，需进行导线连接和地面导线升空作业。

1　操作方法

将两放线段的导线对应连接之后，利用两套绞磨分别将两侧导线收紧使临锚松弛、拆除，缓慢回松机动绞磨，将余线释放。在即将升空的导线上，两端各搭一根 $\phi22\text{mm}$ 尼龙绳或装有压线滑车的 $\phi13\text{mm}$ 钢丝绳，尼龙绳控制在与锚线架相连的 3t 卸扣上，钢丝绳缠绕在小滚扛上，人力拉尾绳控制。拆除卡线器及磨绳，两端尼龙绳（或钢丝绳）同时相对放松，使导线缓慢升空到自然状态，然后放下尼龙绳（或压线滑车和钢丝绳），升空工作即完成。

2　注意事项

1）导线压接时要注意两侧导线的线号顺序，以防错接；另外导线之间要防止互相缠绕造成误操作。

2）如果地面余线较长，在导线升空时，为保证导线不落地和对交叉跨越物的安全距离，应在下一紧线场同时收紧导线。

3）导线升空控制速度要慢，防止子导线间在振动跳跃时互相缠绕或转角处出现跳槽。

4）升空前后严禁拆除已紧线段的过轮临锚，待下一紧线段完成紧线或者耐张塔平衡挂线完成后方可拆除。

4.4.14　耐张塔平衡挂线

1　高空临锚

1）紧线完成，直线塔、耐张塔进行画印之后，利用挂点附近施工挂孔对称安装高空临锚。

2）用机动绞磨将一侧导线收紧，直至整根导线呈松弛状态后，在放线滑车附近割断导线。

3）注意事项

高空临锚时，锚绳不宜过松，以免造成断线前后导线张力变化太大。

断线时，必须在导线不受力情况下进行，严禁带张力断线。

断线时先断铁塔外侧导线，依次进行，导线割断之后用大绳放下，严禁抛掷。

2　割线与耐张线夹压接

割线长度由施工技术科专职人员计算确定。耐张绝缘子串长度要经张拉实测。耐张线夹的压接见《导、地线液压施工作业指导书》。

3　耐张塔平衡挂线

1）挂线方案：

采用地面操作，带张力一牵二方式进行，见图 1-23。

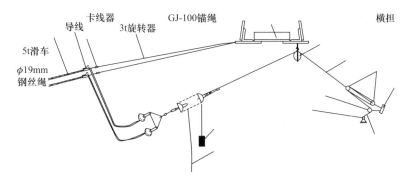

图 1-23　耐张塔平衡挂线示意图

2）操作方法

操作方法：牵引绳（φ19mm 钢丝绳）前端与挂线板联板联接，通过塔上 5t 单轮滑车引入铁塔另一侧地面与牵引磨绳滑车组（φ13mm×4）相连，地面启动牵引设备进行牵引挂线。两次完成一相两侧的挂线操作。

3）注意事项

挂线后要立即将耐张瓷瓶用临时接地线短接。

挂线时要用控制大绳拉住绝缘子串和屏蔽环，防止翻转现象发生。

4.4.15　导地线附件安装

1　附件安装各种销钉螺栓穿向统一规定

1）悬垂绝缘子串连接螺栓、穿钉穿向：

垂直方向由上向下穿

水平横线路方向，两边相由线路中心线向外穿，中相由左向右穿（面向大号侧分左右）。

其他水平顺线路方向，螺栓、穿钉凡能顺线路方向穿入者，一律由小号侧向大号侧穿（面向大号侧分左右）。

合成绝缘子均压环上的螺栓，由小号侧向大号侧穿入。

2）耐张绝缘子串连接螺栓、穿钉穿向：

垂直方向，螺栓及穿钉均由上向下穿；水平方向，螺栓及穿钉对着穿。

分裂导线的穿向，一律由线束外向内穿，如构件面是垂直的，螺栓对着穿；如构件面是水平的，螺栓由上向下穿。

导线耐张线夹上的连接：跳线线夹带预偏角度的螺栓，由上斜面向下穿入；跳线并沟线夹的连接螺栓，由上向下穿。跳线线夹为垂直方向的连接螺栓，由线束外向线束内穿。

2 防振锤

边导线防振锤螺栓以铁塔为中心由内向外穿，中导线由左向右穿（面向大号侧）。

1）开（闭）口销子：

水平方向由小号向大号穿。

垂直方向由上向下穿。

开口销必须两侧开口，总和60°～90°，闭口销子直臂一侧往外开口45°。

2）弹簧销子：

悬垂绝缘子串，一律向受电侧穿入，使用M型销子时，绝缘子大口朝小号侧；耐张绝缘子串，使用M型销子时由上向下穿，绝缘子大口朝上；

3）接地引下用并沟线夹统一垂直安装，并沟线夹中心距悬垂或耐张线夹口500mm，线夹螺栓水平从线路中心由内向外穿。接地引流线统一从铁塔的大号侧引下。引流线应自然下垂，下端与就近的铁塔螺栓或专用孔连接，引流线不得与塔身相磨碰。

4.4.16 导线附件

1 导线悬垂线夹安装

1）施工方法

直线塔划印后，利用横担上施工用孔安装1套提线器（3t倒链串接两线提线钩），提升两根子导线，操纵导链，使导线吊离滑车轮槽。通过放线滑车上方事先准备好的定滑轮牵引绳，由地面控制将放线滑车释放到地面。

2）质量要求

为防止导线受损，提线器与导线接触处要挂胶处理。悬垂绝缘子串安装后应与地面垂直，个别情况其顺线路方向与垂直位置的位移不应超过5°，且最大位移值不应超过200mm。

2 导、地线防振锤安装规定

1）安装距离导线防振锤。

2）导、地线防振锤安装尺寸起算点：直线塔从悬垂线夹中心至防振锤夹板中心；耐张塔从耐张线夹出口至防振锤夹板中心。多个防振锤时等距离安装。

3）每根导地线每侧防振锤安装个数：具体见《金具安装明细表》。

4）防振锤安装尺寸允许偏差合格级±30mm；优良级±25mm。

3 铝包带的使用规定：

1）导线线夹、防振锤、导线并钩线夹安装时，应在线股外缠绕铝包带。

2）铝包带应紧密缠绕，其缠绕方向（与线接触层）应与外层铝股或钢股绞制方向一致。

3）所缠铝包带应露出夹口，但露出长度不应超过10mm，其端头回夹于线夹（或夹板）内压住。

4 导线耐张线夹及跳线引流板的液压连接

耐张线夹钢锚与线夹压接时上线向塔身外偏转35°，下线垂直向下。

5 跳线安装

1）跳线所用导线的选择：为了保证跳线成型，制作跳线所使用的导线应使用未受过张力的导线制作；跳线安装后应美观、自然、平滑的下垂；两悬点间应近似悬链线状。

2）跳线安装方法：高空大绳模拟线长，地面切线，压接。

3）跳线引流板与耐张线夹引流板贴面安装：

跳线引流板与耐张线夹引流板必须光面对光面接触；

安装前，应该用汽油将接触面清洗干净，并涂上一层薄薄的导电脂，用细钢丝刷清除涂有导电脂的表面氧化膜；

保留导电脂，并应逐个均匀地拧紧连接螺栓，使弹簧垫圈被压平，并稍加点扭力即可。不可不紧到位，也不可扭力太大（不是越紧越好）。螺栓的扭矩：如果有产品说明书，应符合该产品说明书所列数值。

4）跳线串和并沟线夹的安装：

（1）跳线串

单回路耐张、转角塔的中相一律加装2串跳线串；内角侧边相：当线路转角小于15°时，加装1串跳线串，线路转角大于15°时，不加跳线串；外角侧边相：当线路转角小于45°时，加装1串跳线串，线路转角大于45°时，加装2串跳线串。

双回路终端塔外角侧上、中、下相当线路转角小于45°时，加装1串跳线串，线路转角大于45°时，加装2串跳线串；内角侧上、中、下相当线路转角小于15°时，加装1串跳线串，线路转角大于15°时，不加装跳线串。

（2）并沟线夹及跳线弧垂

各耐张转角塔有跳线串的跳线加装4个JB-5型并沟线夹，无跳线串的加装5

个，按等距安装。

各耐张转角塔的跳线弧垂：无跳线串时按 2.6m 施工。对于单回路耐张塔中相，跳线应保持一定张力，偏向塔身的角度不得小于 9°。

4.5　液压压接操作工艺

本工艺适用于 220kV 及以下电力架空线路施工中导线的液压压接施工。

4.5.1　清洗

1) 对使用的各种规格的接续管及耐张线夹，使用前应用汽油清洗管内壁的油垢，并清除影响穿管的锌疤。短期不使用时，清洗后应将管口临时封堵，并以塑料袋封装。

2) 钢芯铝绞线的液压部分的铝股表面穿管前，应以汽油清除其表面油垢，清除的长度对先套入铝管端应不短于铝管套入部位，直线对接的另一端清洗长度应不短于压长的 1.5 倍。对剥断铝股裸露钢芯部分的清洗尤为重要。清洗后用白色干净布擦拭，以证明确实不存在任何油垢后才可进行下一步的穿管工作。

3) 涂抹导电脂及清除钢芯铝绞线铝股表面氧化膜的操作程序如下：

涂导电脂及清除铝股表面氧化膜的范围为铝股进入铝管部分。

将外层铝股用汽油清洗并干燥后，再将导电脂薄薄地、均匀地涂上一层，将外层铝股表面覆盖住。

用钢丝刷沿钢芯铝绞线轴线方向对已涂导电脂部分进行擦刷，将液压后能与铝管接触的铝股表面刷到，然后进行穿管。

用补修管补修导线前，其覆盖部分的导线表面应用干净棉纱将泥土等赃物擦干净（如有断股，应在断股两侧涂刷少量电力脂），再套上补修管进行压接。

4.5.2　压接操作工艺

1　钢芯铝绞线直线接续管压接工艺

1) 自导线端头向内量取一定距离画印，在此处锯断铝股，剥出钢芯，并在钢管的中心处画印；先将铝管套在导线上，钢芯搭接时两端头各露出钢管 5mm。从钢管中心处向两端压接，后模重前模 5mm。

2) 在铝管中心处画印，并从此印记处向两侧量取压后钢管中心至两侧铝线端头的距离，在铝管上作出印记（A1、A2）。自钢管中心印记 O1 处，沿两侧导线量取一定分别作印记（B1、B2）。将铝管套在钢管上，使铝管管口与导线上 B1 和 B2 印记处重合。从铝管上的 A1、A2 印记处分别向两侧压接，一侧压至管口后再压另一侧，后模重前模 5mm，A1—A2 段铝管不压。

2　钢芯铝绞线耐张线夹压接工艺

自导线上量取一定距离画印，在此处锯断铝股，露出钢芯。将铝管套在导线上，钢芯插入钢锚内。对图 1-25 中 L1 段由左向右逐渐进行压接，后模重前模 5mm。

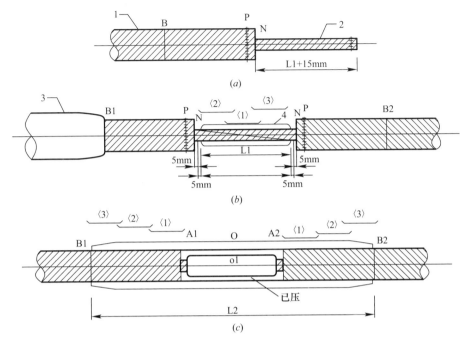

图 1-24　钢芯铝绞线钢芯搭接压接施工工艺

1—铝线；2—钢芯；3—铝管；P—绑线；O—铝管中心；o1—钢管中心；A\B—定位印记

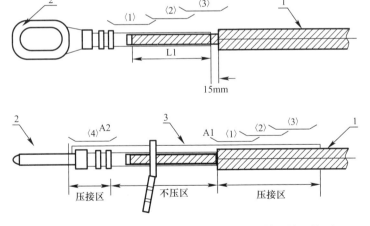

图 1-25　钢芯铝绞线耐张线夹钢锚压接和铝管压接压接图

1—导线；2—耐张钢锚；3—铝管；〈〉—施压顺序

将铝管套至耐张钢锚上（铝管与钢锚挂环预留 10mm 间隙），并将引流板调至设计要求角度。开始压接前，从导线侧铝管端口向耐张钢锚方向分别量取一定距离作印记挂线 A1、A2。先由 A1 点向导线侧压接，然后由 A2 点向钢锚挂侧压接一模，中间 A1-A2 段为不压区。

3　铝包钢芯铝绞线耐张线夹压接工艺

1）自铝包钢芯铝绞线上量取一定距离画印，将铝管和衬管套在铝包钢芯铝绞线上，钢芯铝绞线插入钢锚内。对图 1-26 中 L1 段由左向右逐渐进行压接，后模重前模 5mm。

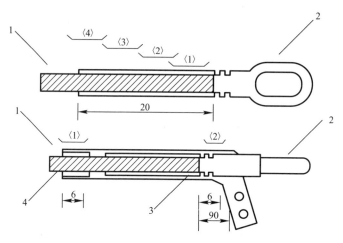

图 1-26　铝包钢芯铝绞线耐张线夹压接工艺

2）将铝管套至耐张钢锚上（铝管与钢锚挂环预留 10mm 间隙），衬管与铝管端口对齐并将引流板调至设计要求角度。开始压接前，从导线侧铝管端口向耐张钢锚方向分别量取一定距离作印记挂线 A1、A2。先由 A1 点向导线侧压接，然后由 A2 点向钢锚挂侧压接一模，中间 A1—A2 段为不压区。

4　引流管压接工艺

1）量取引流管可插入部分长度 L，然后分别从导线端头量取 L 作定位印记 A，从引流管管口量取 L 在管上作起压印记 B。

2）将导线穿进引流管，使铝管管口与导线上定位印记 A 点重合，自起压印记 B 向管口连续施压，后模重前模 5mm。

5　补修管压接工艺

1）压接前应先初步修复线股。

2）对补修管覆盖部分的导线表面进行清理。

3）如有断股应在断股两侧涂抹少量电力脂，涂抹要均匀，然后用钢刷打磨。

4）套上补修管，使线股受损部分尽量位于管的中部，然后从管中间向两边进行压接。

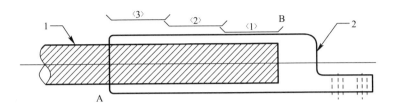

图 1-27　引流板穿管及施压顺序图

1—铝线；2—引流板；A＼B—定位印记；；〈〉—施压序号

6　质量标准

执行《110～750kV 架空输电线路施工及验收规范》GB 50233-2014 相关规定。

7　成品保护

7.1　设备和器材的运输、保管，应符合国家有关物资运输、保管的规定。

7.2　对于已安装完毕的电气设备、仪表等，应有防雨、防尘措施，对于易丢失损毁的设备应妥善保管。

8　注意事项

8.1　质量要求及检查方法

8.1.1　线路路径复测应按表 1-12 的质量要求及检查方法逐基全线进行检查。

线路路径复测质量要求及检查方法　　　　　　　表 1-12

序号	检查（检验）项目	允许偏差	检　查　方　法
1	转角桩角度	1′30″	经纬仪复测
2	档距	1%L	经纬仪复测
3	被跨越物高程	0.5m	经纬仪检查
4	杆（塔）位高程	0.5m	经纬仪检查
5	地形凸起点高程	0.5m	经纬仪检查
6	直线桩横线路偏移	50mm	经纬仪定线、钢尺量偏
7	被跨越物与邻近杆（塔）位距离	1%L′	用经纬仪、塔尺复测
8	地形凸起点、风偏危险点与邻近杆（塔）位距离	1%L′	用经纬仪、塔尺复测
备注	1. L′为被跨越物或地形凸起点、风偏危险点与邻近杆（塔）位水平距离； 2. 地形凸起点：是指地形变化较大，导线对地距离有可能不够的地形凸起点		

8.1.2　普通基础坑分坑和开挖按表 1-13 的质量要求及检查方法逐基进行检查。

普通基础坑分坑和开挖质量要求及检查方法 表1-13

序号	检查（检验）项目	允许偏差	检查方法
1	基础坑中心根开及对角线尺寸	±2‰	吊垂法确定中心尺量
2	基础洞底标高	+100mm、−50mm	经纬仪测量
3	基础坑底板断面尺寸	−1%	吊垂法确定中心尺量

8.1.3 岩石、掏挖基础质量应按表1-14逐基进行检查评定。

岩石、掏挖基础质量检查评定 表1-14

序号	性质	检查（检验）项目	评级标准（允许偏差）		检查方法
			合格	优良	
1	关键	地脚螺栓及钢筋规格、数量	符合设计要求	制作工艺良好	核对设计图纸
2	关键	水泥	符合《规范》第2.0.6条	保管完好无结块	按本标准第4.0.2条
3	关键	砂、石	符合《规范》第2.0.4、2.0.5条	未混入杂质	按本标准第4.0.3条
4	关键	水	符合《规范》第2.0.7条	未见污物和油污	外观检查或化验
5	关键	岩石性能	符合设计要求		设计鉴定
6	关键	混凝土强度	≥设计值		试块试验报告
7	关键	下口断面尺寸	−1%	−0.8%	尺量
8	重要	基础埋深	+100mm，0		经纬仪或尺量
9	重要	混凝土表面质量	符合《规范》第5.2.13条	表面平整	观察
10	重要	上口断面尺寸	−1%	−0.8%	钢尺测量
11	重要	钢筋保护层厚度	−5mm		钢尺测量
12	重要	回填土	符合《规范》第4.0.7-4.0.9条规定	无沉陷、防沉层整齐美观	观察

8.1.4 现浇铁塔质量检查评定方法见表1-15。

现浇铁塔质量检查评定方法 表1-15

序号	性质	检查（检验）项目	评级标准（允许偏差）		检查方法
			合格	优良	
1	关键	地螺、钢筋规格、数量	符合设计要求	制作工艺良好	核对设计图纸

续表

序号	性质	检查（检验）项目		评级标准（允许偏差）		检查方法
				合格	优良	
2	关键	水泥		符合《规范》第 2.0.6 条	保管完好无结块	按本标准第 4.0.2 条
3	关键	砂、石		符合《规范》第 2.0.4、2.0.5 条	未混入杂质	按本标准第 4.0.3 条
4	关键	水		符合《规范》第 2.0.7 条	未见污物和油污	外观检查或化验
5	关键	混凝土强度		≥设计值		检查试块试验报告
6	关键	底板断面尺寸		−1%	−0.8%	尺量
7	重要	基础埋深		+100mm −50mm	+100mm −40mm	经纬仪或尺量
8	重要	钢筋保护层厚度		−5mm		钢尺测量
9	重要	混凝土表面质量		符合《规范》第 5.2.13 条	表面平整	观察
10	重要	立柱断面尺寸		−1%	−0.8%	尺量
11	重要	整基础中心位移	顺线路	30mm	24mm	经纬仪、尺测量
			横线路	30mm	24mm	
12	重要	整基基础扭转	一般塔	10′	8′	经纬仪、尺测量
			高塔	5′	4′	
13	重要	回填土		符合《规范》第 4.0.7-4.0.9 条	无沉陷、防沉层整齐美观	观察
14	一般	基础根开及对角线尺寸	螺栓式	±2‰	±1.6‰	尺量
			角钢插入式	±1‰	±0.8‰	
			高塔	±0.7‰	±0.6‰	
15	一般	同组地脚中心对立柱中心偏移		10mm	8mm	尺量
16	一般	基础顶面间高差		5mm	4mm	经纬仪测量
17	一般	地螺露出混凝土表面高度（mm）		+10，−5	+8，−4	尺量

8.2　应注意的安全问题

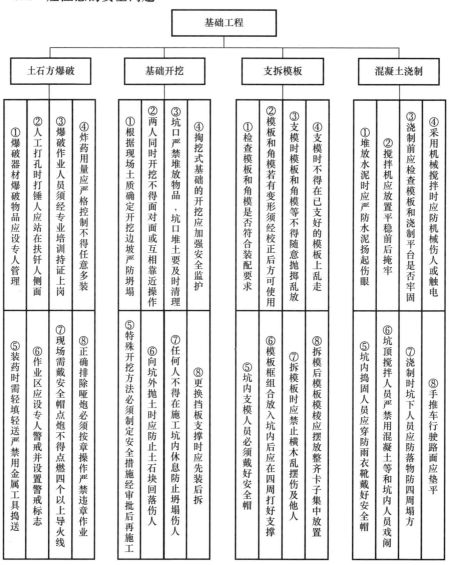

基础工程

土石方爆破：
① 爆破器材爆破物品应设专人管理
② 人工打孔时打锤人应站在扶钎人侧面
③ 爆破作业人员须经专业培训持证上岗
④ 炸药用量应严格控制不得任意多装
⑤ 装药时需轻填轻送严禁用金属工具捣送
⑥ 作业区应设专人警戒并设置警戒标志
⑦ 现场需戴安全帽点炮不得点燃四个以上导火线
⑧ 正确排除哑炮必须按操作严禁违章作业

基础开挖：
① 根据现场土质确定开挖边坡严防坍塌
② 两人同时开挖不得面对面或互相靠近操作
③ 坑口严禁堆放物品，坑口堆土要及时清理
④ 掏挖式基础的开挖应加强安全监护
⑤ 特殊开挖方法必须制定安全措施经审批后再施工
⑥ 向坑外抛土时应防止土石块回落伤人
⑦ 任何人不得在施工坑内休息防止坍塌伤人
⑧ 更换挡板支撑时应先装后拆

支拆模板：
① 检查模板和角模是否符合装配要求
② 模板和角模若有变形须经校正后方可使用
③ 支模时模板和角模等不得随意抛掷乱放
④ 支模时不得在已支好的模板上乱走
⑤ 坑内支模人员必须戴好安全帽
⑥ 模板框组合放入坑内后应在四周打好支撑
⑦ 拆模板时应防止横木乱摆伤及他人
⑧ 拆模后模板模棱应摆放整齐卡子集中放置

混凝土浇制：
① 堆放水泥时应严防水泥扬起伤眼
② 搅拌机应放置平稳前后掩牢
③ 浇制前应检查模板和浇制平台是否牢固
④ 采用机械搅拌时应防机械伤人或触电
⑤ 坑内捣固人员应穿防雨衣靴戴好安全帽
⑥ 坑顶搅拌人员严禁用混凝土等和坑内人员戏闹
⑦ 浇制时坑下人员应防落物砸四周塌方
⑧ 手推车行驶路面应垫平

9　质量记录

9.1　设计变更文件

9.2　制造厂提供的产品使用说明书、试验记录、合格证件及安装图纸等技术文件

9.3　有关设备的安装记录

第2章 电缆线路敷设施工工艺

本工艺标准适用于电缆的搬运、敷设、电力电缆中间头和终端头、控制电缆中间头和终端头在施工准备阶段、施工阶段、施工收尾阶段电气安装工程。

1 引用文件

《建筑电气工程施工质量验收规范》GB 50303—2015
《电缆线路施工及验收规范》GB 50168—2006

2 术语

2.0.1 电缆（本体）cable
指电缆线路中除去电缆接头和终端等附件以外的电缆线段部分，通常称为电缆。
注：有时电缆也泛指电缆线路，即由电缆本体和安装好的附件所组成的电缆系统。

2.0.2 （电缆）终端 termination
安装在电缆末端，以使电缆与其他电气设备或架空输电线相连接，并维持绝缘直至连接点的装置。

2.0.3 （电缆）接头 joint
连接电缆与电缆的导体、绝缘、屏蔽层和保护层，以使电缆线路连续的装置。

2.0.4 电缆支架 cable bearer
电缆敷设就位后，用于支持和固定电缆的装置的统称，包括普通支架和桥架。

2.0.5 电缆桥架 cable tray
由托盘（托槽）或梯架的直线段、非直线段、附件及支吊架等组件构成，用以支撑电缆具有连续的刚性结构系统。

2.0.6 电缆导管 cableducts, cableconduits
电缆本体敷设于其内部受到保护和在电缆发生故障后便于将电缆拉出更换用的管子。有单管和排管等结构形式，也称为电缆管。

3　施工准备

3.1　电缆线路敷设

3.1.1　材料

1　各种规格、型号的电力电缆、控制电缆。

2　电缆标志牌、橡皮包布、黑包布等。

3.1.2　机具

1　电缆牵引机械、敷设电缆用支架及轴、电缆滚轮、转向导轮、吊链、滑轮、钢丝绳、大麻绳、千斤顶。

2　皮尺、钢锯、钢锯条、手锤、扳手、电气焊工具、电工工具等。

3　无线电对讲机、手持扩音喇叭、简易电话。

3.1.3　检测设备

绝缘电阻表、万用表。

3.1.4　作业条件

1　与电缆线路安装有关的建筑工程质量应符合国家现行的建筑工程施工验收规范中的有关规定。

2　设备安装应具备下列条件

配电室内的全部电气设备及用电设备配电箱柜安装完毕。

电缆桥架、电缆支架及电线、保护管安装完毕，并检验合格。

3.2　电力电缆中间头和终端头制作安装

3.2.1　材料

1　各种规格、型号的电力电缆附件。

2　橡皮包布、黑包布、热缩管、绝缘自粘带等。

3.2.2　机具

皮尺、钢锯、钢锯条、扳手、电工工具、丙烷喷灯、液压钳、断线钳等。

3.2.3　检测设备

绝缘电阻表、万用表、电缆绝缘测试仪。

3.2.4　作业条件

1　电缆终端与接头的制作，应由经过培训的熟悉工艺的人员进行。

2　电缆终端及接头制作时，应严格遵守制作工艺规程。

3　在室内及充油电缆施工现场应备有消防器材。室内或隧道中施工应有临时电源。在室外制作 6kV 及以上电缆终端与接头时，其空气相对湿度宜为 70%及以下；当湿度大时，可提高环境温度或加热电缆。110kV 及以上高压电缆终端与接头施工时，应搭临时工棚，环境湿度应严格控制，温度宜为 10～30℃。制作塑料绝缘电力电缆终端与接头时，应防止尘埃、杂物落入绝缘内。严禁在雾或雨中施工。

4 所用电缆附件应预先试装，检查规格是否同电缆一致，各部件是否齐全，检查出厂日期，检查包装（密封性）。

5 所敷设的电缆已确认无误，整理、固定完毕。

6 中间头电缆要留余量及放电缆的位置。

7 电缆绝缘已测试合格。

3.3 控制电缆中间头和终端头制安

3.3.1 材料

橡皮包布、黑包布、热缩管、绝缘自粘带、塑料带等。

3.3.2 机具

皮尺、钢锯、钢锯条、扳手、电工工具、丙烷喷灯、液压钳、断线钳等。

3.3.3 检测设备

绝缘电阻表、万用表。

3.3.4 作业条件

1 电缆所接引的盘、柜、箱就地按钮等已安装验收完毕。

2 所敷设的电缆已确认无误，整理、固定完毕。

3 二次接线图纸已确认正确无误。

4 电缆绝缘已测试合格。

5 已对施工人员进行过电缆头制作方法及二次接线工艺的培训和技术交底。

4 操作工艺

4.1 电缆线路敷设

4.1.1 施工工艺流程

施工准备→电缆沿桥架敷设→竖井内沿支架明设→电缆穿管敷设→挂标志牌。

4.1.2 准备工作

1 施工前应对电缆进行详细检查，规格、型号、截面、电压等级均符合设计要求，外观无压扁、扭曲，铠装不松卷。耐热、阻燃的电缆外护层有明显标识和制造厂标。产品应具有出厂合格证、生产许可证、CCC认证书及证书复印件。

2 电缆敷设前应用绝缘电阻表摇测线间及对地的绝缘电阻，绝缘良好。

3 电缆敷设前应按设计和实际路径计算每根电缆的长度，合理安排每盘电缆，减少电缆接头。

4 临时联络指挥系统的设置：

线路较短或室外的电缆敷设，可用无线电对讲机联络，手持扩音喇叭指挥。

高层建筑内电缆敷设，可用无线电对讲机作为定向联络，简易电话作为全线联络，手持扩音喇叭指挥。

5 冬季电缆敷设，温度达不到规范要求时，应将电缆提前加温。电缆加热方法通常有两种：

将电缆放在暖室里，用热风机或电炉及其他方法提高室内温度，对电缆进行加热，但这种方法需要时间较长，室内温度为 25℃ 时，约需一至二昼夜，在 40℃ 时需 18h 左右。有条件时可将电缆放在烘房内加热 4h 之后即可敷设。

电流加热法：可采用小容量三相低压变压器，初级电压为 220V 或 380V，次级能供给较大的电流即可，也可采用交流电焊机进行加热。

6 电缆的搬运

电缆短距离搬运，一般采用滚动电缆轴的方法。滚动时应按电缆轴上箭头指示方向滚动。如无箭头时，可按电缆缠绕方向滚动，切不可反缠绕方向滚运，以免电缆松弛。

7 电缆在穿入保护管前，应将管内积水、杂物清理干净。

4.1.3 电缆沿桥架、支架敷设

1 在桥架或支架上多根电缆敷设时，应根据现场实际情况，事先将电缆的排列用表或图的方式划出来。以防电缆的交叉和混乱。

2 电缆敷设常用的有两种方法，即人工敷设和机械牵引敷设。无论采用哪种敷设方法，都得先将电缆盘稳妥地架设在防线架上。电缆支架的架设地点应选好，以敷设方便为准，一般应在电缆起止点附近为宜。架设电缆线盘，将电缆线盘按线盘上的箭头方向滚至预定地点，再将钢轴穿于线盘轴孔中，钢轴的强度和长度与电缆线盘重量和宽度相结合，使线盘能活动自如。钢轴穿好后将线盘架设在放线架上。

电缆线盘的高度离开地面应为 50～100mm，能自由转动，并使钢轴保持平衡，防止线盘在转动时向一端移动，放电缆时，电缆端头应从线盘的上端放出（线盘的转动方向应与线盘的滚动方向相反）。逐渐松开放在滚轮上，用人工或机械向前牵引。

电缆敷设前应按设计和实际路径计算出每根电缆的长度，合理安排每盘电缆，每放完一段应和计划相对照，以保证实用量与计划量相符，减少浪费。

3 电力电缆在转弯处，电气设备及用电设备、配电箱（柜）处的终端头或伸缩缝处应留有适当备用长度，以便补偿电缆本身和其所依附的结构因温度变化而产生的变形，或将来检修接头使用。

4 电缆沿桥架水平敷设时，应单层敷设，排列整齐。不得有交叉，拐弯处

应以最大截面电缆允许弯曲半径为准。

5　同等级电压的电缆沿支架敷设时水平净距应符合设计要求。

6　电缆在竖井内沿墙垂直明敷时，应自上而下敷设。敷设时，同截面电缆应先敷设低层，后敷设高层，要特别注意，在电缆轴附近和部分楼层应采取防滑措施。

自下而上敷设时，低层小截面电缆可用滑轮大绳人力牵引敷设。高层大截面电缆宜用机械牵引敷设。

7　电缆在墙上垂直敷设时，应使用－30×3 镀锌扁钢卡子固定，也可用卡子与Π形扁钢支架固定安装电缆。Π形扁钢支架应与土建配合施工预埋，预埋长度不应小于 120mm。

沿支架敷设时，支架间距不得大于 1.5m，控制电缆不得大于 1m。敷设时应放一根立即卡固一根。

8　电缆穿过楼板时，应装套管，敷设完毕后应将套管用防火材料封堵严密。

4.1.4　电缆穿管敷设

1　穿入管内的电缆数量应符合设计要求，交流单芯电缆不得单独穿与钢管内。保护管内穿电缆时不应有接头，电缆的绝缘层不得损坏，电缆也不得扭曲。

2　两人穿电缆时，一人在一端拉钢丝引线，另一人在一端把电缆送入管内，二人动作应协调，并注意不使电缆与管口摩擦损坏绝缘层。

3　电缆在穿入管子后，管口应密封。

4.1.5　挂标志牌

1　标志牌规格应一致，并有防腐性能，挂装应牢固。

2　标志牌上应注明电缆编号、规格、型号、起始端、终端及电压等级。

3　沿支架桥架敷设电缆，在其两端、拐弯处、交叉处、电缆分支处、直线段每隔 50～100m 应挂标志牌。

4.2　**电力电缆中间头和终端头制安**

4.2.1　施工工艺流程

熟悉技术交底→整理电缆→确定电缆→切割电缆→电缆头制作→电缆头安装。

4.2.2　单芯铜导线的直接连接

1　绞接法：将两线互相交叉，同时把两芯线互绞 5 圈后，再扳直与连接线成 90°，将每个芯线在另一芯线上缠绕 5 回，剪断余头，见图 2-1。

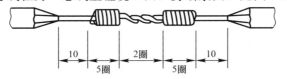

图 2-1　单芯铜导线的直接连接绞接法示意图

2　缠卷法：有加辅助线和不加辅助线的两种，直接连接。将两线相互并合，加辅助线后，用绑线在并合部位中间向两端缠卷（即公卷）长度为导线直径的 10 倍，然后将两线芯端头折回，在此向外在单卷 5 回，与辅助捻绞二回，余线剪掉，见图 2-2。

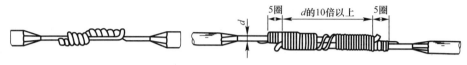

图 2-2　单芯铜导线的直接连接缠卷法示意图

4.2.3　单芯铜导线的分支连接

1　绞接法：用分支的导线芯线往干线上交叉，先粗卷 1～2 圈（或先打结以防松脱）然后再密绕 5 圈，剪去余线。

2　缠卷法：将分支导线折成 90°紧靠干线，其公卷长度为导线直径 10 倍，单卷 5 圈后剪断余线。

两种连接方法见图 2-3 所示。

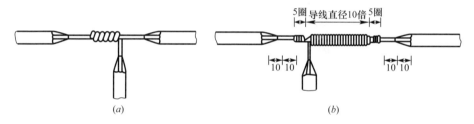

图 2-3　单芯铜导线分支连接示意图
（a）绞接法；（b）缠卷法

4.2.4　多芯铜导线的直线连接

1　卷缠法：将接合线中心线切去一段，将其余线做伞状张开，相互交错插上，并将已张开的线端合拢。取任意两相邻芯线，在接合处中央交叉用一线端做绑扎线，在另一侧导线上缠卷 5～6 圈后，再用另一根线与绑扎线相绞后把原有绑扎线压在下面继续按上述方法缠卷，缠卷长度为导线直径 10 倍，最后缠卷的线端与一根余线捻绞两圈后剪断。另一侧导线依次进行，应把线芯相绞处排列在一条直线上。

2　连接管连接：使用连接管连接时压板及其他专用夹具，应与导线线芯规格相匹配，紧固件应拧紧到位，放松装置应齐全；套管连接器和压模等应与导线线芯规格相匹配，压接时，压接深度、压口数量和压接长度应符合产品技术文件的有关规定。

图 2-4　多芯铜导线直接连接卷缠法示意图

图 2-5　连接管连接示意图

4.2.5　多芯铜导线分支连接

1　卷缠法：将分支线折成 90°靠近干线，在绑线端部相应长度处，弯成半圆形，将绑线短端弯成与半圆形成 90°，与连接线靠紧，用长端缠卷，长度达到导线结合处直径 5 倍时，将绑线两端部捻绞 2 回，剪掉余线。

2　单卷法：将分支线破开根部折成 90°紧靠干线，用分支线其中一根在干线上缠卷，缠卷 3～5 圈后剪断，再用另一根线，继续卷 3～5 回后剪断，依此方法直至连接到双根导线直径 5 倍时为止，应使剪断线处在一条直线上。

3　复卷法：将分支线端劈开成两半后与干线连接处中央相交叉，将分支线向干线两侧分别紧卷后余线依阶梯形剪断，连接长度为导线直径的 10 倍。

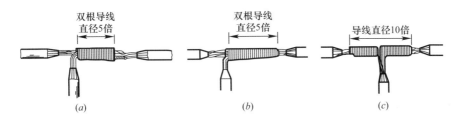

图 2-6　多芯铜导线分支连接示意图
（a）卷缠法；（b）单卷法；（c）复卷法

4.2.6　干包型电缆头

适用于 0.6/1kV 及以下电压等级的交联聚氯乙烯绝缘电缆及聚氯乙烯绝缘电缆；防潮锥由聚氯乙烯胶粘带包绕而成，其外径为相应部分的绝缘外径加 8mm；做好色标绝缘带的缠绕工作；50～120mm² 的铜鼻子压接不少于三道，150～300mm² 的铜鼻子压接不少于四道。

4.2.7　热缩型电缆头

适用于 0.6/1kV 及以下电压等级的交联聚氯乙烯绝缘电缆及聚氯乙烯绝缘电缆；低压电线和电缆，线间和线对地间的绝缘电阻值必须大于 0.5MΩ；使用喷灯或热吹风机加热时应控制好距离、温度，从热缩管中间向两端均匀加热，避免产生气泡或烤焦。

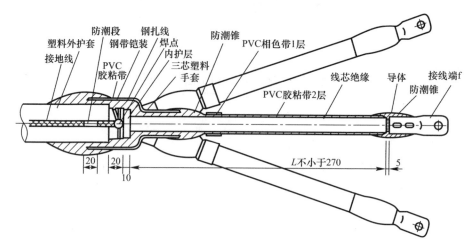

图2-7 干包型电缆头示意图

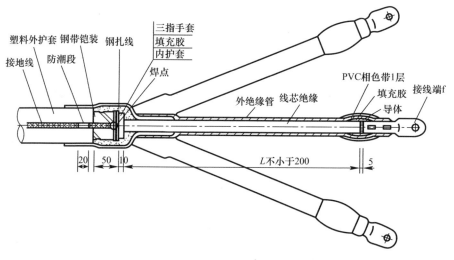

图2-8 热缩型电缆头示意图

4.2.8 室内交联聚氯乙烯绝缘电缆头

适用于8.7/10kV及以下电压等级的交联聚氯乙烯绝缘电缆；铜带屏蔽层保留长度在三指套套入之后确定；电缆有半导电层的应按工艺要求的尺寸保留，除去半导电层的线芯绝缘部分，必须将残留的炭黑清理干净，见图2-9、图2-10。

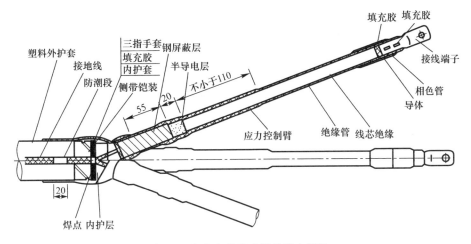

图 2-9　室内交联聚乙烯绝缘电缆头

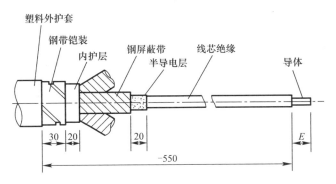

图 2-10　热塑型交联聚乙烯绝缘电缆终端头尺寸

4.2.9　电缆头的安装

1　电缆终端头的出线应保持固定位置，并保证必要的电气距离，户内电缆终端头带电裸露部分之间及至接地部分的距离如表 2-1 所示。

户内电缆终端头带电裸露部分之间及至接地部分的距离　表 2-1

电压（kV）	1	6	10
户内终端头（mm）	75	100	125
户外终端头（mm）	200	200	200

2　电缆终端头安装应牢固可靠，电缆接线端子与所接设备端子应接触良好，相序连接正确。

3　电缆线路所有应接地的接点应与接地极接触良好，接地电阻值应符合设计要求。

4　电缆终端的相色应正确，电缆支架等的金属部件防腐层应完好，电缆管口应封堵密实。

5　并列敷设的电缆，其接头的位置宜相互错开。

6　电缆明敷时的接头，应用托板托置固定。

7　直埋电缆接头盒外面应有防止机械损伤的保护盒（环氧树脂接头盒除外）。位于冻土层内的保护盒，盒内宜注以沥青。

4.3　控制电缆中间头和终端头制安

4.3.1　工艺流程

熟悉技术交底→整理电缆→确定电缆→切割电缆→电缆头制作→电缆头安装。

4.3.2　控制电缆终端头的制作方法

1　在制作电缆头前，应根据接线图把电缆按盘前、盘后、盘左、盘右分类整理，并一次性固定在盘内的花角铁上。

2　按电缆实际需要接线的位置并留适当裕度切割电缆。

3　确定电缆头制作的位置，剥除电缆护套及铠装。

4　控制电缆头制作采用干包形式，在线芯底部用绝缘带或塑料带包缠4层，包缠长度为50mm左右，要求平整、无皱折。

5　每块盘柜内的电缆头应统筹规划，合理安排，保持盘柜内整齐清洁。

4.3.3　控制电缆中间接头的制作方法

控制电缆一般不允许做中间接头，除非由于运输、制造或其他意外原因。

中间接头的制作方法如下：

1　将电缆理直，确定切割位置。

2　剥除电缆护套和铠装，套入外护套、线芯热收缩管。

3　剪断线芯：在剪断线芯时，要注意将线芯接头位置错开，同时要特别注意线芯号要对应。

4　线芯连接：当线芯为多股绞线时，采用压接管压接；当线芯为单股时，采用绞接后搪锡；线芯导线绞接重叠部分不得少于15mm，并保证接触良好、牢固。

5　线芯连接好后，线芯裸露部分应包缠2层绝缘带，再用喷灯固定线芯热收缩管。

6　将电缆铠装层用导线连接好，最后用喷灯固定外收缩管。

5　质量标准

《建筑电气工程施工质量验收规范》GB 50303—2015

《电缆线路施工及验收规范》GB 50168—2006

6　成品保护

6.1　电缆线路敷设

6.1.1　室内沿桥架敷设电缆、宜在管道及空调工程基本施工完毕后进行，防止其他专业施工时损伤电缆。

6.1.2　电缆两端头所在房屋的门窗装好，并加锁，防止电缆丢失或损毁。

6.2　电力电缆中间头和终端头制安

6.2.1　在终端、接头或转弯处紧邻部位的电缆上，应设置不少于 1 处的刚性固定。

6.2.2　固定电缆用的夹具、扎带、捆绳或支托件等部件，应表面平滑，便于安装，具有足够的机械强度和适合使用环境的耐久性。

6.2.3　电缆固定用部件的选择，应符合下列规定：

1　除交流单芯电力电缆外，可采用经防腐处理的扁钢制夹具、尼龙扎带或镀塑金属扎带。强腐蚀环境，应采用尼龙扎带或镀塑金属扎带。

2　交流单芯电力电缆的刚性固定，宜采用铝合金等不构成磁性闭合回路的夹具；其他固定方式，可采用尼龙扎带或绳索。

3　不得用铁丝直接捆扎电缆。

6.3　控制电缆中间头和终端头制安

6.3.1　控制电缆在终端头制作后，应根据电缆根数的多少排成 1 层或 2 层，呈水平或阶梯形排列并用绑扎带固定。

6.3.2　在终端、接头或转弯处紧邻部位的电缆上，应设置不少于 1 处的刚性固定。

6.3.3　固定电缆用的夹具、扎带、捆绳或支托件等部件，应具有表面平滑、便于安装、足够的机械强度和适合使用环境的耐久性。

7　注意事项

7.1　应注意的安全问题

7.1.1　电缆线路敷设

1　架设电缆盘的地面必须平实，支架必须采用有底平面的专用支架，不得用千斤顶代替。

2　采用撬动电缆盘的边框架设电缆时，不要用力过猛，也不要将身体伏在撬棍上，并应采取措施防止撬棍滑落、折断。

3　拆卸电缆盘包装木板时，应随时清理，防止钉子扎脚或损伤电缆。

4　敷设电缆时，处于电缆转角的人员，必须站在弯曲弧的外侧，切不可站在内侧，以防挤伤。

5　人力拉电缆时，用力要均匀，速度应平稳，不可猛拉猛跑，看护人员不得站在电缆盘的前方。

6　电缆穿过保护管时，送电缆的手不可离管口太近，防止挤伤。

7.1.2　电力电缆中间头和终端头制安

1　剥除电缆麻皮、铠装时，应戴手套、口罩。

2　在腐蚀环境中敷设电缆时，电缆不宜做中间接头。

3　使用喷灯的地方应空气流通。工作地点附近不得有易燃物品，以免火灾。

4　电缆接头应牢固可靠，并应做绝缘包扎，保持绝缘强度，不得承受张力。

7.1.3　控制电缆中间头和终端头制安

使用喷灯的地方应空气流通。工作地点附近不得有易燃物品，以免火灾。

7.2　应注意的质量问题

7.2.1　电缆线路敷设

1　沿支架或桥架敷设的电缆应防止弯曲半径不够。在桥架或托盘施工时，施工人员应考虑满足该桥架或托盘上敷设的最大截面电缆的弯曲半径。

2　防止电缆标志牌挂装不整齐，或遗漏。应有专人复查。

7.2.2　电力电缆中间头和终端头制安

1　从剥切电缆开始至电缆终端头及接头制作完成必须连续进行，在制作电缆终端头及接头的整个过程中应采取相应的措施防止污秽及潮气的进入。

2　剥切电缆时不得伤及电缆非剥切部分。

3　电缆带半导电层应按工艺要求的尺寸保留，除去半导电层的线芯绝缘部分，必须将残留的炭黑清理干净。

4　电缆线芯连接时，应除去线芯和连接管内壁油污及氧化层。压接模具与金具应配合恰当。压缩比应符合要求。压接后应将端子或连接管上的凸痕修理光滑，不得残留毛刺。采用锡焊连接铜芯，应使用中性焊锡膏，不得烧伤绝缘。

5　三芯电力电缆接头两侧电缆的金属屏蔽层（或金属套）、铠装层应分别连接良好，不得中断，跨接线的截面不应小于表2-2接地线截面的规定。直埋电缆接头的金属外壳及电缆的金属护层应做防腐处理。

电缆终端接地线截面（mm^2）　　　　　　　　　　表2-2

电缆截面	接地线截面
120 以下	16
150 以上	25

6　三芯电力电缆终端处的金属护层必须接地良好；塑料电缆每相铜屏蔽和钢铠应锡焊接地线。电缆通过零序电流互感器时，电缆金属护层和接地线应对地绝缘，电缆接地点在互感器以下时，接地线应直接接地；接地点在互感器以上时，接地线应穿过互感器接地。单芯电力电缆金属护层接地应符合设计要求。

7　塑料电缆宜采用自粘带、粘胶带、胶粘剂（热熔胶）等方式密封；塑料护套表面应打毛，粘接表面应用溶剂除去油污，粘接应良好。塑料电缆宜采用自粘带、粘胶带、胶粘剂（热熔胶）等方式密封；塑料护套表面应打毛，粘接表面应用溶剂除去油污，粘接应良好。

7.2.3　控制电缆中间头和终端头制安

1　热缩电缆终端头、中间头及其附件的电压等级与原电缆额定电压应相符；热缩管不应出现气泡、开裂、烧糊现象；芯线绝缘层不得破损。

2　电缆的连接金具规格与芯线要适配，使用开口的端子，多股导线剪芯，焊接端子时焊料饱满，接头牢固，接线处使用平垫圈和防松垫圈，端子压接牢固。

3　电缆头屏蔽护套、铠装电力电缆的金属护层接地。

8　质量记录

8.0.1　设计变更文件。

8.0.2　制造厂提供的产品使用说明书、试验记录、合格证件及安装图纸等技术文件。

8.0.3　有关电缆的安装调试记录。

第3章 二次回路接线施工工艺

本工艺标准适用于操作、保护、测量、信号等回路接线施工。

1 引用文件

《电气装置安装工程盘、柜及二次回路接线施工及验收规范》GB 50171—2012

2 术语

2.0.1 盘、柜 switchboard outfit compiete cubicle

指各类配电盘，保护盘，控制盘、屏、台、箱和成套柜。

2.0.2 二次回路 secondary circuit

电气设备的操作、保护、测量、信号等回路及回路中操动机构的线圈、接触器、继电器、仪表互感器二次绕组等。

2.0.3 端子排 terminal block

连接和固定电缆芯线终端或二次设备间连线端头的连接器件。

2.0.4 端子 terminal

连接装置和外部导体的元件。

2.0.5 接地 grounded

将电力系统或建筑物电气装置、设施过电压保护装置用接地线与接地体的连接。

3 施工准备

3.1 材料

绝缘自粘带、塑料带、热缩管、异形胶管、线鼻子等。

3.2 机具

剥线钳、扁口钳、尖嘴钳、丝锥、压线钳、一字或十字改锥、胶头号打印机、电烙铁、焊锡、焊剂、电工常用工具等。

3.3 检测设备

万用表、绝缘电阻测试仪等。

3.4 作业条件

1 电缆所接引的盘、柜、箱就地按钮等已安装验收完毕。

2 所敷设的电缆已确认无误，整理、固定完毕。

3 二次接线图纸已确认正确无误。

4 电缆绝缘已测试合格。

5 施工人员应认真阅读并熟悉二次线符号，要将二次接线图与原理图进行核对，确保接线图正确无误。

4 操作工艺

4.1 施工工艺流程

熟悉技术交底→整理电缆→校线、带线号→排线→剥芯线绝缘、鼻子压接→接线。

4.2 基本要求

4.2.1 对二次接线施工的要求是：按图施工，接线正确；导线与电气元件间采用螺栓连接、插接、焊接或压接等，均应牢固可靠、接触良好；配线整齐清晰、美观；导线绝缘良好，勿损伤；盘柜内导线不应有接头；回路编号正确、字迹清晰、不易脱落。

4.2.2 控制电缆在终端头制作后，应根据电缆根数的多少，排成1层或2层，呈水平或阶梯形排列并用绑扎带固定，一般将接在高处端子排的电缆排在盘的最后面，接往较低端子排的电缆，顺次向盘面侧排列。

4.2.3 电缆标志牌：电缆挂牌应字迹清晰，准确完整，不易脱落。1根电缆应挂4个牌，每侧应挂2个牌，1个在盘下的花角铁上，一个在盘内的花角铁上，并在同一高度、朝同一方向，电缆牌上应写明电缆编号、型号规格、起止点位置和长度等。

4.2.4 控制电缆芯数一般较多，为了保证接线正确，应在接线前校对电缆芯数，校线的方法很多，施工现场一般使用干电池对线灯（通灯）从电缆两端找出对应的线芯，见图3-1，通灯由2节干电池和1个小电珠组成，带有2根装有

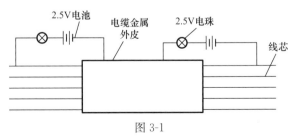

图 3-1

鱼尾夹的引线。使用时，一端各设1个通灯，将通灯的一端接至电缆的导电外皮或接地网上，当2个通灯的另一端同时接到同一根芯线时，2个通灯同时发亮，但要注意2个通灯的极性不能接反。

4.2.5 排线时，应保证电缆和接线不交叉，整齐美观，检查维护方便。线芯用塑料绑扎带扎成束，排成圆形或矩形，用扎带固定，保持间距一致，直到线芯接线位置。当线束转弯或分支时，应保持横平竖直，不得架空或斜走，线芯要平滑，转角应在同一位置，弯度一致，相互紧靠。

4.2.6 端子排垂直排列时，引至端子排的每根横向单根线应从纵束后侧抽出，并与纵束垂直正对所要接的端子排，水平均匀排列。端子排水平排列时，引至端子排的每根纵向单根线芯应从水平线束的下侧抽出，并与水平线束垂直正对所要接的端子排。所有要接的线芯应弯成一个半圆弧作备用长度，圆弧大小应一致。

4.2.7 电缆线芯的回路胶头号用打印机打在异形胶管上，套入线芯或者采用专用号码0～1、A～Z根据接线图的回路号给线芯组合编码。排列时，垂直布置的端子排应从左向右排列；水平布置的端子排应从下向上排列，并且回路胶头号必须正确齐全，见图3-2。

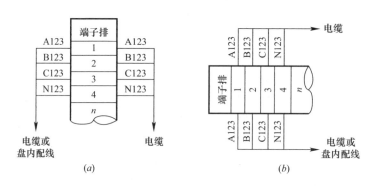

图 3-2

（a）垂直布置的端子排；（b）水平布置的端子排

4.2.8 根据端子的接线位置，将多余芯线切掉，用剥线钳或电工刀剥去芯线绝缘。剥线时，不应损伤铜导线且长度适当，切忌将绝缘皮也压在端子里，造成回路不通。芯线上的切屑和氧化物要处理干净，以使接触良好，芯线处理完后要及时套上胶头号。

4.2.9 接线时，单股线头的弯圈方向应与紧固螺丝的方向一致，圈要弯得圆且大小要与螺丝匹配；多股线头的可挂锡弯圈，也可压接鼻子，每个接线端子的每侧接线宜为 1 根，不得超过 2 根；对于插接式端子，不同截面的 2 根导线不得接在同一端子上；对于螺栓连接的端子，当接 2 根导线时，中间应加平垫片且 2 根导线的截面应相同。

4.2.10　接线应从下层到上层，从左侧到右侧进行，每个盘柜接线应由同一个人作业，不得换人，并在接线处应有专门工作灯。

4.2.11　再次核对电缆编号，线芯胶头号要齐全正确，需留的线芯长度要一致，且弯的弧度一致，胶头号不得套反，接线应正确，线芯不松动。

4.2.12　备用线芯应按最长线芯的长度排在线芯束内，并应有电缆编号。

4.2.13　接线时，应将线把固定牢固，不得使所接引的端子排受到机械应力。

4.2.14　铠装控制电缆在进入盘柜后，应将刚带切断，切断处的端部应扎紧并应将刚带接地。

4.2.15　带铜屏蔽层的电缆，其屏蔽层应按设计要求的接地方式接地，对于由每一对线芯分别屏蔽组成的多对或多芯电缆，应将其线对的屏蔽接地连在一起引至接地母排。

4.2.16　屏内校线：一般使用通灯按安装图逐步查对。对查出的小差错（如上、下端子排接错）应立即修改，对查出的较大错误认真做好记录，等确认之后再统一修改。如进行修改，其走线方式、导线种类和颜色都应采取与原来相同的导线。查完线后，要及时恢复拆卸的螺丝并拧紧。

4.2.17　屏内配线：在某些特殊情况下，如厂家到的屏内线未配、已配好的屏要修改、现场烧毁损坏的屏等，都需要现场配线。配线应采用铜芯塑料线且截面不应小于 $1.5mm^2$。配线方法一般分下线、排线和接线 3 个步骤，下线应在屏柜上的仪表和所有电器元件安装好后进行，并以安装接线图为基础，下好的线应进行平直，但不能损伤导线和绝缘；排线和接线应按上述工艺进行。由屏内引至需要开启的门上的导线，要用多股铜芯软线且有适当裕度。

4.2.18　配合调试查线：二次线端接线全部完成后，要配合调试进行全面检查，检查的内容有三方面：一是按照展开图进行，检查二次回路的接线是否正确；二是对二次回路进行检查，测定绝缘电阻；三是操作试验。对检查出来的缺陷和错误要配合调试及时修改。

4.2.19　二次回路接地应设专用螺栓。

4.2.20　盘、柜内两导体间，导电体与裸露的不带电的导体间，应符合表 3-1 的要求。

允许最小电气间隙及爬电距离（mm） 表 3-1

额定电压（V）	电气间隙		爬电距离	
	额定工作电流		额定工作电流	
	≤63A	>63A	≤63A	>63A
≤60	3.0	5.0	3.0	5.0
60＜U≤300	5.0	6.0	6.0	8.0
300＜U≤500	8.0	10.0	10.0	12.0

4.3 高压断路器及隔离开关控制信号回路接线

接线力求简单、可靠，电缆线芯使用最少。

4.4 电压互感器二次接线

4.4.1 确定电压互感器接线端的极性。

4.4.2 为了防止电压互感器二次回路短路引起过电流，一般在电压互感器的二次绕组出口处装有低压熔断器。但用于励磁装置的电压互感器二次侧不能装设低压熔断器，以防熔断器接触不良或熔断而引起励磁装置误动作。

4.4.3 在电压互感器投运前，一定要保证电压互感器二次回路不得短路。

4.5 电流互感器二次接线

4.5.1 确定电流互感器接线端的极性。

4.5.2 电流互感器二次侧应有一个接地点。

4.5.3 电流互感器二次绕组的准确度等级及变比都不得用错，严格按设计要求接线。

4.5.4 用于互感器二次侧的电缆线芯，必须按设计要求，保证足够的截面积，防止由于二次负载增大而增大误差。

4.5.5 电流互感器二次回路严禁开路。

4.6 测量表计接线

4.6.1 确定测量表计接线端的极性。

4.6.2 同一电流回路的测量表计应串联，电压回路的测量表计应并联。

4.6.3 按相序要求连接测量表计的二次电线。

4.7 保护屏柜二次接线

4.7.1 屏内导线的接头应在端子排和电器的接线柱上，导线的中间不得有接头。

4.7.2 端子排与屏内电器的连接线一律由端子排的里侧接出，端子排与电缆、小母线等的连接及引线一律由端子排的外侧接出。

4.7.3 屏内配线应成束，线束要横平竖直、美观、清晰，排列要合理、大方。线束可采用悬空或紧贴屏壁的形式敷设，固定处需包绕绝缘带，线在电器或端子排附近的分线不应交叉，形式应统一。

4.7.4　屏内导线的标号应清楚，并与背面接线图完全一致。

4.7.5　配线用的导线绝缘良好、无损伤。

5　质量标准

《电气装置安装工程盘、柜及二次回路接线施工及验收规范》GB 50171—2012

6　成品保护

6.0.1　已完成的接线回路非专业人员不得改动。

6.0.2　对已完成接线的屏（箱）应上锁，由专人负责。

7　注意事项

7.1　应注意的安全问题

7.1.1　为保证导线无损伤，配线时宜使用与导线规格相对应的剥线钳剥掉导线的绝缘。螺丝连接时，弯线方向应与螺丝前进的方向一致。

7.1.2　二次回路应设专用接地螺栓，以使接地明显可靠。

7.2　应注意的质量问题

7.2.1　引入盘、柜的电缆应排列整齐，编号清晰，避免交叉，并应固定牢固，不得使所接的端子排受到机械应力。

7.2.2　铠装电缆在进入盘、柜后，应将钢带切断，切断处的端部应扎紧，并应将钢带接地。

7.2.3　使用于静态保护、控制等逻辑回路的控制电缆，应采用屏蔽电缆。其屏蔽层应按设计要求的接地方式接地。

7.2.4　橡胶绝缘的芯线应外套绝缘管保护。

7.2.5　盘、柜内的电缆芯线，应按垂直或水平有规律地配置，不得任意歪斜交叉连接。备用芯长度应留有适当余量。

7.2.6　强、弱电回路不应使用同一根电缆，并应分别成束分开排列。

8　质量记录

1　变更设计的证明文件。

2　安装技术记录、调整试验记录。

3　质量验收记录。

第4章　爆炸和火灾危险场所电气装置施工工艺

本工艺标准适用于在生产、加工、处理、转运或贮存过程中出现或可能出现气体、蒸汽、粉尘、纤维爆炸性混合物和火灾危险物质环境的电气装置的安装工程。

1　引用文件

《电气装置安装工程爆炸和火灾危险场所电气装置施工及验收规范》GB 50257—2014

2　术语

2.0.1　爆炸性环境

在大气条件下，可燃性物质以气体、蒸气、粉尘、薄雾、纤维或飞絮的形式与空气形成的混合物，被点燃后，能够保持燃烧自行传播的环境。

2.0.2　爆炸性粉尘环境

在大气条件下，可燃性物质以粉尘、纤维或飞絮的形式与空气形成的混合物，被点燃后，能够保持燃烧自行传播的环境。

2.0.3　爆炸性气体环境

在大气条件下，可燃性物质以气体或蒸气的形式与空气形成的混合物，被点燃后，能够保持燃烧自行传播的环境。

2.0.4　危险区域

爆炸混合物出现或预期可能出现的数量达到足以要求对电气设备的结构、安装和使用采取预防措施的区域。

2.0.5　0区

连续出现或长期出现爆炸性气体混合物的环境。

2.0.6　1区

正常运行时可能出现爆炸性气体混合物的环境。

2.0.7　2区

正常运行时不太可能出现爆炸性气体混合物的环境，或即使出现，也仅是短时存在的爆炸性气体混合物的环境。

2.0.8　20 区

空气中可燃性粉尘云持续地或长期地或频繁地出现于爆炸性环境的区域。

2.0.9　21 区

正常运行时，空气中的可燃性粉尘云很可能偶尔出现于爆炸性环境的区域。

2.0.10　22 区

正常运行时，空气中的可燃性粉尘云一般不可能出现于爆炸性粉尘环境中的区域，即使出现，持续时间也是短暂的。

2.0.11　防爆型式

为防止点燃周围爆炸性环境而对电气设备采取各种特定措施。

2.0.12　本质安全型"i"

一种防爆型式，将暴露于爆炸性气体环境中设备内部和互连导线内的电气能量限制到低于可能由火花或热效应引起点燃的程度。

2.0.13　本质安全电路

正常工作和规定的故障条件下，产生的任何电火花或任何热效应均不能点燃规定的爆炸性气体环境的电路。

2.0.14　本质安全电气设备

内部的所有电路都是本质安全电路的电气设备。

2.0.15　关联电气设备

装有本质安全电路和非本质安全电路，且结构使非本质安全电路不能对本质安全电路产生不利影响的电气设备。

2.0.16　正压外壳型"p"

一种防爆型式，通过保持外壳内部或房间内保护气体的压力高于外部大气压力，以阻止外部爆炸性气体进入的形式。

2.0.17　油浸型"o"

一种防爆型式，将电气设备或电气设备部件浸在保护液中，使设备不能够点燃液面上或外壳外面的爆炸性气体。

2.0.18　"n"型电气设备

一种防爆型式，该防爆型式的电气设备，在正常运行时和本部分规定的一些异常条件下，不能点燃周围爆炸性气体。

2.0.19　隔爆外壳"d"

电气设备的一种防爆型式，其外壳能够承受通过外壳任何接合面或结构间隙进入外壳内部的爆炸性混合物在内部爆炸而不损坏，并且不会引起外部由一种、多种气体或蒸气形成的爆炸性气体环境的点燃。

3　施工准备

3.1　作业条件

3.1.1　施工前应编制施工方案或专项安全技术措施。

3.1.2　建筑物、构筑物的基础、构架应符合设计要求、并应达到允许安装的强度。

3.1.3　室内地面基层施工完毕，并在墙上标出地面标高。

3.1.4　预埋件、预留孔应符合设计要求，预埋的电气管路不得遗漏、堵塞，预埋件应牢固。

3.1.5　有可能损坏或严重污染电气装置的抹面及装饰工程应全部结束。

3.1.6　模板、施工设施应拆除，场地并应清理干净。

3.1.7　门窗应安装完毕。

3.2　材料及机具

3.2.1　主要材料

防爆灯具、防爆风机、防爆接线盒、防爆开关、防爆分线盒、防爆挠性连接管、防爆活接头、防火隔板、防火涂料、阻火包、防火门、阻燃电线电缆、镀锌焊接钢管、电缆标志牌、镀锌扁钢、电力复合脂、接地卡子、多股软铜线、锡焊材料、防锈漆等。

3.2.2　机械及工具

电钻、电焊机、套丝机、氧气乙炔表、磨光机。

3.2.3　检测设备

万用表、兆欧表、接地电阻测试仪、钳形电流表、电缆测试仪。

4　操作工艺

4.1　施工工艺流程

防爆、防火电气设备的安装→电气、电缆线路的敷设→接地装置的安装。

4.2　防爆、防火电气设备的安装前检查

4.2.1　设备和器材到达现场后，及时作下列验收检查：

1　包装及密封应良好。

2　开箱检查清点，其型号、规格和防爆标志，防爆电气设备应有"Ex"标志和标明防爆电气设备的类型、级别、组别的标志的铭牌，并在铭牌上标明国家指定的检验单位发给的防爆合格证号，火灾危险环境所采用的电气设备类型，应符合设计的要求，附件、配件、备件应完好齐全。

3　设备的外壳应无裂纹、损伤。

4 接合面的紧固螺栓应齐全，弹簧垫圈等防松设施应齐全完好，弹簧垫圈应压平。

5 密封衬垫应齐全完好，无老化变形，并符合产品的技术要求。

6 透明件应光洁无损伤。

7 运动部件应无碰撞和摩擦。

8 接线板及绝缘件应无碎裂，接线盒盖应紧固，电气间隙及爬电距离应符合要求。

9 接地标志及接地螺钉应完好。

10 产品的技术文件应齐全。

4.3 防爆、防火电气设备的安装

4.3.1 防爆电气设备安装在金属制作的支架上，支架应牢固，有振动的电气设备的固定螺栓应有防松装置。

4.3.2 防爆电气设备接线盒内部接线紧固后，裸露带电部分之间及与金属外壳之间的电气间隙和爬电距离，符合设备的技术要求。

4.3.3 防爆电气设备的进线口与电缆、导线应能可靠地接线和密封，多余的进线口其弹性密封垫和金属垫片应齐全，并应将压紧螺母拧紧使进线口密封。

4.3.4 事故排风机的按钮，应单独安装在便于操作的位置，且应有醒目的标志。

4.3.5 防爆灯具的种类、型号和功率，应符合设计和产品技术条件的要求，不得随意变更。

4.3.6 正常运行时产生火花或电弧的隔爆型电气设备，其电气联锁装置必须可靠；当电源接通时壳盖不应打开，而壳盖打开后电源不应接通。用螺栓紧固的外壳应检查"断电后开盖"警告牌，并应完好。

4.3.7 运行中的正压外壳型"p"电气设备内部的火花、电弧，不应从缝隙或出风口吹出。

4.3.8 油浸型"o"电气设备的安装，应垂直，其倾斜度不应大于5°。

4.3.9 本质安全型"i"电气设备与关联电气设备之间的连接导线或电缆的型号、规格和长度，以及要求的参数，应符合设计要求。

4.3.10 粉尘防爆电气设备的外壳接合面应紧固严密，密封垫圈完好，转动轴与轴孔间的防尘密封应严密。透明件应无裂损。

4.3.11 在火灾危险环境，露天安装的变压器或配电装置的外廓距火灾危险环境建筑物的外墙，不宜小于10m，当小于10m时，在高出变压器或配电装置高度3m的水平线以上或距变压器或配电装置外廓3m以外的墙壁上，安装非燃烧的镶有铁丝玻璃的固定窗。

4.4　防爆、火灾危险环境的电气、电缆线路敷设

4.4.1　电气线路的敷设

1　爆炸和火灾危险场所，应采用双回路供电，照明场所应设有应急照明灯。

2　电气线路的敷设方式、路径，应符合设计规定。

3　电气线路，应在爆炸危险性较小的环境或远离释放源的地方敷设。

4　当易燃物质比空气重时，电气线路应在较高处敷设；当易燃物质比空气轻时，电气线路在较低处或电缆沟敷设。

5　在1区内电缆线路严禁有中间接头，在2区、20区、21区内不应有中间接头。

6　敷设电气线路时宜避开可能受到机械损伤、振动、腐蚀以及可能受热的地方；当不能避开时，应采取预防措施。

7　架空线路严禁跨越爆炸危险环境；架空线路与爆炸性危险环境的水平距离，不应小于杆塔高度的1.5倍。

4.4.2　钢管配线

1　爆炸危险环境内的配线钢管，采用低压流体输送用镀锌焊接钢管。

2　钢管与钢管、钢管与电气设备、钢管与钢管附件之间的连接，应采用螺纹连接。螺纹加工应光滑、完整、无锈蚀，在螺纹上涂以电力复合脂或导电性防锈脂。

3　管路之间不得采用倒扣连接；当连接有困难时，应采用防爆活接头，其接合面应密贴。

4　在爆炸环境1区、2区、20区、21区和22区的钢管配线，应做好隔离密封。

5　管径为50mm及以上的管路在距引入的接线箱450mm以内及每距15m处，应装设一隔离密封件。

6　钢管配线在下列各处装设防爆挠性连接管：

1）电机的进线口；

2）钢管与电气设备直接连接有困难处；

3）管路通过建筑物的伸缩缝、沉降缝处。

7　电气设备、接线盒和端子箱上多余的孔，应采用丝堵堵塞严密。当孔内垫有弹性密封圈时，则弹性密封圈的外侧应设钢质堵板，其厚度不应小于2mm，钢质堵板应经压盘或螺母压紧。

8　在室外和易进水的地方，与设备引入装置相连接的电缆保护管的管口，应严密封堵。

9　在爆炸危险环境内采用的低压电缆和绝缘导线，其额定电压必须高于线

路的工作电压，且不得低于 500V，绝缘导线必须敷设于钢管内。电气工作中性线绝缘层的额定电压，必须与相线电压相同，并必须在同一护套或钢管内敷设。

10　钢管与电气设备或接线盒螺纹连接的进线口，应啮合紧密；非螺纹连接的进线口，钢管引入后应装设锁紧螺母。

11　电气线路使用的接线盒、分线盒、活接头、隔离密封件等连接件符合规范要求。

12　导线或电缆的连接，应采用有防松措施的螺栓固定，或压接、钎焊、熔焊，但不得绕接。铝芯与电气设备的连接，应有可靠的铜—铝过渡接头等措施。

13　爆炸危险环境电缆和绝缘导线线芯最小截面符合表 4-1 的规定。

爆炸性环境内电压为 1000V 及以下的钢管配线技术要求　表 4-1

爆炸危险区域	钢管配线用绝缘导线铜芯的最小截面（mm²）			管子连接要求
	电力	照明	控制	
1 区、20 区、21 区	2.5	2.5	2.5	钢管螺纹旋合不应少于 5 扣
2 区、22 区	2.5	1.5	1.5	钢管螺纹旋合不应少于 5 扣

4.4.3　电缆线路的敷设

1　电缆线路在爆炸危险环境内，电缆间不应直接连接。在非正常情况下，必须在相应的防爆接线盒或分线盒内连接或分路。

2　爆炸危险环境除本质安全电路外，采用的电缆的型号规格及芯线最小截面应符合表 4-2 的规定。

爆炸性环境电缆配线的技术要求　表 4-2

爆炸危险区域	电缆明设或在沟内敷设时铜芯的最小截面（mm²）			移动电缆
	电力	照明	控制	
1 区、20 区、21 区	2.5	2.5	1.0	重型
2 区、22 区	1.5	1.5	1.0	中型

3　电缆线路穿过不同危险区域或界壁时，必须采取下列隔离密封措施：

1）在两级区域交界处的电缆沟内，应采取充砂、填阻火堵料或加设防火隔墙。

2）电缆通过与相邻区域共用的隔墙、楼板、地面及易受机械损伤处，均应加以保护；留下的孔洞，应堵塞严密。

3）保护管两端的管口处，应将电缆周围用非燃性纤维堵塞严密，再填塞密封胶泥，密封胶泥填塞深度不得小于管子内径，且不得小于 40mm。

4　防爆电气设备、接线盒的进线口，当电缆外护套必须穿过弹性密封圈或密封填料时，应被弹性密封圈挤紧或被密封填料封固。

5　电缆配线引入防爆电动机需挠性连接时，采用挠性连接管，其与防爆电动机接线盒之间，按防爆要求加以配合，不同的使用环境条件应采用不同材质的挠性连接管。

4.4.4　本质安全型"i"电气设备及其关联电气设备的线路

1　本质安全电路关联电路的施工，应符合下列规定：

1）本质安全电路与非本质安全电路不得共用同一电缆或钢管；本质安全电路或关联电路，严禁与其他电路共用同一条电缆或钢管。

2）两个及以上的本质安全电路，除电缆线芯分别屏蔽或采用屏蔽导线者外，不应共用同一条电缆或钢管。

3）配电盘内本质安全电路与关联电路或其他电路的端子之间的间距，不应小于50mm；当间距不满足要求时，应采用高于端子的绝缘隔板或接地的金属隔板隔离；本质安全电路、关联电路的端子排应采用绝缘的防护罩；本质安全电路、关联电路、其他电路的盘内配线，应分开束扎、固定。

4）所有需要隔离密封的地方，应按规定进行隔离密封。

5）本质安全电路的配线应用蓝色导线，接线端子排应带有蓝色的标志。

6）本质安全电路本身除设计有特殊规定外，不应接地。电缆屏蔽层，应在非爆炸危险环境进行一点接地。

7）本质安全电路与其关联电路采用非铠装和无屏蔽层的电缆时，应采用镀锌钢管加以保护。

2　在非爆炸危险环境中与爆炸危险环境有直接连接的本质安全电路及其关联电路的施工，应符合《电气装置安装工程　爆炸和火灾危险场所电气装置施工及验收规范》GB 50257—2014第3.4.4条第2款～第7款的规定。

4.4.5　火灾危险环境的电气线路

1　在火灾危险环境内的电力、照明线路的绝缘导线和电缆的额定电压，不应低于线路的额定电压，且不得低于500V。

2　1kV及以下的电气线路，可采用非铠装电缆或钢管配线；在火灾危险环境具有闪点高于环境温度的可燃液体，在数量和配置上能引起火灾危险的环境，或具有固体状可燃物质，在数量和配置上能引起火灾危险的环境内，可采用硬塑料管配线；在火灾危险环境具有固体状可燃物质，在数量和配置上能引起火灾危险的环境内，远离可燃物质时，可采用绝缘导线在针式或鼓型瓷绝缘子上敷设。沿未抹灰的木质吊顶和木质墙壁等处及木质闷顶内的电气线路，应穿钢管明敷，不得采用瓷夹、瓷瓶配线。

3　在火灾危险环境内，当采用铝芯绝缘导线和电缆时，应有可靠的连接和封端。

4　在火灾危险环境具有闪点高于环境温度的可燃液体，在数量和配置上能引起火灾危险的环境或具有悬浮状、堆积状的可燃粉尘或可燃纤维，虽不可能形成爆炸混合物，但在数量和配置上能引起火灾危险的环境内，电动起重机不应采用滑触线供电；在火灾危险环境具有固体状可燃物质，在数量和配置上能引起火灾危险的环境内，电动起重机可采用滑触线供电，但在滑触线下方，不应堆置可燃物质。

5　移动式和携带式电气设备的线路，应采用移动电缆或橡套软线。

6　在火灾危险环境内安装裸铜、裸铝母线时，应符合下列规定：

1）不需拆卸检修的母线连接宜采用熔焊；

2）螺栓连接应可靠，并应有防松装置；

3）在火灾危险环境具有闪点高于环境温度的可燃液体，在数量和配置上能引起火灾危险的环境和具有固体状可燃物质，在数量和配置上能引起火灾危险的环境内的母线宜装设金属网保护罩，其网孔直径不应大于 12mm；在火灾危险环境 22 区内的母线应有 IP5X 型结构的外罩，并应符合现行国家标准《外壳防护等级（IP 代码）》GB 4208 的有关规定。

7　电缆引入电气设备或接线盒内，其进线口处应密封。

8　钢管与电气设备或接线盒的连接，应符合下列规定：

1）螺纹连接的进线口应啮合紧密；非螺纹连接的进线口，钢管引入后应装设锁紧螺母；

2）与电动机及有振动的电气设备连接时，应装设金属挠性连接管。

9　10kV 及以下架空线路，不应跨越火灾危险环境；架空线路与火灾危险环境的水平距离，不应小于杆塔高度的 1.5 倍。

4.5　接地装置的安装

4.5.1　保护接地的安装

1　在爆炸危险环境的电气设备的金属外壳、金属构架、金属配线管及其配件、电缆保护管、电缆的金属护套等非带电的裸露金属部分，均应接地。

2　在爆炸危险环境中接地干线宜在不同方向与接地体相连，连接处不得少于两处。

3　爆炸危险环境中的接地干线通过与其他环境共用的隔墙或楼板时，应采用钢管保护，并应按规范规定作好隔离密封。

4　爆炸危险环境内的电气设备与接地线的连接，采用多股软绞线，其铜线最小截面面积不得小于 4mm²，易受机械损伤的部位装设保护管。

5　爆炸危险环境内接地或接零用的螺栓应有防松装置；接地线紧固前，其接地端子及上述紧固件，均应涂电力复合脂。

4.5.2　防静电接地

1　只作防静电的接地装置，每一处接地体的接地电阻值应符合设计规定。

2　设备、机组、贮罐、管道等的防静电接地线，应单独与接地体或接地干线相连，除并列管道外不得互相串联接地。

3　防静电接地线的安装，应与设备、机组、贮罐等固定接地端子或螺栓连接，连接螺栓不应小于 M10，并应有防松装置和涂以电力复合脂。当采用焊接端子连接时，不得降低和损伤管道强度。

4　当金属法兰采用金属螺栓或卡子相紧固时，可不另装跨接线。在腐蚀条件下安装前，要有两个及以上螺栓和卡子之间的接触面去锈和除油污，并应加装防松螺母。

5　当爆炸危险区内的非金属构架上平行安装的金属管道相互之间的净距离小于 100mm 时，每隔 20m 用金属线跨接；金属管道相互交叉的净距离小于 100mm 时，应采用金属线跨接。

6　容量为 50m³ 及以上的贮罐，其接地点不应少于两处，且接地点的间距不应大于 30m，并应在罐体底部周围对称与接地体连接，接地体应连接成环形的闭合回路。

7　引入爆炸危险环境的金属管道、配线的钢管、电缆的铠装及金属外壳，均应在危险区域的进口处接地。

8　有静电接地要求的管道，各段管子间应导电。当每对法兰或螺纹接头间电阻值超过 0.03Ω 时，应设导线跨接。

9　管道系统的对地电阻值超过 10Ω 时，应设两处接地引线。接地引线宜采用焊接形式。

10　有静电接地要求的钛管道及不锈钢管道，导线跨接或接地引线不得与钛管道及不锈钢管道直接连接，应采用钛板及不锈钢板过渡。

11　用作静电接地的材料或零件，安装前不得涂漆。导电接触面必须除锈并紧密连接。

12　静电接地安装完毕后，必须进行测试，电阻值超过规定时，应进行检查与调整。

13　PVC厂等易爆的聚乙烯管道的静电接地必须单独敷设，并符合设计要求。

5　质量标准

执行《电气装置安装工程爆炸和火灾危险场所电气装置施工及验收规范》

GB 50257—2014 相关规定。

6　成品保护

6.0.1　设备和器材的运输、保管，应符合国家有关物资运输、保管的规定。

6.0.2　设备安装时，不得损伤外壳和进线装置的完整及密封性能。

6.0.3　防爆电气设备外壳的温度不得超过规定值。

7　注意事项

7.1　应注意的质量问题

7.1.1　电气设备安装用的紧固件，除地脚螺栓外，采用镀锌制品。

7.1.2　爆炸危险环境内的配线钢管，外露丝扣不应过长；电气管路之间不得采用倒扣连接，当连接有困难时，应采用防爆活接头，其接合面应密贴。

7.2　应注意的安全问题

7.2.1　在有爆炸和火灾危险的场所施工时，应按危险场所等级选用相应的施工电气设备。

7.2.2　具有火灾、爆炸危险的场所严禁明火。

7.2.3　在改扩建工程中，施工现场动火作业办理动火许可证；动火许可证的签发人收到动火申请后，应前往现场查验并确认动火作业的防火措施落实后，再签发动火许可证。

7.2.4　施工现场用气严禁使用减压器及其他附件缺损的氧气瓶，严禁使用乙炔专用减压器、回火防止器及其他附件缺损的乙炔瓶，气瓶应保持直立状态，并采取防倾倒措施，乙炔瓶严禁横躺卧放。

7.2.5　在火灾危险环境内，不宜使用电热器；移动式和携带式照明灯具的玻璃罩，应采用金属网保护。

7.2.6　防火门的安装应外开。

7.2.7　事故排风机的按钮，单独安装在便于操作的位置，且有特殊标志。

7.2.8　防爆电气设备安装后，应按产品技术要求做好保护装置的调整和试操作。

7.2.9　在化工厂施工时，如有毒、有害、易爆气体发生泄露时，应及时向上风口的两边疏散。

7.2.10　在已运行的极易爆炸危险区域施工，必须制定专项安全技术方案，遵守生产运行的相关规定，不仅是办理了相关的作业许可证，而且要按照规定的相关岗位领导旁站到位后才可施工。

8 质量记录

8.0.1 设计变更文件；

8.0.2 制造厂提供的产品使用说明书、试验记录、合格证件及安装图纸等技术文件；

8.0.3 有关设备的安装调试记录；

8.0.4 正压外壳型"p"电气设备的风压、气压等继电保护装置的调整记录、电气设备试运时外壳的最高温度记录和防静电接地的接地电阻值的测试记录等。

第5章 起重机电气装置施工工艺

本工艺标准适用于额定电压 10kV 及以下的各式起重机、电动葫芦的电气装置和 3kV 及以下滑接线的安装工程。

1 引用文件

《电气装置安装工程起重机电气装置施工及验收规范》GB 50256—2014

2 术语

2.0.1 滑触线和滑接器

用于给移动设备供电的一种馈电装置，由滑触线—滑线导轨和滑接器—集电器两部分组成。

3 施工准备

3.1 作业条件

3.1.1 施工前应编制施工方案或专项安全技术措施。

3.1.2 与起重机电气装置安装有关的建筑物、构筑物的建筑工程质量，应符合国家现行的建筑工程的施工及验收范围中的有关规定。

3.1.3 起重机上部的顶棚不应渗水。

3.1.4 混凝土梁上预留的滑接线支架安装孔和悬吊式软电缆终端拉紧装置的预埋件、预留孔位置应正确，孔洞无堵塞，预埋件应牢固。

3.1.5 安装滑接线的混凝土梁，应完成粉刷工作。

3.2 材料及机具

3.2.1 主要材料

隔离变压器、配电屏、铁壳开关、安全滑触线、限位开关、软电缆、多股软铜线、镀锌扁钢、角钢、相色漆、钢丝绳、卡扣、花篮螺栓、桥架、线槽、铝排（辅助母线）、电力复合脂、电缆标志牌、锡焊材料等。

3.2.2 机械及工具

电焊机、冲击电钻、切割机、磨光机、安全带。

3.2.3　检测设备

万用表、绝缘电阻测试仪、接地电阻测试仪。

4　操作工艺

4.1　施工工艺流程

滑接线和滑接器的安装→起重机本体的配线、电缆敷设→电气设备及保护装置安装→接地装置的安装。

4.2　滑接线和滑接器的安装

4.2.1　滑触线的布置

1　滑触线距离地面的高度不得低于3.5m；在有汽车通过部分，滑触线距离地面的高度不得低于6m。

2　滑触线与设备和氧气管道的距离，不得小于1.5m；与易燃气体、液体管道的距离，不得小于3m，与一般管道的距离，不得小于1m。

3　裸露式滑触线在靠近走梯、过道等行人可触及的部分，必须设有遮拦保护。

4.2.2　滑接线的支架安装

1　支架安装平正牢固，并在同一水平面或垂直面上。

2　支架不得在建筑物伸缩缝和轨道梁结合处安装。

3　滑触线支架应可靠接地。

4.2.3　绝缘子的安装

1　绝缘子安装前进行耐压试验，并符合现行国家标准的有关规定。

2　绝缘子、绝缘套管不得有机械损伤及缺陷；表面应清洁；绝缘性能应良好；在绝缘子与支架和滑接线的钢固定件之间，应加设红钢纸垫片。

3　安装于室外或潮湿场所的滑接线绝缘子、绝缘套管，采用户外式。

4　绝缘子两端的固定螺栓，采用高标号水泥砂浆灌注，并能承受滑接线的拉力。

4.2.4　滑接线的安装

1　接触面应平直无锈蚀，导电应良好。

2　额定电压为0.5kV以下的滑接线，其相邻导电部分和导电部分对接地部分之间的净距不得小于30mm；户内3kV滑接线，其相间和对地的净距不得小于100mm；

3　起重机在终端位置时，滑接器与滑接线末端的距离不应小于200mm；固定装设的型钢滑接线，其终端支架与滑接线末端的距离不应大于800mm。

4　型钢滑接线所采用的材料，进行平直处理，其中心偏差不宜大于长度的1/1000，且不得大于10mm。

5　滑接线安装后应平直；滑接线之间的距离应一致，其中心线与起重机轨道的实际中心线保持平行，其偏差应 10mm；滑接线之间的水平偏差或垂直偏差，应小于 10mm。

6　型钢滑接线长度超过 50m 或跨越建筑物伸缩缝时，应装设伸缩补偿装置。

7　辅助导线沿滑接线敷设，且与滑接线进行可靠的连接；其连接点之间的间距不应大于 12m。

8　型钢滑接线在支架上应能伸缩，并在中间支架上固定。

9　型钢滑接线除接触面外，表面涂以红色的油漆或相色漆。

4.2.5　滑接线伸缩补偿装置的安装

1　伸缩补偿装置应安装在与建筑物伸缩缝距离最近的支架上。

2　在伸缩补偿装置处，滑接线应留有 10～20mm 的间隙，间隙两侧的滑接线端头应加工圆滑，接触面应安装在同一水平面上，其两端间高差不应大于 1mm。

3　伸缩补偿装置间隙的两侧，均应有滑接线支持点，支持点与间隙之间的距离，不宜大于 150mm。

4　间隙两侧的滑接线，采用软导线跨越，跨越线留有余量。

4.2.6　滑接线的连接

1　接头处的接触面应平直光滑，其高差不应大于 0.5mm，连接后高出部分应修整平直。

2　型钢滑接线焊接时，应附连接托板；用螺栓连接时，加跨接软线。

3　轨道滑接线焊接时，焊条和焊缝应符合钢轨焊接工艺对材料和质量的要求，焊好后接触表面应平直光滑。

4　导线与滑接线连接时，滑接线接头处镀锡或加焊有电镀层的接线板。

4.2.7　悬吊式软电缆的安装

1　悬挂装置的电缆夹，应与软电缆可靠固定，电缆夹间的距离，不宜大于 5m。

2　软电缆安装后，其悬挂装置沿滑道移动应灵活、无跳动，不得卡阻。

3　软电缆移动段的长度，应比起重机移动距离长 15%～20%，并应加装牵引绳，牵引绳长度应短于软电缆移动段的长度，且长于起重机的移动距离。

4　软电缆移动部分两端，应分别与起重机、钢索或型钢滑道牢固固定。

4.2.8　安全式滑触线的安装

1　安全式滑触线的连接应平直，支架夹安装牢固，个支架夹之间的距离应小于 3m。

安全式滑触线支架的安装，宜焊接在轨道下的垫板上；当固定在其他地方时，应做好接地连接，接地电阻应小于4Ω。

2　安全式滑接线的绝缘护套应完好，不应有裂纹及破损。

3　滑接器拉簧应完好灵活，耐磨石墨片应与滑接线可靠接触，连接软电缆应符合载流量的要求。

4.2.9　滑接器的安装

1　滑接器支架的固定应牢靠，绝缘子和绝缘衬垫不得有裂纹、破损等缺陷。

2　滑接器应沿滑接线全长可靠地接触，自由无阻地滑动，在任何部位滑接器的中心线（宽面）不应超出滑接线的边缘。

3　滑接器与滑接线的接触部分，不应有尖锐的边棱。

4　槽型滑接器与可调滑竿间，移动灵活。

5　自由悬吊滑触线的轮型滑接器，安装后应高出滑触线中间托架，并不应小于10mm。

4.3　起重机本体的配线、电缆敷设

4.3.1　起重机上本体的配线

1　起重机上的配线除弱电系统外；均采用额定电压不低于500V的铜芯多股电线或电缆。多股电线截面面积不得小于1.5mm²；多股电缆截面面积不得小于1.0mm²。

2　起重机上的配线应排列整齐，导线两端应牢固地压接相应的接线端子，并应标有明显的编号，不得使用开口接线端子。同一接线端子最多只应接两根同规格、同型号的导线。

3　电线或电缆应装于钢管、线槽、保护罩内或采取隔热保护措施。

4.3.2　起重机上电缆的敷设

1　按电缆引出的先后顺序排列整齐，不宜交叉；强电与弱电的电缆应分开敷设，电缆两端应有标牌；

2　测速机、编码器等弱电回路应采用屏蔽电缆连接，且屏蔽层不应中断，屏蔽层应可靠接地；

3　电缆应卡固，支持点距离不应大于1m；单芯动力电缆应采用非导磁材料卡固。

4.3.3　起重机上电线管、线槽的敷设

1　钢管、线槽应固定牢固；

2　露天起重机的钢管敷设，应使管口向下或有其他防水措施；

3　起重机所有的管口，加装护口套；

4　电线、电缆的进出口处，应采取保护措施。

4.4　起重机电气设备及保护装置的安装

4.4.1　配电屏、柜的安装，采用螺栓固定，并有防松措施，且符合现行国家标准《电气装置安装工程盘、柜及二次回路结线施工及验收规范》的有关规定。

4.4.2　起重机制动装置的动作应迅速、准确、可靠，当某一机构是由两组在机械上互不联系的电动机驱动时，其制动器的动作时间应一致。

4.4.3　行程限位开关动作后，能自动切断相关电源，起重机桥架的小车等，离行程末端不得小于 200mm 处。

4.4.4　撞杆的装设，应保证行程限位开关可靠动作，撞杆及撞杆支架在起重机工作时不应晃动。撞杆的长度应能满足机械（桥架及小车）最大制动距离的要求。

4.4.5　电动机的运转方向、按钮和控制器的操作指示方向，应与机构的运动及动作的实际方向要求相一致。

4.4.6　照明装置的安装

1　起重机主断路器切断电源后，照明不能断电。

2　照明回路设置隔离变压器，不得利用电线管或起重机本身的接地线作零线。灯具运行时无剧烈摆动。

4.4.7　超电压及欠电压保护、过电流保护装置等，应按随机技术文件的要求进行调整和整定。

4.4.8　起重机应设有断电保护装置。当起重机的某一机构由两组在机械上互不联系的电动机驱动时，两台电动机应有同步运行和同时断电的保护装置。

4.4.9　限位装置、电气系统、联锁装置和紧急断电装置，应灵敏、正确、可靠。

4.5　接地装置的安装

4.5.1　起重机的每条轨道，设两点接地。在轨道端之间的接头处，作电气跨接；接地电阻应小于 4Ω。

4.5.2　装有接地滑接器时，滑接器与轨道或接地滑接线，应可靠接触。

4.5.3　司机室与起重机本体用螺栓连接时，应进行电气跨接；其跨接点不应少于两处。

4.5.4　跨接宜采用多股软铜线，其截面面积不得小于 16mm²，两端压接接线端子应采用镀锌螺栓固定，当采用圆钢或扁钢进行跨接时，圆钢直径不得小于 12mm，扁钢截面的宽度和厚度不得小于 40mm×4mm。

4.5.5　起重机的金属结构及所有电气设备的外壳、管槽、电缆金属外皮，均应可靠接地。

5　质量标准

执行《电气装置安装工程起重机电气装置施工及验收规范》GB 50256—2014相关规定。

6　成品保护

6.0.1　起重机电气设备的运输、保管，应符合国家现行标准的有关规定。

7　注意事项

7.1　应注意的质量问题

7.1.1　电线或电缆穿过钢结构的孔洞处，应将孔洞的毛刺去掉，并应采取保护措施。

7.1.2　起重机上的配线应标有明显的接线编号。

7.1.3　起重机上电缆固定敷设时，其弯曲半径应大于电缆外径的 5 倍；电缆移动敷设时，其弯曲半径应大于电缆外径的 8 倍。

7.1.4　起重机电气装置的构架、钢管、滑接线支架等非带电金属部分，均应涂防腐漆或镀锌。

7.1.5　滑接线的支架不得在建筑物伸缩缝和轨道梁结合处安装。

7.2　应注意的安全问题

7.2.1　高空作业时，必须系好安全带，同时要作好防止施工工具、操作物件高空坠落的措施。

7.2.2　带负荷试运行时，合理控制加速度、减速度，以免由于惯性使行程限位开关失灵，造成事故。

8　质量记录

8.0.1　设计变更文件、设备及材料代用单。

8.0.2　制造厂提供的产品合格证书、产品说明书、安装图纸等技术文件。

8.0.3　安装技术记录。

8.0.4　调整试验记录。

8.0.5　备品备件交接清单。

第6章 同步发电机电气安装施工工艺

本工艺标准适用于同步发电机电气部分安装工程。

1 引用文件

《同步电机励磁系统大、中型同步发电机励磁系统技术要求》GB/T 7409—1997

2 术语

2.0.1 电刷与滑环

用于给同步发电机供应励磁，由电刷和电刷架、滑环给发电机转子励磁绕组供应直流励磁电流。

3 施工准备

3.1 作业条件

3.1.1 施工前应编制施工方案或专项安全技术措施。

3.1.2 与同步发电机及附属励磁装置安装有关的建筑物、构筑物的建筑工程质量，应符合国家现行的建筑工程的施工及验收范围中的有关规定。

3.1.3 同步发电机上部的顶棚不应渗水。

3.1.4 同步发电机基本就位，未穿转子之前电气安装具备安装调试条件。

3.2 材料及机具

3.2.1 主要材料

高压开关柜、出线小间的隔离开关、励磁控制柜、发电机后台控制保护柜、微机控制系统、避雷器、互感器、穿墙板、型钢、桥架、线槽、铜排（辅助母线）、支柱绝缘子、电力复合脂、电缆标志牌、锡焊材料等。

3.2.2 机械及工具

电焊机、冲击电钻、切割机、磨光机、安全带。

3.2.3 检测设备

万用表、绝缘电阻测试仪、接地电阻测试仪。

4　操作工艺

4.1　施工工艺流程

基础制作→盘柜就位→励磁柜安装→发电机后台控制保护机柜安装→微机控制系统安装→桥架安装→穿墙隔板安装→互感器安装→支柱绝缘子安装→铜母线安装→隔离刀闸安装→避雷器安装→电缆敷设→电缆头制安→盘柜校接线→配合调试单位及厂家调试→倒送电→并网。

4.2　高压开关柜的安装

4.2.1　施工工序

1　埋设的基础型钢和柜、屏、台下的电缆沟等相关建筑物检查合格，才能安装柜屏台。

2　室内外落地动力配电箱的基础验收合格，且对埋入基础的电线导管、电缆导管进行检查，才能安装箱体。

3　配电箱（盘）的预埋件（金属埋件螺栓）在抹灰前预留和预埋。

4　接地（PE）线接零（PEN）连接完成后，核对柜、屏、台、箱、盘内的元件、规格型号，且交接试验合格，才能投入试运行。

4.2.2　施工方法

1　盘柜运输，按配电柜的重量及形体大小结合现场施工条件决定采用吊车、汽车或人力搬运，柜体上有吊环者，吊索应穿过吊环、无吊环者吊好挂栓在四角主要承力结构处，不许将吊索挂在设备部件上吊装，运输中要固定牢靠，防止磕碰，避免元件、仪表、油漆的损坏。

2　配电柜底座制作安装，依据配电柜尺寸大小制作好基础槽钢，安装时，先将扁钢与底座槽钢焊接好，再将底座槽板与底板焊接。

3　盘柜到达现场后，进行开箱检查，并填写设备开箱检查记录，主要检查：①规格型号是否与设计相符，而且临时在柜（盘）上标明名称、安装编号与安装位置；②配电柜（盘）上零件和备品是否齐全，有无出厂图纸及技术文件；③有无损坏和受潮。

4　配电柜（盘）安装：①在距离配电柜顶和底各200mm高处，按一定的位置绷两根尼龙线，将柜（盘）按柜室的顺序比照基准线安装就位，其四角可采用开口钢垫找平找正；②找平找正完成后，即可将柜体与基础槽钢、柜体与柜体、柜体与两侧挡板固定牢固。

4.2.3　技术指标要求

1　基础型钢的安装应符合表6-1要求：

基础型钢的安装允许偏差 表 6-1

项目	允许偏差	
	mm/m	mm/全长
不直度	<1	<5
水平度	<1	<5
位置误差及不平行度	—	<5

2 基础型钢安装好，其顶部宜高出抹平地面 5mm；手车式成套柜按产品技术要求执行，基础型钢应有明显的可靠接地。

3 盘、柜及盘、柜内设备与各构件间连接应牢固。

4 盘柜、单独或成列安装时，其垂直度水平偏差以及盘柜面偏差和盘柜内接缝允许偏差应符合下表规定，模拟母线应对齐，其误差不应超过视差范围，并应完整，安装牢固，见表 6-2。

盘、柜安装的允许偏差 表 6-2

项目		允许偏差（mm）
垂直度（m）		<1.5
水平偏差	相邻两盘顶部	<2
	成列盘顶部	<5
盘面偏差	相邻两盘边	<1
	成列盘面	<5
盘	间接缝	<2

4.3 母线安装

4.3.1 施工工序

1 高压成套配电柜、穿墙套管式电流互感器及绝缘子等安装就位，经检查合格，才能安装高压成套配电柜母线。

2 封闭、插接式母线安装，在结构封顶，室内底层地面施工完成或已确定地面标高，场地清理，层间距离复核后才能确定支架设置位置。

3 与封闭、插接式母线安装位置有关的管道及建筑装修工程基本结束，确认扫尾施工不会影响已安装母线才能安装母线。

4 封闭、插接式母线每段母线组对接续前，绝缘电阻测试合格，绝缘电阻值大于 20MΩ，才能安装组对。

5 母线支架和插接式母线的外壳接地（PE）或接零（PEN）连接完成，母线绝缘电阻测试和交流工频耐压试验合格才能通电。

4.3.2　施工方法

1　母线安装

封闭、插接式母线组装和固定位置正确，外壳与底座间、外壳各连接部位和母线的连接、螺栓应按产品技术文件要求选择正确，连接坚固。

2　技术质量要求

母线与母线或母线与电器接线端子，当采用螺栓搭接时，应符合下列规定：

1）母线接触面保持清洁，涂电力复合脂，螺栓孔周边无毛刺。

2）连接螺栓两侧有平垫圈，相邻垫圈间有大于 3mm 的间隙，螺母侧装有弹簧垫圈或锁紧螺母。

3）螺栓受力均匀，不使电器的接线端子受额外压力。

封闭、插接式母线安装应符合下列规定：

1）母线与外壳同心，允许偏差为±5mm。

2）当段与段连接时，两相邻段母线及外壳对准，连接后不使母线及外壳受额外应力。

3）母线的连接方法符合产品技术文件要求。

4.3.3　发电机定子检查

1　进入定子内部检查

发电机定子就位后，电气专业应配合机务进行电气方面的检查，进入定子内部工作，必遵守下列事项：

1）在定子下部铁芯及绕组上部表面铺上橡皮。禁止穿硬底鞋进入定子膛内，出入定子时不得直接踏踩绕组端部，以免弄脏或损伤端部绝缘。

2）进入定子内工作，必须穿专用工作服，不许带有容易脱落的金属物件，以防掉及定子铁芯内；必须用火作业时，应做好安全措施。

3）工作完毕，将带入定子内的全部工具如数拿出，不得遗忘。

2　定子铁芯的检查及缺陷处理

铁芯各部分（包括通风孔）均应仔细检查、清扫干净，使其无尘土、油垢、杂物。清扫时，可用干燥的压缩空气按先风道后铁芯，先上部后下部的顺序吹扫，再用面团、刷子清除风道及定子铁芯通风孔内的杂物。

铁芯表面绝缘漆腊应无剥落。如脱落过多，可将残漆消除干净，补刷一层原质绝缘漆。

铁芯硅钢片应紧密、完整、没有锈斑及损伤。特别应注意铁芯齿部、槽口和通风孔边缘处是否松动，若有松动则用云母片将其塞紧，如松动过大，则可用层压绝缘板做成的楔块用木槌打入缝隙，将铁芯撑紧。处理完毕后，再在该处涂刷防潮绝缘漆。

3　定子绕组的检查及缺陷处理

1）检查定子绕组表面绝缘漆是否完整平滑、光亮、有无起泡、裂纹、损伤、脱离等现象。若漆膜有脱落，应重新覆盖一层原质绝缘漆。如绝缘层表面有局部轻微碰伤，应进行处理，采用补强办法，在损坏处包2～3层原质绝缘带，然后再包两层玻璃带，并涂以原质绝缘漆即可。

2）检查定子槽楔应无断裂凸出及松动现象。用小锤轻轻敲打各块槽楔，其空响长度不应超过1/3。端部槽楔必须紧固；断裂的槽楔应小心退出，换新；松动的槽楔应退出加垫条后重新找紧。找槽楔用的工具不得用钢制，而应用硬木、硬胶木制作。打入打出槽楔时应谨慎，严防损坏绕组绝缘和定子铁芯。槽楔下采用波纹板时，应按产品要求进行检查。

3）检查绕组端部绝缘应无损伤，槽口垫块不应松动，引出线的绝缘应符合要求，固定端部绕组的云母架、端环、压板要紧固牢靠，防松垫片齐全，端部绕组、引出线、支撑件等为一个坚固的整体。当端部绕组采用绑扎结构时，绑扎线应绑扎牢固，且绑扎线没有损伤断股现象。如果发现松动，可用加垫、插入楔子等办法支撑，然后再压紧压板或绑扎绑线。

4）检查埋入式测温元件的引线及端子板应清洁、绝缘，其屏蔽接地良好。埋设于汇水管水支路处的测温元件应安装牢固，引线端子板的密封垫、每个引线螺栓的密封垫应富于弹性，无老化龟裂现象，并密封良好。若该处密封不严，会引导起漏氢。凡发现有不合要求的垫子，必须更换。

5）检查电阻温度计的电阻值应符合要求，其对地绝缘电阻用250V兆欧表测定，不得低于1MΩ。

4.3.4　定子绕组的电气试验

定子铁芯及绕组应按试验标准，做下述几项试验，以判断定子绕组电路和绝缘有否隐藏缺陷。

1）用2500V兆欧表测量定子绕组的绝缘电阻和吸收比。绝缘电阻应满足制造厂的要求，各相绝缘电阻的不平衡系数不应大于2。吸收比对沥青浸胶及烘卷云母绝缘不应小于1.3；对环氧粉云母绝缘不应小于1.6。

2）用高精度电桥测量定子绕组的直流电阻。直流电阻应在冷状态下测量，测量时绕组表面温度与周围空气温度之差应在±3℃的范围内。各相或各分支绕组的直流电阻，在校正了引线长度不同而引起的误差后，相互间差别不应超过其最小值的2%，与产品出厂时测得的数值换算至同温度下的数值比较，其相对变化也不应大于2%。

3）做定子绕组直流耐压试验并测量泄漏电流。试验电压为电机额定电压的3倍；试验电压按每级0.5倍额外负担定电压分阶段升高，每阶段停留1min，并记录泄漏电流值。水内冷电机，宜采用低压屏蔽法试验。氢冷电机必须在充氢前或排氢后，且含氢量在3%以下时进行试验，严禁在置换氢气过程中进行试验。

4）做定子绕组交流耐压试验。对于容量在1000kW及以上，额定电压6300V以上的同步发电机，定子绕组交流耐压试验所采用的电压为（$1.5U_n$＋2250）V，其中U_n为发电机额定电压。水内冷电机在通水情况下进行试验，水质应合格；氢冷电机必须在充氢以前及排氢后且氢含量在3%以下时进行试验，严禁在置换氢过程中进行。

对于新安装机组，上述第3）、4）项试验一般在发电机施工全部完成，具备通氢或通水条件后进行。

5）测量检温计的绝缘电阻。用2500V兆欧表测量，并校验温度误差，其绝缘电阻和温度误差不应超过制造厂规定值。

4.3.5　发电机转子检查

1　发电机穿转子前要完成下列检查内容：

1）用0.3～0.4MPa的干燥、清洁的压缩空气清扫转子各处灰尘，再用清洗剂擦净各部油污。

2）用小锤轻轻敲打，检查转子槽楔是否松动；检查转子平衡块应固定牢固，不得增减或弯位，平衡螺丝应锁牢；各处定位、紧固螺栓应紧固，锁定装置应锁定；风扇叶片安装牢固，无破损、裂纹及焊口开裂情况，螺栓应锁牢。

3）励磁滑环对轴绝缘及转子槽楔引出线的绝缘应完好无损，引出线槽楔不应松动。滑环附近的油污及灰尘应擦净，滑环表面应光滑、无损伤，转子上的紧固件应紧牢，平衡块不得增减或变位，平衡螺丝应锁牢。

2　发电机转子进行完上述检查项目后，还应做下列电气试验：

1）测量转子绕组的绝缘电阻。对于转子绕组的额定电压为200V及以下的，采用1000V兆欧表测量；在200V以上的，用2500V兆欧表测量。绝缘电阻值不应低于0.5MΩ，对于水内冷电机转子绕组应吹净后进行测量。

2）测量转子绕组的直流电阻，应在滑环上测量。测量时，绕组表面温度与周围空气温度之差应在±3℃以内。测量数值与产品出厂值换算至同温度下的数值比较，其值不应超过2%，如超过2%应查明原因，进行处理。

3）测量转子绕组的交流阻抗和功率损耗。由于转子工作时，在高速旋转状态，绕组所受到的离心力较大，转子绕组匝数绝缘处理不好，就有可能发生匝间短路。在不同的工况下测量转子绕组的交流阻抗和功率损耗，进行比较，就能够有效地发现绕组是否存在匝间短路。交流阻抗和功率损耗测量，是在转子滑环上施加一交流电源，测量其电流、电压及功率，交流阻抗由上述测量值通过计算求得。试验时所加交流电压的峰值，不应超过额定励磁电压值。

4）汽轮发电机转子现多为隐极式，根据规程规定，不需要进行交流耐压试验，可采用2500V兆欧表测量绝缘代替交流耐压试验。

4.4 发电机出线安装

发电机出线罩安装完毕后，应可进行引出线安装。引出线安装包括套管安装、过渡引出线及引出线绝缘包扎三个部分。

4.4.1 套管安装

套管开箱后应进行妥善的保管，防止碰坏、损伤。安装前进行仔细检查，要求瓷件、法兰完好无裂纹，瓷轴无破损，胶合处完整、结合牢固；引出线罩与套管的法兰结合平整无损伤，橡皮密封垫平整，无变形、无老化，脆硬或龟裂。

安装套管时，应先仔细清理套管和出线罩上法兰结合面，不平的地方可用锉刀修整，然后用布条蘸清净剂擦净结合面上的油污，套上干净的密封垫，再对角均匀拧紧法兰螺栓，安装过程注意保护瓷套，小心谨慎，不得碰伤瓷瓶。

安装过渡引线及伸缩节的步骤如下：

1 先校正过渡引线，使其与发电机引出线对齐，然后根据两者的相对位置，造配合适的伸缩节，尽量使其在连接螺栓紧固后，受力最小。

2 用布条蘸金属清洗剂擦净各接触面油污，用直尽检查接触面应平整，其镀银层不得有麻面、起皮及未覆盖部分，银层不宜锉磨。所有导电面都应进行研配，使接触面积不小于70％。

3 紧固连接螺丝。应注意钢螺丝的位置紧固后不得构成闭合磁路，一般宜采用铜螺丝。

4.5 配合设备专业安装项目

发电机安装包括机务、电气方面的内容，两专业必须密切配合，共同努力，才能高质量地完成安装工作。电气专业配合机务的安装工作有以下几个方面。

4.5.1 发电机穿转子

发电机穿转子必须在定子、转子完成了前述全部安装与试验工作，并经机务、电气双方共同检查，确认定子膛内及转子本体上无任何遗留工作后，才能进行穿转子工作。

4.5.2 测量励侧轴承对地绝缘电阻

在安装汽轮发电机制励侧轴承时，轴承与基础底座之间，要求加有绝缘垫块，主要是为了防止定子磁场不平衡或轴轴本身带磁，在高速旋转的转子轴上感应出电压，此电压叫作轴电压。如是轴承与基座之间绝缘不好，轴电压将经过轴承、机座与基础钢结我等形成闭合回路，产生一个很大的电流，这个电流叫作轴电流。轴电流流过轴承时会把轴瓦、轴颈烧坏。所以在汽轮发电机的励侧轴承与基础底座之间一定要加装绝缘垫，先切断轴电流。同时，轴承座的固定螺丝、连接到轴承座的油管以及转子冷却水进水管也要与轴承绝缘。因此，在机务安装轴承座过程中，电气应配合机务测定侧轴承、油密封座、内档油盖、外档油盖的对地绝缘电阻。通常用 1000V 兆欧表测量，其绝缘电阻不应低于 0.5MΩ。

4.6 电刷架及电刷安装

4.6.1 电刷架的安装，要考虑汽轮发电机在运行时由于热膨胀，使发动机的轴将向励磁机端延伸这一要素，使发电机运行时电刷始终在滑环表面上，而不会移出悬空或紧靠滑环边绝缘。电刷架的安装中心应与转子轴中心重合，不可偏移。电刷架及其横杆应固定，绝缘衬管和绝缘垫应无损伤、无污垢，并应测量绝缘电阻。接至刷架的电缆，不应使刷架受力，其金属护层不应触及带有绝缘垫的轴承。

4.6.2 电刷的安装调整应符合下列要求：

1 同一电机上应使用同一型号、同一制造厂的电刷。

2 电刷的编织带应连接牢固、接触良好、不得与转动部分或弹簧片相碰触。具有绝缘垫的电刷，绝缘垫应良好。

3 电刷在刷握内应能上下自由移动，型号与刷握的间隙应符合产品的规定，当无规定时，其间隙可为 0.10～0.20mm。

4 恒压弹簧应完整，无机械损伤，型号和压力应符合产品技术条件规定，同一极上的弹簧压力偏差不宜超过 5%。

5 电刷接触面应与集电环的弧度相吻合，接触面积不应小于单个电刷截面的 75%。研磨后的炭粉应清扫干净。

4.7 接地装置的安装

发电机接地包括接地和转轴接地。

外壳接地一般用扁钢或铜排与全厂接地网连通，其接地点及接地线的截面应满足设计要求。为了安全可靠，大型电机均采用两点以上的接地，且接地线应敷设在便于检查的明显位置。

转子大轴接地是为了消除大轴对地的静电电压。转子大轴接地装置在发电机的汽端一侧，与大轴作滑动接触。同时它还作为发电机转子接地保护用的"接地碳刷"，一般均采用与机座外壳直接接地。若转子接地保护的专门要求，也可采用经电阻接地的方式。

5 质量标准

执行《同步电机励磁系统大、中型同步发电机励磁系统技术要求》GB/T 7409—2007 相关规定。

6　成品保护

6.0.1　发电机运抵施工现场后，首先应对设备外包装进行检查记录，并尽快组织制造厂家、建设单位及机务、电气专业人员，对设备共同进行开箱验收检查。

6.0.2　依据订货合同及交货清单，重点核对设备的型号、规格、数量，以及外观是否有损伤、变形、锈蚀、裂纹等缺陷。对于水内冷式电机，还应检查定子、转子进、出水管管口的封闭是否完好。充氮运输的电机，氮气压力应符合产品的要求。

6.0.3　电气部分清点的具体内容通常有以下几方面：

1）发电机成套供应范围包括的设备。一般有定子、转子、励磁机组、励磁调节装置及所属设备、电流互感器等。

2）发电机附件。一般有发电机定子出线的过渡引线及其支架、紧固件、发电机出线绝缘子组装件，安装用绝缘材料、励磁电刷架、安装螺丝。

3）备品。一般有定子线棒、刷盒、电刷、定子及转子绝缘引水管、定子出线绝缘套管、铜热电阻、绝缘材料。

4）发电机随机提供的技术文件及资料。通常有产品合格证（包括各项测量及试验记录）、技术资料、安装说明书、产品使用说明书、拆装发电机时所需的特殊工具、图纸、交货明细表等。

6.0.4　发电机设备清点检查完后，如不能立即安装，应存放在清洁、干燥的仓库或厂房内，也可存放在就地盖起的临时仓库内，但应采取防火、防潮、防尘及保温措施。一般冬季应装设采暖装置，夏季应装设通风装置，并在电机周围设置温度计。另外，还应有防止小动物（老鼠）侵入、损坏或污染绝缘的措施。

6.0.5　电机存放处的环境温度应符合产品的要求，并不得有剧烈变化，以免电机及零件上结露。对于内冷电机，要求周围温度不低于5℃，并需将剩水吹净，防止万一结冰冻裂水道。转子存放时，不得使环受力，应使大齿处于支撑位置；对水内冷和氢内冷的水、气进出管。必须妥善密封，对气隙取气斜流通风、氢内冷转子上的进、出风斗橡皮塞，应逐个检查并塞紧。保管期间，应经常用吸尘器清除电机各处的灰尘，并应每月检查一次轴颈、铁芯、集电环等处，不得有锈蚀；按产品的要求定期盘动转子。对大型发电机定子、转子绕组，应定期使用兆欧表测量绝缘电阻，当发现绝缘电阻值明显下降时，应查明原因，采取措施。

7　注意事项

7.1　应注意的质量问题

7.1.1　电线或电缆穿过钢结构的孔洞处，应将孔洞的毛刺去掉，并应采取保护措施。

7.1.2　发电机上的配线应标有明显的接线编号。

7.1.3　发电机上电缆固定敷设时，其弯曲半径应大于电缆外径的 5 倍；电缆移动敷设时，其弯曲半径应大于电缆外径的 8 倍。

7.1.4　发电机电气装置的构架、钢管、支架等非带电金属部分，均应涂防腐漆或镀锌。

7.2　应注意的安全问题

7.2.1　高空作业时，必须系好安全带，同时要做好防止施工工具、操作物件高空坠落的措施。

7.2.2　带负荷试运行时，合理控制加速度、减速度，以免由于惯性使行程限位开关失灵，造成事故。

8　质量记录

8.0.1　设计变更文件、设备及材料代用单。

8.0.2　制造厂提供的产品合格证书、产品说明书、安装图纸等技术文件。

8.0.3　安装技术记录。

8.0.4　调整试验记录。

8.0.5　备品备件交接清单。

第7章 高压母线施工工艺

本工艺标准适用于750kV及以下母线装置安装工程的施工及验收。

1 引用文件

《电气装置安装工程 母线装置施工及验收规范》GB 50149—2010

2 术语

2.0.1 金属封闭母线

用金属外壳将导体连同绝缘等封闭起来的组合体。

2.0.2 离相封闭母线

每相具有单独金属外壳且各相外壳间有空隙隔离的金属封闭母线。

2.0.3 全连式离相封闭母线

每相外壳电气上连通，分别在三相外壳首末端处短路并接地的离相封闭母线。

2.0.4 共箱封闭母线

三相母线导体封闭在同一个金属外壳中的金属封闭母线。

2.0.5 伸缩节

母线相邻两端间连接的弹性接头，具有补偿因安装尺寸偏差、温度变化、基础不均匀沉降等引起尺寸变化的功能。

3 施工准备

由于母线安装程序较为相似，本节仅以矩形母线为例讲述其安装工艺及方法。

3.1 作业条件

3.1.1 母线装置安装前，建筑工程应具备下列条件：

1）基础、构架符合电气设备的设计要求；

2）屋顶、楼板施工完毕，不得渗漏；

3）室内地面基层施工完毕，并在墙上标出抹平标高；

4）基础、构架达到允许安装的强度，焊接构件的质量符合要求，高层构架的走道板、栏杆、平台齐全牢固；

5）有可能损坏已安装母线装置或安装后不能再进行的装饰工程全部结束；

6）门窗安装完毕，施工用道路通畅；

7）母线装置的预留孔及预埋件符合设计的要求。

3.1.2 施工图纸齐备，并经过图纸会审、设计交底，且安装施工方案也已编制，并经审批。

3.1.3 配电屏、柜安装完毕。

3.1.4 母线桥架、支架、吊架安装完毕，并符合设计和规范要求。

3.1.5 母线、绝缘子及穿墙管瓷件等的等的材质查核符合设计要求和规范规定，出厂合格证齐全。

3.1.6 主材基本到齐，辅材能满足连续施工需要，常用机具基本齐备。

4 操作工艺

4.1 高压母线施工工艺流程

放线检查—支架的制作及安装—母线绝缘子与穿墙套管安装—硬母线加工—母线搭接—铝合金母线的加工制作—母线焊接—硬母线安装—母线的相序排列和涂色—母线安装完毕后的检查及试验。

4.2 放线检查

4.2.1 进入现场首先依照图纸进行检查，根据母线沿墙、跨柱、沿梁至屋架敷设的不同情况，核对是否与图纸相符。

4.2.2 放线检查对母线敷设全方向有无障碍物。

4.2.3 检查预留孔洞、预埋铁件的尺寸、标高、方位是否符合要求。

4.2.4 检查脚手架是否安全及符合操作要求。

4.3 支架的制作及安装

4.3.1 按图纸尺寸加工各类支架。型钢断口必须锯断（或冲压断），不得采用气割。

4.3.2 支架安装距离，当裸母线为水平敷设时，不超过 3.0m；垂直敷设时，不超过 2.0m（管表母线按设计规定）。

4.3.3 支架距离要均匀一致，两支架间距离偏差不得大于 50mm。

4.3.4 支架埋入墙内深度要大于 150mm，采用膨胀螺栓固定时要符合设计规定。支架跨柱、沿梁或屋架安装时所用抱箍、螺栓、撑架等要坚固。

4.4 母线绝缘子与穿墙套管安装

4.4.1 母线绝缘子及穿墙套管安装前应进行检查，要求瓷件、法兰完整无裂纹，胶合处填料完整，绝缘子灌注螺丝、螺母等结合牢固，检查合格后方能使用。

4.4.2 绝缘子及穿墙套管在安装前应按下列项目试验合格：

1 测量绝缘电阻。

2　交流耐压试验。

4.4.3　安装在同一平面或垂直面上的支柱绝缘子或穿墙套管的顶面，应位于同一平面上，其中心线位置应符合设计要求。母线直线段的支柱绝缘子的安装中心线应处在同一直线上。

4.4.4　支柱绝缘子和穿墙套管安装时，其底座或法兰盘不得埋入混凝土或抹灰层内。支柱绝缘子叠装时，中心线应一致，固定应牢固，紧固件应齐全。

4.4.5　绝缘子安装应注意以下几点：

1　绝缘子夹板、卡板的安装要坚固；

2　夹板、卡板的规格要与母线的规格相适配；

3　悬式绝缘子串的安装还应符合的要求：

1）除设计原因外，悬式绝缘子串应与地面垂直，当条件限制不能满足要求时，可有不超过 5°的倾斜角；

2）多串绝缘子并联时，每串所受的张力应基本相同；

3）绝缘子串组合时，联结金具的螺栓、销钉及紧销等必须符合现行国家标准，且应完整，其穿向应一致，耐张绝缘子串的碗口应向上，绝缘子串的球头挂环，碗头挂板及锁紧等应互相匹配。

4.4.6　穿墙套管安装要求：

1　安装穿墙套管的孔径比嵌入部分至少大 5mm，混凝土安装板的最大厚度不得超过 50mm；

2　额定电流在 1500A 及以上穿墙套管直接固定在钢板上时，套管的周围不应形成闭合磁路；

3　穿墙套管垂直安装时，法兰应在上，水平安装时，法兰应在外；

4　600A 及以上母线穿墙套管端部的金属来板（紧固件除外）应采用非磁性材料，其与母线之间应有金属连接，接触应稳固，金属夹板厚度不应小于 3mm，当母线为两片及以上时，母线本身间应予以固定；

5　充油套管水平安装时，其储油柜及取油样管路应无渗漏，油位指示清晰，注油和取样位置应装设于巡监视侧，注入套管内的油必须合格；

6　套管接地端子及不同的电压抽取端子应可靠接地。

4.5　硬母线加工

硬母线又称汇流排，是高低压配电装置常用的配电母线，这种母线按材质分有铜、铝、钢三种，目前使用最多的是铝母线。

4.5.1　母线矫直。母线应矫正平直。对弯曲不平的母线，应进行矫直。人工矫直时，先选一段表面平直、光滑、洁净的大型槽钢或工字钢，将母线放在钢面上用木槌敲打。如母线弯曲过大，在弯曲部们放上垫块，如铝板、木板等，然后用铁锤敲打。

4.5.2　母线下料。一般有手工或机械下料两种方法。手工下料可用钢锯；机械下料可用锯床、电动冲剪机等。下料时应注意以下几点：

1　根据母线来料长度合理切割，以免浪费；

2　为便于日久检修拆卸，长母线应在适当的部位分段，并用螺栓联结，但接头不宜过多；

3　下料时，母线要留适当裕量，避免弯曲时产生误差，造成整根母线报废；

4　下料时，母线的切断面应整。

4.5.3　母线弯曲的注意事项和有关规定如下：

1　矩形母线应进行冷弯，不得进行热弯；

2　母线开始弯曲外距最近绝缘子的母线夹板不应大于 $0.25L$，但不得小于 50mm；

3　母线开始弯曲处距母线连接位置不应小于 50mm；

4　矩形母线应减少直角弯曲，弯曲处不得有裂纹及显著的折皱，母线的最小弯曲半径应符合表 7-1 中的规定；

5　多片母线的弯曲应一致。

母线最小弯曲半径 R 值　　　　　　表 7-1

母线种类	弯曲方式	母线断面尺寸（mm）	最小弯曲半径（mm）		
			铜	铝	钢
矩形母线	平弯	50×5 及以下	2a	2a	2a
		125×10 及以下	2a	2.5a	2a
	立弯	50×5 及以下	1b	1.5b	0.5b
		125×10 及以下	1.5b	2.2b	0.1b

4.5.4　母线弯曲有四种形式：平弯（宽面方向弯曲）、立弯（窄面方向弯曲）、扭弯（麻花弯）、折弯（灯叉弯），如图 7-1 所示。

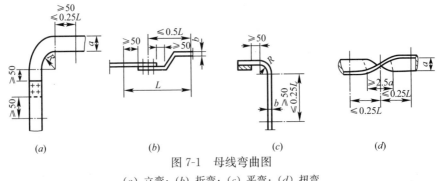

图 7-1　母线弯曲图

（*a*）立弯；（*b*）折弯；（*c*）平弯；（*d*）扭弯

各种形式的具体制作要求如下：

1　平弯：先在母线要弯曲的部位划上标记，再将母线插入平弯机内，校正无误后，拧紧压力丝杠，慢慢压下平弯机的手柄，使母线逐渐弯曲。弯曲小型母线可用虎钳。弯曲时，先将母线置于虎钳口中，钳口上应垫以铝板或硬木，以免损伤母线，然后用手扳动母线，使母线弯曲到合适的角度。

2　立弯：将母线需要弯曲的部位套在立弯机的夹板上，如图 7-2 所示，再装上弯头 3，拧紧平板螺栓 8，校正无误后操作千斤顶 1，使母线弯曲。

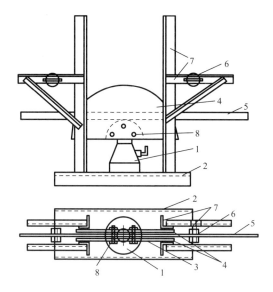

图 7-2　母线立弯机

1—千斤顶；2—槽钢；3—弯头；4—夹板；5—母线；6—档头；7—角钢；8—夹板螺丝

3　扭弯：将母线扭弯部位的一端夹在虎钳上，钳口部分垫上薄铝皮硬木片。在距钳口大于母线宽度 2.5 倍处，用母线扭弯器夹住母线，用力扭转弯器手柄，使母线弯曲到所需要的形状为止。这种方法适用于弯曲 100mm×8mm 以下的铝母线，超过这个范围就需将母线弯曲部分加热再进行弯曲，如图 7-3（a）所示。

4　折弯：可用于手工在虎钳上敲打成形，好可用折弯模压成，如图 7-3（b）所示。方法是先将母线放在模子中间槽的钢框内，再用千斤顶加压。图中 A 为母线厚度的 3 倍。

4.6　**母线搭接**

4.6.1　矩形母线采用螺栓固定搭接时，连接处距支柱绝缘子的支持夹板边缘不应小于 50mm，上片母线端头与下片母线平弯起始处的距离不就小于 50mm。

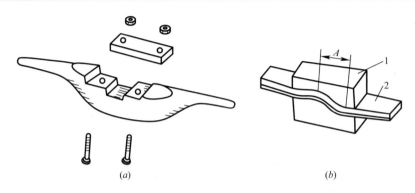

图 7-3　母线扭弯与折弯

(*a*) 母线扭弯器；(*b*) 母线折弯模具

4.6.2　螺栓规格与母线规格有关。母线接头螺孔的直径宜大于螺栓直径 1mm。钻孔前，先在连接部位按规定划好孔位中心线产冲眼，钻孔应垂直，不歪斜，螺孔间中心距离的误差应在 ±0.5mm 之内。

4.6.3　母线的接触面加工必须平整、无氧化膜。加工方法有手工锉削和使用机械铣、刨、冲压三种。经加工后其截面减少值；铜母线不超过原截面的 3%；铝母线不应超过原截面的 5%。接触面应保持洁净，并涂以电力复合脂。具有镀银层的母线搭接面，不得任意锉磨。

4.6.4　母线与母线、母线与分支线、母线与电器接线端子搭接时，其搭接面的处理应符合下列规定：

1　铜与铜：室外、高温且潮湿或对母线有腐蚀性气体的室内，必须搪锡，在干燥的室内可直接连接；

2　铝与铝：直接连接；

3　钢与钢：必须搪锡或镀锌，不得直接连接；

4　铜与铝：在干燥的室内，铜导体应搪锡；室外或空气相对湿度接近 100% 的室内，应采用铜铝过渡板，铜端应搪锡；

5　铜与铜或铝：钢搭接面必须搪锡；

6　封闭母线螺栓固定搭接面应镀银。

4.7　铝合金管母线的加工制作

4.7.1　切断和管口应平整，且与轴线垂直。

4.7.2　管子的坡口应用机械加工，坡口应光滑、均匀、无毛刺。

4.7.3　母线对接焊口距母线支持器支板边缘距离不应小于 50mm。

4.7.4　按制造长度供应的铝合金管，其弯曲度不应超过表 7-2 中的规定。

铝合金管允许弯曲度值

表 7-2

管子规格	单位长度（m）	全长 L 内的弯曲（mm）
直径为 150 以下冷拔管	<2.0	<2.0×L
直径为 150 以下热挤压管	<3.0	<3.0×L
直径为 15～250 冷拔管	<4.0	<4.0×L
直径为 150～250 热挤压管	<4.0	<4.0×L

注：表中 L 为管子的制造长度（m）。

4.8　母线焊接

4.8.1　母线焊接所用的焊条、焊丝应符合现行国家标准，其表面应地氧化膜、水分和油污等杂物。

4.8.2　焊接前，应将母线坡口两侧表面各 50mm 范围内清刷干净，不得有氧化膜、水分和油污。坡口加工面应无毛刺和飞边。

4.8.3　焊接前，对口应平直，其弯折偏移不应大于 0.2%，中心线偏移不应大于 0.5mm。

4.8.4　对口焊接的母线，宜有 35°～40° 的坡口，1.5～2mm 的钝边。

4.8.5　铝及铝合金的管形母线、槽形母线、封闭母级及重型母线应采用氩弧焊。

4.8.6　每个焊缝应一次焊完，除瞬间断弧外不得停焊，母线焊完未冷却前，不得移动或受力。

4.8.7　母线对接焊缝的上部应有 2～4mm 的加强高度。330kV 及以上电压的硬母线焊缝应呈圆弧形，不应有毛刺、凹凸不平之处。引下线母线采用搭接时，焊缝的长度不应小于母线宽度的两倍。角焊缝的加强高度应为 4mm。

4.8.8　铝及铝合金硬母线对焊时，焊口尺寸应符合表 7-3 中的规定。管形母线的补强衬管的纵向轴线应位于焊口中央，衬管与管母线的间隙应小于 0.5mm。

4.8.9　母线对焊焊缝的部位应符合下列规定：

1　离支持绝缘子母线夹板边缘不应小于 50mm；

2　母线宜减少对接焊缝；

3　同相母线不同片上的对接焊缝，其错开位置不应小于 50mm。

对口焊口尺寸（mm）

表 7-3

母线类别	焊口形式	母线厚度 d	间隙 c	钝边 b	坡口角度 a（°）
矩形母线		<5	<2	—	—

101

续表

母线类别	焊口形式	母线厚度 d	间隙 c	钝边 b	坡口角度 $a(°)$
矩形母线		5	1～2	1.5	65～75
		6.3～12.5	2～4	1.5～2	65～75
管形母线		3～6.3	1.5～2	1	60～65
		6.3～10	2～3	1.5	60～75
		10～20	3～5	2～3	65～75

4.8.10　母线施焊前，焊工必须经过考试合格，并应符合下列要求：

1　考试用试样的焊接材料、接头形式、焊接位置、工艺等应与实际施工时相同。

2　在其所焊试样中，管形母线取二件，其他母线取一件，按项进行检验：

1）表面及断口检验，焊缝表面不应有凹陷、裂纹、未熔合、未焊透等缺陷；

2）焊缝应采用 X 射线无损探伤，其质量检验应按有关标准的规定；

3）焊缝抗拉强度不得低于原材料的 75%；

4）直流电阻测定，焊缝直流电阻应不大于同截面、同长度的原金属的电阻值。当其中有一项不合格时，应加位取样重复试验，如仍不合格时，则认为考试不合格。

4.8.11　母线焊接后的检验标准应符合下列要求：

1　焊接接头的对口及焊缝应符合本章的有关规定；

2　焊接接头表面应无肉眼可见的裂纹、凹陷、缺肉、未焊透、气孔、夹渣等缺陷；

3　咬边深度不得超过母线厚度（管形母线为壁厚）的 10%，且其总长度不得超过焊缝总长度的 20%。

4.8.12　焊接宜选用手工氩弧焊或半自动氩弧焊，不能采用氧-炔气体或碳弧焊。

4.9　硬母线安装

4.9.1　硬母线安装通则如下：

1　首先，在支柱绝缘子上安装母线固定金具。母线在支柱绝缘子上的固定方式有：螺栓固定、卡板固定、夹板固定。螺栓固定是直接用螺柱将母线固定在绝缘子上。

不论采用哪种固定方式，水平敷设时母线应能在金具内自由伸缩，但在母线全长的中点或两个母线补偿器的中点要加以固定。垂直敷设时，母线要用金具夹紧。

单片母线用螺栓固定平敷在绝缘子上时，母线上的孔应钻成椭圆形，长轴部分应与母线长度平行。用卡板固定时，先将母线放置于卡板内。待连接调整后，将卡板顺时针旋转，以卡住母线。用夹板固定时。夹板上的压板与母线保持 1～1.5mm 的间隙。

当母线立置时，上部压板应与母线保持 1.5～2mm 的间隙，水平敷设时，母线敷设后不能使绝缘子受到任何机械应力。为了调整方便，线段中间的绝缘子固定螺栓一般是在母线就位放置妥当后才进一步紧固。母线在支柱绝缘子上的固定死点，每一段应设置一个，并宜位于全长或两母线伸缩节中点。母线固定装置应无棱角和毛刺，且对交流母线不形成闭合磁路。

管形母线安装在滑动式支持器上时，支持器的轴座与管形母线之间应有 1～2mm 的间隙。

多片矩形母线间，应保持不小于母线厚度的间隙；相邻的间隔垫边缘间距离应大于 5mm。

2　母线敷设应按设计规定装设补偿器（伸缩节），设计未规定时，宜每隔下列长度设一个：

铝母线：20～30m；铜母线：30～50m；钢母线：35～60m。

补偿器的装设是为了使母线热胀冷缩时有可调节的余地。补偿器的铜制和铝制两种。补偿器间的母线有椭圆孔，供温度变化时自由伸缩。

母线补偿器由厚度为 0.2～0.5mm 的薄片叠合而成，水得有裂纹、断股的折皱现象，其组装后的总截面不应小于母线截面的 1.2 倍。

3　硬母线跨柱、梁或跨屋架敷设时，母线在终端及中间分段处应分别采用终端及中间拉紧装置。终端或中间拉紧固定支架宜装设有调节螺栓的拉线，拉线的固定点应能承受拉线张力，且同一档距内，母线的各相弛度最大偏差应小于 10%。

母线长度超过 300～400mm 而需要换位时，换位不应小于一个循环。槽形母线换位段处可用矩形母线连接，换位段内各相母线的弯曲程度应对称一致。

4　母线与母线或母线与电器接线端子的螺栓拾接面的安装，应符合下列要求：

1）母线接触面加工后必须保持清洁，并涂以电力复合脂；

2）母线平置时，贯穿螺栓应由下往上穿，其余情况下，螺母位于维护侧，螺栓长度宜露出螺母 2～3 扣；

3）贯穿螺栓连接的母线两外侧均应有平垫圈，相邻螺栓垫圈间应有 3mm 以

上的净距,螺母侧应装有弹簧垫圈或锁紧螺母;

4)螺栓受力应均匀,不应使电器的接线端子受到额外应力;

5)母线的接触面应连接紧密,连接螺栓应用力矩扳手紧固,其紧固力矩值应符合表7-4中的规定;

6)母线志螺杆形接线端子连接时,母线的孔径不应大于螺杆接线端子直径1mm,丝扣的氧化膜必须刷净,螺母接触面必须平整,螺母与母线间应加铜质搪锡平垫圈,并应有锁紧螺母,但不得加弹簧垫。

钢制螺栓的紧固力矩值 表7-4

螺栓规格（mm）	力矩值（N·m）	螺栓规格（mm）	力矩值（N·m）
M8	8.8～10.8	M16	78.5～98.1
M10	17.7～22.6	M18	98.0～127.4
M12	31.4～39.2	M20	156.9～196.2
M14	51.0～60.8	M24	274.6～343.2

4.9.2 各母线安装专用技术规定如下:

1 母线与设备连接外宜采用软连接,连接线的截面不应小于母线截面。

2 铝母线宜用铝合金螺栓,铜母线宜用铜螺栓,紧固螺栓时应用力矩扳手。

3 在运行温度高的场所,母线不能有铜铝过渡头。

4 母线在固定点的活动滚杆应无卡阻,部件的机械强度及绝缘电阻值应符合设计要求。

5 铝合金管形母线的安装,还应符合下列规定:

1)管形母线应采用多点吊装,不得伤及母线;

2)母线终端头应有防电晕装置,其表面应光滑,无毛刺或凹凸不平;

3)同相管段轴线应处于一个垂直面上,三相母线管段轴线应互相平行。

4.9.3 硬母线安装时,与室内、外配电装置的安全净距符合规程。当电压值超过本级电压,其安全净距应采用高一级电压的安全净距规定值。

4.10 母线的相序排列和涂色

4.10.1 母线的相序排列,当设计无规定时应符合下列规定:

1 上、下布置的交流母线,由上到下排列为A、B、C三相,直流母线正极在上,负极在下;

2 水平布置的交流母线,由盘后向盘面排列为A、B、C三相。直流母线正极在后,负极在前;

3 引下线在交流母线由左至右排列为A、B、C三相。直流母线正极在左,负极在右。

4.10.2 母线安装完毕应按下列规定涂色：

1 三相交流母线：A 相为黄色，B 相为绿色，C 相为红色。单相交流母线与引出相的颜色相同。

2 相流母线：正极为赤色，负极为蓝色。

3 直流均衡汇流母线及交流中性汇流母线：不接地者为紫色，接地者为紫包带黑色条纹。

4 封闭母线：母线外表面及外壳内表面涂无光泽黑漆，外壳外表面涂浅色漆。

5 母线刷相色漆应符合下列要求：

1）室外软母线、封闭母线应在两端和中间适当部位涂相色漆；

2）单片母线的所有面及多片、槽形、管形母线的所有表面均应涂相色漆；

3）钢母线的所有表面及涂防腐相色漆；

4）刷漆应均匀、无起皱、起层等缺陷，并应整齐一致。

6 母线在下列各处不应刷相色漆：

1）母线的螺栓连接及支连接外，母线与电器的连接外以及距所有连接处 10mm 以内的部位；

2）供携带式接地线连接用的接触面上，不刷漆部分的长度应为母线宽度或直径，且不应小于 50mm，并在其两端以宽度为 10mm 的黑色标志带。

4.11 **母线安装完工时应进行的检查项目及要求**

4.11.1 金属构件加工、配制、螺栓连接、焊接等应符合国家现行标准的有关规定。

4.11.2 所有螺栓、垫圈、闭口销、锁紧销、弹簧垫圈、锁紧螺母等应齐全、可靠。

4.11.3 母线配制及安装架设应符合设计规定，且连接正确、螺栓紧固、接触可靠，相间及对地电气距离应符合要求。

4.11.4 瓷件应完整、清洁、铁件和瓷件胶合处均完整无损，充油套管应无渗油，油位正常。

4.11.5 油漆应完好，相色正确，接地良好。

4.12 **母线安装试验项目**

4.12.1 穿墙套管、支柱绝缘子和母线工频耐压试验。35kV 及以下的支柱绝缘，可在母线安装完毕后一起进行，试验电压应符合表 7-5 中的规定（加压时间均为 1min）。

穿墙套管、支柱绝缘子及母线的工频耐压试验电压标准 表 7-5

试验部件名称		线路额定电压（kV）		
		3	6	10
		试验施加电压工频有效值（kV）		
支柱绝缘子		25	32	42
穿墙套管	纯瓷和纯瓷充油绝缘	18	23	30
	固体有机绝缘	16	21	27

4.12.2 母线对地绝缘电阻不作规定，但可参照表 7-6 中的规定。

常温下母线的绝缘电阻最近限值 表 7-6

电压等级（kV）	≤1	3～10
绝缘电阻（MΩ）	0.001	>10

4.12.3 抽测母线焊（压）接头的直流电阻。对焊（压）接接头有怀疑或采用新施工工艺时，可抽测母线焊（压）接接头的 2%，但不少于 2 个，所测接头的直流电阻值应不大于同等长度母线的 1.2 倍（对软母线的压接头应不大于 1 倍）；对大型铸铝焊接母线，则可抽查其中的 20%～30%，同样应符合上述要求。

5 质量标准

执行《电气装置安装工程 母线装置施工及验收规范》GB 50149—2010 相关规定。

6 成品保护

6.0.1 高压母线的运输、保管，应符合国家现行标准的有关规定。

7 注意事项

7.0.1 母经装置采用的设备和器材，在运输与保管中应采用防腐蚀性气体侵蚀及机械损伤的包装。

7.0.2 铜、铝母线、铝合金管母线，当无出厂合格证或资料不全以及对材质有怀疑时，应按表 7-7 中的要求进行检验。

母线的机械性能及电阻率 表 7-7

母线名称	母线型号	最小抗拉强度（N/mm²）	最小伸长率（%）	20℃时最大电阻率（Ω·mm）
铜母线	TMY	255	6	0.01777×10−3
铝母线	LMY	115	3	0.0290×10−3
铝合金母线	LF21Y	137	—	0.0373×10−3

7.0.3　母线表面应光洁平整，不应有裂纹折皱、夹杂物及变形和扭曲现象。

7.0.4　螺栓固定的母线搭接面应平整，其镀银层不应有麻面、起皮及未覆盖部分。

7.0.5　各种金属构件的安装螺孔不应采用气焊割孔或电焊吹孔。

7.0.6　金属构件及母线的防腐处理应符合下列要求：

1　金属构件除锈应彻底，防腐漆应涂刷均匀、粘合牢固，不得有起层、皱皮等缺陷；

2　母线涂漆应均匀，无起层、皱皮等缺陷；

3　在有盐雾、空气相对湿度接近 100％及含腐蚀性气体的场所，室外金属构件应采用热镀锌；

4　在有盐雾及含有腐蚀性气体的场所，母线应涂防腐涂料。

7.0.7　支持绝缘子底座、套管的法兰、保护网（罩）等不带电的金属构件，应按现行国家标准《电气装置安装工程接地装置施工及验收规范》的规定进行接地，接地线宜排列整齐，方向一致。

8　质量记录

8.0.1　设计变更文件、设备及材料代用单。

8.0.2　制造厂提供的产品合格证书、产品说明书、安装图纸等技术文件。

8.0.3　安装技术记录。

8.0.4　调整试验记录。

8.0.5　备品备件交接清单。

第8章 高压断路器施工工艺

本工艺标准适用于 3kV～750kV 电压等级的 SF_6 断路器、空气断路器的安装工程的施工及验收。

1 引用文件

《电气装置安装工程 高压电器施工及验收规范》GB 50147—2010

2 术语

2.0.1 高压断路器

它不仅可以切断或闭合高压电路中的空载电流和负荷电流，而且当系统发生故障时，通过继电保护装置的作用切断过负荷电流和短路电流。它具有相当完善的灭弧结构和足够的断流能力。又称高压开关。

2.0.2 高压开关柜

由高压断路器、负荷开关、接触器、高压熔断器、隔离开关、接地开关、互感器及站用电变压器以及控制、测量、保护、调节装置，内部连接件、辅件，外壳和支持件等不同电气装置组成的成套配电装置，其内的空间以空气或复合绝缘材料作为介质，用作接受和分配电网的三相电能。

本标准中，高压开关柜系指"金属封闭开关设备和控制设备（除外部连接外，全部装配完成并封闭在接地金属外壳内的开关设备和控制设备）。"

2.0.3 金属封闭开关设备

除进出线外，完全被接地的金属封闭的开关设备。

2.0.4 气体绝缘金属封闭开关设备

全部或部分采用气体而不采用处于大气压下的空气作绝缘介质的金属封闭开关设备，简称 GIS。

2.0.5 复合电器

复合电器（HGIS）是简化的 GIS，不含敞开式汇流母线等。

2.0.6 伸缩节

用于 GIS、HGIS 相邻二个外壳间相接部分的连接，用来吸收热伸缩及不均匀下沉等引起的位移，且具有波纹管等型式的弹性接头。

2.0.7　元件

在 GIS、HGIS 的主回路和与主回路连接的回路中担负某一特定功能的基本部件，例如断路器、隔离开关、负荷开关、接地开关、避雷器、互感器、套管和母线等。

2.0.8　套管

供一个或几个导体穿过诸如墙壁或箱体等隔断，起绝缘或支撑作用的器件。

2.0.9　避雷器

是一种过电压限制器。当过电压出现时，避雷器两端子间的电压不超过规定值，使电气设备免受过电压损坏；过电压作用后又能使系统迅速恢复正常状态。又称过电压限制器。

2.0.10　隔离开关

在分位置时，触头间有符合规定要求的绝缘距离和明显的断开标识；在合位置时，能承载正常回路条件下的电流及在规定时间内异常条件下的电流的开关设备。

2.0.11　接地开关

用于将回路接地的一种机械式开关装置。在异常条件（如短路）下，可在规定时间内承载规定的电流；但在正常回路条件下，不要求承载电流。接地开关可与隔离开关组合安装在一起。

2.0.12　金属氧化物避雷器

由金属氧化物电阻片相串联和（或）并联有或无放电间隙所组成的避雷器，包括无间隙和有串联、并联间隙的金属氧化物雷器。

2.0.13　耦合电容器

用在电力系统中借传递信号的电窖器。

2.0.14　干式电抗器

绕组和铁芯（如果有）不浸于液体绝缘介质中的电抗器。包括：无铁芯的电抗器即空心电抗器、干式铁芯电抗器。

2.0.15　放电计数器

记录避雷器的动作（放电）次数的一种装置。

3　施工准备

为了保证高压断路器的安装质量，安装前应做好以下准备工作。

3.1　收集资料和编制安装方案

断路器安装前，首先应熟悉有关的设计图纸、产品安装使用说明书、产品试验的合格证及安装工艺规程等技术资料。从资料中了解高压断路器的技术特性、结构、工作原理以及运输、保管、检查、组装、测试、安装及调整的方法和要求。并根据这些技术资料，结合现场具体情况，编制断路器安装的作业指导书，其内容应包括：设备概况及特点、施工步骤、吊装方案、安装及调整方法、质量要求、劳动力组织、工器具及材料清单、工期安排、安全措施等。在安装前，必须向参加施工的人员进行安全技术交底，使施工人员了解断路器的结构外观、技术性能，掌握断路器的安装、调整的方法和技术要求，以及避免工作中出现不应有的差错和事故。

3.2　工器具及材料的准备

3.2.1　工器具的准备

断路器安装所需的施工机具和测试仪应根据断路器的型号和施现场的条件进行选择。除了需要准备常用的起重、焊接、钳工及电工工具外，还需要准备一些专用工具，如拆卸及组装特殊部件的专用扳手、检查死点的样板、测量部件尺寸和间隙的卡尺、测杆及检查触头压力的弹簧秤等。专用工具一般由断路器生产厂配给。

测试仪器主要有万用表、兆欧表、交流电桥、开关参数测试仪、直流发生器及微水测试仪等。

3.2.2　安装材料的准备

各种类型的断路器安装所需的材料大致相似，但也有特殊的，常用的有如下四种：

1 清洗材料。如白布、绸布、塑料布、金相砂纸及毛刷等。

2 润滑材料。如润滑油、润滑脂及凡士林等。

3 密封材料。如耐油橡胶垫、石棉绳、铅粉及胶木等。

4 绝缘材料。如绝缘漆、绝缘带、变压器油（用于少油断路器）、高纯氮（用于SF_6断路器、空气断路器、真空断路器）及SF_6气体（SF_6断路器）等。

5 胶粘材料。如环氧树脂剂及双王900等。

3.3　运输与开箱检查

断路器从制造厂运以仓库，再由仓库二次倒运的施工现场。在运输和装卸时，不得倾翻、碰撞和强烈振动。一般不在仓库开箱，而在运到现场才能开箱检查，开箱检查以下内容。

3.3.1　检查断路器出厂时应附的设备装箱清单、产品合格证书、安装使用说明书、接线图及试验报告等有关技术文件是否齐全。

3.3.2　检查产品名牌数据、分合闸线圈额定电压、电动机规格数量是否与设计相等。

3.3.3　根据装箱清单，清点断路器附件及备件，要求数量齐全、无锈蚀、无机械损坏，瓷铁件应粘合牢固。

3.3.4　检查绝缘部件有无受潮、变形等；操作机械有无损伤；油断路器有无渗漏油；空气断路器及 SF_6 断路器有无漏气。

对于开箱中发现的问题及设备缺陷要及时解决和消除，并做好记录，作为竣工移交的原始资料。

3.4　现场的布置

安装断路器的现场应有适合运输车辆，通行的道路及布置起重机具的场地。安装大型断路器要考虑吊车扒杆的高度及回转半径是否满足要求，特别是室内变电站更要考虑这一点。吊车的位置应尽量减小移动次数。对于高空作业要搭设脚手架，脚手架的高度和宽度应能满足高空作业的要求。

安装现场还应设置临时工作间或简易工棚，以便保管安装工具、材料、测试仪器及零部件。另外，还要准备防雨篷布，以便遇有刮风下雨时，遮盖断路器。

3.5　安装前的试验

设备安装有应根据交接试验规程和厂家技术要求，对要做的部件试验完。只有试验合格方可安装，否则要处理好。

4　操作工艺

六氟化硫断路器是目前应用最广泛的高压断路器，共有三种操作形式：第一种是液压操作；第二种是气动操作；第三种是弹簧储能操作。本节以华通开关厂生产的 LW17-220 型户外高压六氟化硫断路器为例，介绍其工作原理、安装与调整方法。

4.1　结构及工作原理

LW7-220 型断路器用于交流 50Hz、额定电压为 220kV 的电力系统，该断路器为单极气动操作，可执行单相或三相重合闸。

4.1.1　结构

每台三极 ELFSL4-2 型高压断路器包括三个极柱、一个公用控制箱和气动柜，每个极柱都有两个灭弧室组成的双灭弧室单元，如图 8-1 所示。

4.1.2　工作原理

LW7-220 型断路器的控制系统布置见图 8-2。

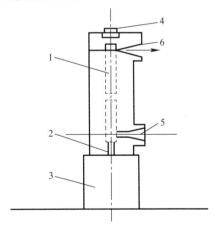

图 8-1　结构外形图

1—端子；2—灭弧室；3—支柱；
4—密度控制器；5—控制箱；6—气动机构

111

1 控制与监视

控制系统的原理图示出了操作命令如何传到断路器控制回路，其中监控元件用于检测故障，并发出相应的信号。

各监控元件的名称及功能如下：

1）气体密度控制器。密度控制器1用于监控断路器中气体密度，如果气体密度低至补气水平，则发出警报。断路器保持在可操作状态，直到达到闭锁气压后分闸及合闸操作被闭锁，同时发出警报；

2）压缩空气。气动柜中多极压力开关对储气筒的补气实施控制，当气体密度下降到低于闭锁压力时，断路器的控制电路断开并发出警报；

3）电动机保护开关。当压缩机过载时，电动机保护开关跳闸并发生过载信号；

4）相间同步监控。如是三相开关未同时动作，该元件可使三相开关分闸，并发出警报；

5）防跳跃装置。当"分闸"及"合闸"命令同时存在时，该装置能防止重复"合—分"操作，并使开关保持在分闸位置。

2 分合闸操作（见图8-2）

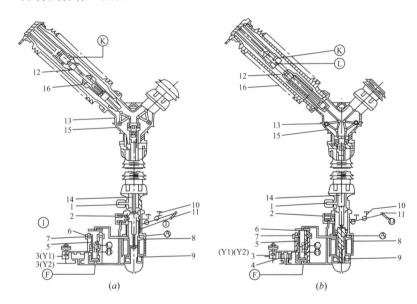

图 8-2 控制系统布置图

(a) 合闸；(b) 分闸

1—密度控制器；2—位置连锁器；3—控制阀线圈 Y1；4—控制阀线圈 Y2；5—电磁阀；6—活室；
7—钢环挈子；8—主活室；9—缓冲器活室；10—辅助开关；11—位置指示器；12—灭弧室；
13—三联箱；14—操作杆；15—连杆；16—隔片

1）起始条件。绝缘气体充到额定压力操动机构位置，指示"分闸"状态，说明灭弧室内断口分开，电磁阀活塞被钢球掣子夹持在"分闸"位置，相应的闸座"F"打开、"J"闭合，电磁阀的所有控制阀关闭。

2）压缩空气打压。空气压缩机打压时，压缩空气经过打开的阀座"F"流向在"分闸"位置主活塞。经过控制活塞的小孔"g"进入"G"；经过小孔"h"进入活塞的"分闸"室"H"。经过管道流进"合闸"位置联锁 2 使其释放。

3）"合闸"操作（见图 8-2（a））。控制阀线圈 3（Y1）接到"合闸"命令，控制阀打开，电磁阀 5 的气室"H"中压缩空气经过打开的控制阀流向大气；气室"G"中储存的压缩空气把活塞 6 推向合闸位置，随后阀座"F"关闭、"J"打开，向机构气缸供应压缩空气的通道被关闭。另外，机构气室"A"及气室"G"中的压缩空气通过"J"排向大气，钢球掣子 7 及压缩空气使用电磁阀活塞保持在"合闸"位置。

一旦气室"A"中的压力降到充气低，恒作用于活塞 8"合闸"面的压缩空气将活塞推向"合闸"位置，在行程要结束时，缓冲器活塞 9 使合闸运动受到阻尼，同时与主活塞 8 相连的辅助开关 10 及位置指示器 11 切换到"合闸"位置，辅助开关将合闸命令切断。两个灭弧室 12 由三联箱 13 中的拐臂系统操作杆 14 与连杆 15 切换到"合闸"位置，运动中隔片 16 打开，使绝缘气体流进压气室，弧触头先于主触头关合，被击穿产生的电弧限于弧触头之间，主触头关合，开关到达合闸位置。

4）"分闸"操作（见图 8-2（b））。控制阀线圈 4（Y2）接到"分闸"命令，相应的控制阀打开，压缩空气流入气室"H"，使电磁阀活塞 6 向"分闸"方向运动，阀座"F"打开、"J"关闭。压缩空气流入进主活塞 8 的上游面，并使其向"分闸"位置运动，同时压缩空气通过小孔"g"逐渐充满气室"G"，首席备下次合闸。钢球掣子及压缩空气将电磁阀活塞保持在"分闸"位置。控制阀 4 关闭后，气室"H"中损失的气体由小孔"h"补充。主活塞的运动在行程即将结束时，受到缓冲活塞 9 的阻尼，同时与机构相连的辅助开关 10 位置指示器切换到"分闸"位置，将命令切断，两个灭弧室操作杆 14 及三联箱 13 中的连杆 15 切换到分闸位置。运动中气缸将气室的绝缘气体压缩，主触头"K"分开，电流转移到弧触头"L"，预压缩行程完成后，弧触头分开，弧触头间产生的电弧爱到压气室压缩合释放出的绝缘气体强烈气吹，使之冷却，最后熄灭。熄弧后，触头间的绝缘距离继续受到气吹，开关到达"分闸"位置，气吹停止。

4.1.3　安装与调整

1　SF_6 断路器安装流程图见图 8-3。

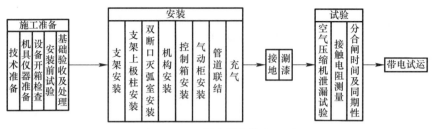

图 8-3　SF_6 断路器安装流程图

2　断路器的安装

所有组件均在工厂内调整，全部运动部件均应在工厂内正确联结和紧固。在现场需按下列程序对组件进行装配，建议保留支柱及来弧室的运输罩，以便日后修理时用。

1）准备工作

除按第一节准备工作要求外，还应准备好制造厂提供的专用工具、SF_6 气体充放气装置、SF_6 气体检漏仪及微水仪。

2）安装过程

a. 支架的安装。将支架放在做好的地基上，校正支承面的水平度，用螺栓牢固地将支架固定在地基上（MD＝1450N・m），精确安装位置参阅断路顺说明书和设计图纸。三个支架是一样的，保证固定密度继电器安装孔处于正确位置（位于支架的上平板），支撑栏杆与其他紧固部分的位置要与连接管道相适应，参见图 8-4（一）及图 8-4（二）。

b. 在支架上安装极柱子，参见图 8-4。在安装前，测量绝缘气体湿度，在联结箱 20 的六角螺栓 7 上有螺母 9 及垫圈 11、4 轻旋在上面，它们是用来把极柱装在支架上的，地安装之前把它们取下。检查联结箱及中间法兰螺栓的紧固力矩（M_D＝60N・m）。支柱上端装有运输罩 17。起吊支柱时只能使用运输罩上的孔，将支柱安放在相应的支架上。当将联箱吊入支架时，注意不要损坏充气接头 13，并按图确定其方向，用前面提到的螺母及垫圈将支柱固定在支架上。当旋紧时，必须将六角螺栓 7 固定，不使其转动，否则用 60N・m 拧紧的螺栓可能松开。

c. 安装双断口灭弧室。安装之前，先测量绝缘气体的湿度。

将起吊工具 5 紧固在三联箱 27 螺纹内，并起吊此断口来弧室 26，用吊车将双断口灭弧室起吊至足够高度。

按下列步骤拆除防护罩 24：旋松按对角方向安装的六角螺栓 28，转动防护罩 90°后拆除、此时，充填在防护罩内的 SF_6 气体将逸出到大气中。防护罩拆除后，逆止阀 31 将自动关闭，使气体 SF_6 不再逸出，防护罩 24 与密封圈 30 应妥为保存，而六角螺栓 28 和垫圈 29 尚可继续使用。从叉形件 37 上拔出轴销 41，

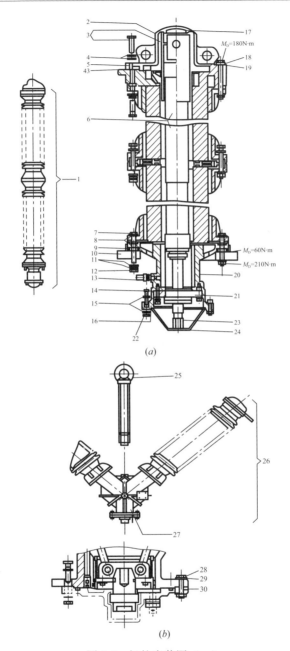

图 8-4　极柱安装图（一）

1—极柱；2—绝缘管；3、40—圆头螺栓；4、8、11、15、19、29—垫圈；5、16、21、30、
32—密封圈；6—提升杆；7、14、18、34、42—六角螺栓；9、12、22、35—螺母；10、43—法
兰；13—充气接头；17—运输罩；20—联结箱；23—接头罩；24—防护罩

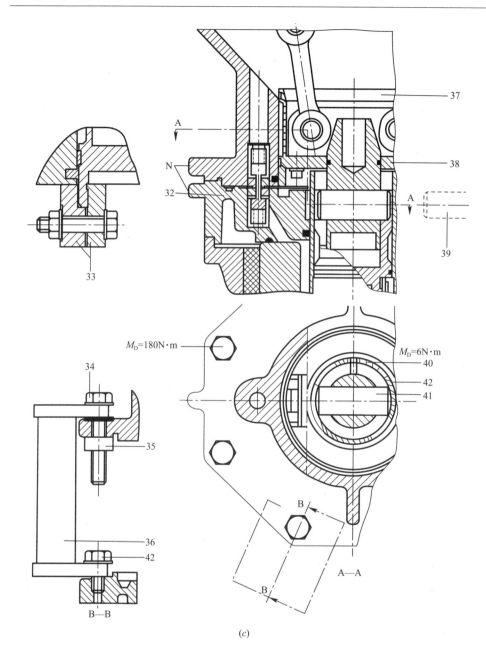

(c)

图 8-4　极柱安装图（二）

25—起吊工具；26—灭弧室；27—三联箱；28—逆止阀；33—安装工具；36—安装夹具；

37—叉形件；38—活塞；39—专用工具（轴销）；41—轴销

将两只安装工具 33 相对安装在三角箱导向活塞 38 下，必要时，可将导向活塞轻轻拉出，使安装工具嵌入槽中，以避免插入拉杆 6 时，将导向活塞往上推。将配夹具 36 用六角螺栓 34 相对紧固在三联箱 27 底座法兰上，必须安装位置正确，使安装用专用轴销 39 代替轴销 41 插入叉形件 37 的孔中。

按下列步骤拆除安装在对地绝缘子的运输护罩 17；旋松按对角线方向安装的紧固螺栓 18，并吊下运输罩 17，此时充填在运输罩内的 SF$_6$ 气体将逸出到大气中，当运输罩拆除后，逆止阀 31 将自动关闭，使 SF$_6$ 气体不再逸出。

密封圈 5 继续保留在密封槽内，六角螺栓 18 和垫圈 19 在今后安装时仍将继续使用。起吊双断口灭弧室，缓慢而可靠地置于支持绝缘子上面，所有吊装工具应保证双断口灭弧室与支持绝缘子在同一轴线上，转动双断口灭弧定，使焊在三角箱上的凸出部位与支持绝缘子上法兰凸出部位对应，见图 8-4。转动提升杆 6，使之与三联箱内叉形件 37 的孔相对应，保证轴销 37 可靠插入。将双断口灭弧室慢慢放下来，使叉形件 37 可靠插入提升杆 6 的孔内，直到装配夹具 36 与支持绝缘子上法兰密封面贴紧为止。用六角螺栓 42 将装配夹具 36 紧固在支持绝缘子法兰上，如有必要，稍微松开三联箱上螺栓 34，双断口灭弧室现在已位于支持绝缘子法兰 43 上面。为了安全，必须将绳用吊车拉住来弧室的起吊工具的吊环，直到装配构架拆除以后方可解除。

连接拉杆与三联箱上叉形件按下述步骤进行：用轴销 9 打入位杆和叉形件的配合孔作导向，同时插入轴销 41 并拔出安装用轴销 39，将轴销 41 放置居中位置，从保护用绝缘管 2 上旋出圆柱头螺栓 40，将绝缘管顺时针方向转动一个角度，直到闭锁螺钉通过绝缘管第二只孔为止，然后固紧螺栓 40 放松内六角螺钉 14 和六角螺母 22，垫圈 15，将位于支持绝缘子底部的防护罩 24 拆除。这些紧固和密封圈 16 需妥为保管，在安装气动机构时仍将继续使用。绝不可以将提升杆 6 拉出，而动密封圈 21，它将导致支持绝缘气大量汇漏，为了这个原因，接头 23 必须在双断口灭弧室与支持绝缘子紧固后方可拆除。三联箱可以与支持绝缘子紧固在一起。旋松安装在双断口灭弧室的全部质一由悬吊着的吊绳来承担，如果螺钉不够长，则需用吊绳仔细地将灭弧室略微吊高一些，将装配夹具 36 和装配件 33 拆除，在密封圈外侧涂上密封脂，缓慢地将双断口灭弧室放在支持绝缘子的上法兰上。要特别注意的，密封圈 5 必须妥善地置于密封槽内，并不得损坏，密封圈、密封槽、密封面应非常清洁，不得有垃圾等污染上。用以前已拆除下的六角螺钉 18 和垫圈 19 把双断口灭弧室紧固在支持绝缘子上。

d. 安装机构。参见图 8-5。用螺母 9 与绳子 2 将装配工具 1 固定起来，要机构水平放置时，将其位到"合闸"位置。暂时将"合闸"位置连锁旋松取出，该部件用于以后将机构保持在"合闸"位置，将机构联结件 5 的螺纹用润滑油润滑，螺纹联结的锁紧表面 M 涂以乐泰 241 厌氧胶，将两只吊环螺栓 6 紧固在内六角螺栓 14 位置，将机构用吊绳吊起（机构在"分闸"位置），吊起机构并用弯钩扳手 12 将机构活塞与在"分闸"位置的提升杆 3 联结起来，联结时保证上下螺纹中心对准并拉紧吊绳（机构的质量由吊绳承受而不是由螺纹承受）完成联结后放松"合闸"位置连锁。扳紧时（注意力矩 M_P）重插入密封面保护环 4，用双头扳手固定连杆，吊起机构并用螺栓固定在联结箱上，注意螺栓 10 的力矩值。固定"合闸"位置连锁，注意螺栓钉 7 力矩。联结辅助开关 15 的电气联结，联结压缩空气管道 10、11 及接头 15（见图 8-6），拆下吊绳、吊环螺栓及安装工具、用内六角螺栓装上罩壳 13。

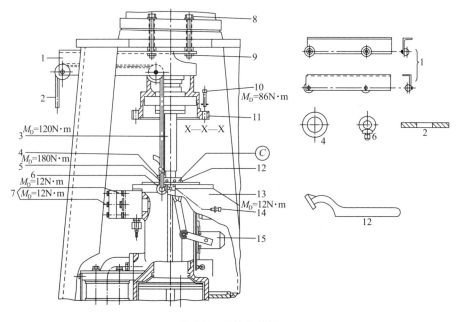

图 8-5　机构安装图

1—装配工具；2—绳子；3—提升杆；4—保护环；5—联结杆；6—吊环螺栓；

7、8、10、14—螺栓；9—螺母；11—联箱；12—弯钩扳手；13—罩壳；15—辅助开关

e. 安装控制箱。将控制箱用螺栓装在极柱支架的一根立柱上或安装在独立框架上（注意紧固力矩）。

f. 安装气动矩。包括压缩机及储气筒的全部压缩空气供气装置（气动柜）装在独立的基础上（注意紧固力矩）。

g. 联结管道。参见图 8-6。具体要求如下：

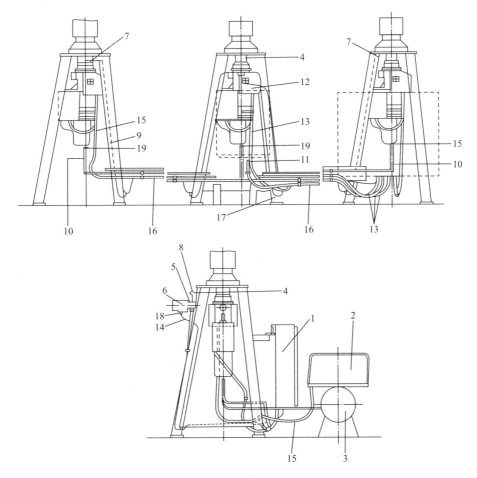

图 8-6　气体管道安装图

1—控制柜；2—空压机；3—储气筒；4—连箱；5—联结板；6—密度控制箱；7、8—SF$_6$ 气体管道；
9—管夹；10、11—气体管道；12—辅助开关；13、14、15—电缆；16—保护管；17—支架；
18—电缆接头；19—气体接头

a）绝缘气体供气管道。管道的单向阀接头的一端与联结箱 4 相连，不带单向阀的另一端与联结板 5 相连。

安装过程：将联结板 5 及密度控制器 6 装在中间极板上，所用气体管道必须清洁干燥，安装时要用 SF$_6$ 气体吹拂管道内部，安装 3 根 SF$_6$ 气体管道 7、8（无需先把它们连接在一起），保证焊接部位不受拉伸、弯曲或扭转应力。先将联结板一头连接好，然后再联结三个极柱（如果工作需序相反会把绝缘气体放掉）。注意力矩，用扳手夹牢凸形接头防止其转动。用管夹 9 将管道 7 固定在支架上，管夹包住的防道表面由橡皮套作防腐蚀保护。

b）压缩空气管道。气动柜的储气筒及断路器机构之间由气管道10、11相连，安装中需注意：

① 供应的管子是弯好的，现场只需少量修正及长度调整，安装前要用系在绳子上的清洁布来回拉几次（仅仅用压缩空气吹拂是不够的），用适当的保护罩保护管子防止再污染；

② 安装前，仔细阅读ERMRTO管联结头的介绍说明，安装时，气体管道与储气筒之间必须有1％～2％的倾斜度，以保证凝结水可以排出，相反，在通向气筒的最后100mm必须保证水平，以免ERMRTO管接头受到应力；

③ 管道用管夹9固定在支架及横梁上，安装结束后全部管道及接头均涂以黄色保护漆。

c）电气连接线。电气连接线包括：辅助开关12与控制箱之间的电缆13、密度控制器与控制箱之间的电缆14、气动柜与控制箱之间电缆13，电缆由制造厂按合同规定供应；

安装过程为：通往辅助开关的电缆13，在现场确定长度，根据图纸上数据与订货文件上安装标记来安装设备，电缆13应用管夹固定在储气筒、机构和断路器本体上，控制电缆14亦应用管夹固定在支架和支撑栏杆上。

h. 充气。各极之间用管道联结之合，就可以进行充气工作。充气是一项连续且非常细致的工作，整个过程不能中断，应按以下步骤进行：

a）抽真空。参照制造厂提供的供气设备的有关操作，将真空泵连接到双灭弧室单元的气体接头19上，连好后，按照真空泵的使用说明开启真空泵，抽真空到150Pa（20℃），然后继续抽2h。停下真空泵，观察真空压力是否下降，即密封检查，若压力下降，查出漏点处理，继续抽真空，若压力不变进行下一步工作。

b）充氮气干燥。管道中充入氮气，目的是将管道之间的水分带出来，以防止充入SF_6气体后，含水量超标。因此，要求氮气为高纯氮，为99.99％，微小量小于10ppm。充入高纯氮后，静止1～2h，微水含量若小于100ppm，即可以充入SF_6气体进行下一步工作，若超过100ppm，则重复上述两步工作。

c）充入SF_6气体。将检验合格的SF_6气体充入断路器内至额定压力，然后进行SF_6气体微水测量，24h后，用SF_6检漏仪检验漏气情况，微水含量应小于150ppm（20℃），无泄漏。若水分含量超标或有泄漏情况，应进行分析，查找原因处理，直至合格为止，至此整个安装工作结束。

3）试验与调整

安装工作后，应进行下列交接试验，若不合格，应适当调整。

a. 空气压缩机泄漏试验。断路器要分别在分闸状态和合闸状态试验压缩空气密封性能，每个状态的试验时间至少要 8h，可能的话进行 24h 试验。

具体操作是：将断路器充气至"压缩机停止"压力，打开发动机保护开关，5min 后，待温度平衡后测量压力 p_o 和环境温度 t_o，试验结束后，测量压力 p_e 和温度 t_e，选择适当的时间，使环境温度与压缩空气温度相等。用下式将 p_e 换算到 t_o 状态的压力：

$$p = p_e(273 + t_o)/(273 + t_e)$$

有效压力损耗 $p_{eff} = p - p_o$，在 24h 以上，p_{eff} 应不大于 200kPa。如压力损耗超过允许值，则需用肥皂水对断路器及气动柜上的所有连接点检漏，比例为 1/3 肥皂和 2/3 水。消除泄漏方法是拆开紧固连接头支除泄漏源或更换密封圈。

b. 接触电阻测量。将断路器合上，即开关在合位，用大电流（不低于 100A）、测量双断口灭弧室的接触电阻，应小于 $125\eta\Omega$，应仔细分析原因。因灭弧室在厂内均安装好，现场不再拆装，所以，外部螺丝、接触面要仔细检查，并将表面擦拭干净。

c. 测量分、合闸时间及同期性。用开关参数测试仪测量分、合闸时间和同性，测量结果应符合制造厂标准。若同期性和时间超标、则通过调节电磁阀上的节流阀解决，直到测量合格。

5　质量标准

执行《电气装置安装工程　高压电器施工及验收规范》GB 50147—2010 相关规定。

6　成品保护

6.0.1　高压断路器的运输、保管，应符合国家现行标准的有关规定。

7　注意事项（略）

8　质量记录

8.0.1　设计变更文件、设备及材料代用单。

8.0.2　制造厂提供的产品合格证书、产品说明书、安装图纸等技术文件。

8.0.3　安装技术记录。

8.0.4　调整试验记录。

8.0.5　备品备件交接清单。

第9章 隔离开关施工工艺

本工艺标准适用于电压 3kV～750kV 的交流高压隔离开关的安装。

1 引用文件

《电器装置安装工程 高压器施工及验收规范》GB 50147—2010

2 术语

隔离开关：是一种没有专门灭弧装置的开关设备，在分闸状态有明显可见的断口，在合闸状态能可靠地通过正常工作电流和短路故障电流。它在配电装置中用来隔离电源、倒闸操作，也可接通和切断小电流的电路，为了满足配电装置在不同接线和不同场地条件下，达到合理布置、缩小空间和占地面积的要求，以及为了适应不同的用途和工作条件，隔离开关已发展成了较多系统、品种和规格。

2.1 隔离开关的用途和分类

2.1.1 隔离开关的用途

在电力系统中，隔离开关的主要用途有如下三种：

1 隔离电源。用隔离开关将电气设备与带电系统隔离，以保证被隔离的设备能安全地进行检修。

2 改变运行方式。利用隔离开关可将设备或线路从一组母线切换到另一组母线上去。

3 接通和切断小电流的电路。例如可以进行的操作：①开合电压互感器和避雷器；②开合电压为 35kV，长 10km 以内的空载输电线路；③开合电压为 10kV，长 50km 以内的空载输电线路；④用户外三相隔离开关可以开合 10kV 及以下，电流在 15A 以下的负荷；⑤开合 35kV、1000kVA 及以下和 110kV、3200kVA 及以下的空载变压器。

2.1.2 对隔离开关的基本要求

按照隔离开关担负的工作任务，应能满足以下要求：

1 应有明显的断开点，易于鉴别电器是否与电网隔离。

2 断开点间应具有可靠的绝缘，即要求断开点间有足够的安全距离，能保证在过电压和相间闪络的情况下，不致危及工作人员的安全。

3 具有足够的热稳定性和动稳定性，即受到适中电流的热效应和电动力的作用时，其触头不能熔接，也不能因电动力的作用而断开或损坏，否则将引起严重事故。

4 户外型在冰冻的环境里应能可靠地分合闸。

5 带有接地开关的隔离开关应装设连锁机构，以保证分闸时，先断开隔离开关，合闭合接地开关；合闸时，先断开接地开关，后闭合隔离开关的操作顺序。

6 与断路器配合使用时，应设有电气连锁装置。

7 结构简单、动作可靠。

2.1.3 隔离开关的分类及型号意义

1 隔离开关分类

隔离开关类型很多，可按下列方法分类。

1）按装设地点的不同，分为户内和户外式两种；

2）按支柱绝缘子的数目，可分为单柱式、双柱式和三柱式三种；

3）按刀闸的运动方式，可分为水平旋转式、垂直旋转式、摆动式和插入式四种；

4）按有无接地开关可分为有接地开关和无接地开关两种；

5）按极数，可分为单极和三极两种；

6）按操作机构的不同分为手动、电动和气动等类型。

2 隔离开关的型号的表示意义

隔离开关的型号的所表示的意义如图 9-1 所示。

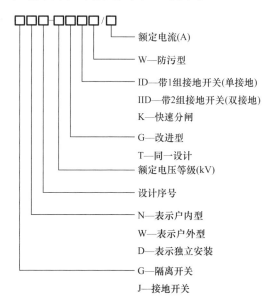

图 9-1 隔离开关型号示意图

某一规格的隔离开关可能具有上述全型号各节的全部，也可能仅有个别部分。

2.2 隔离开关的结构特点及工作原理

2.2.1 水平断口隔离开关结构特点

1 双柱式隔离开关水平转动结构

水平转动的结构特点是：相间距离大、刀闸分闸后不占上部空间、绝缘子兼受较大的弯矩和扭矩。图 9-2（*a*）为 GW4 型，产品系列较全，质量较轻，可用于高型布置。图 9-2（*b*）为 V 型布置产品，有 GW5 型水平转动，可正装、斜装。常用于高层布置，硬母线布置及屋内配电装置。

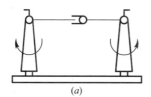 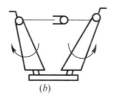

图 9-2 双柱式隔离开关水平转动结构示意图
（*a*）Ⅱ形结构（*b*）Ⅴ形结构

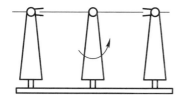

图 9-3 三柱式（双断口式）
隔离开关水平转动结构示意图

2 三柱式（双断口式）隔离开关水平转动结构

结构特点：相间距离较小，但纵向长，不占上部空间，瓷柱分别受弯矩或扭据，其型号有 GW7 型，可以单相操作或三相操作，可以分相布置，用于 220kV 及以上屋外布置中，如图 9-3 所示。

3 闸刀式隔离开关结构特点

结构特点：相间距离小、占上部空间大。图 9-4（*a*）闸刀式隔离开关为 GW2 型，三相操作，目前在发电厂及变电所已较少使用。图 9-4（*b*）产品有 GN 型系列，GN5 型为单极，600A 以下用构棒操作；GN2、GN4、GN8、GN9 型为三极，可前后连接，可平装、立装、斜装。用于屋内配电装置及开关柜，GN11 型为单极 GN18、GN22 型为三级，用于大电流回路。

4 伸缩插入式瓷柱转动（或拉动）结构

结构特点：相间距离小，占上部空间大，适用于 500kV 等超高电压等级。图 9-5（*a*）产品有 OH、TKF、GW12 型，图 9-5（*b*）产品有 GN14 型，占空间小，适用于户内配电室。

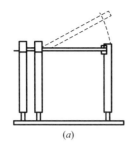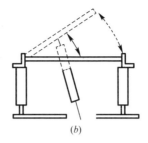

图 9-4　闸刀式隔离开关结构示意图

(*a*) GW2 型；(*b*) GN 型

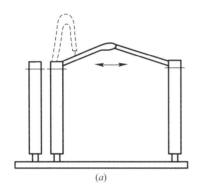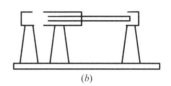

图 9-5　伸缩插入式瓷柱转动（或拉动）结构示意图

(*a*) OH、TKF、GW12 型；(*b*) GN14 型

2.2.2　垂直断口隔离开关结构特点

1　闸刀式隔离开关结构特点

闸刀式隔离开关相间距离小，闸刀分闸后一侧占空间面积大，一般多为单极，专用于变压器中性点，其产品有 GN3 型。垂直断口闸刀式结构示意如图 9-6 所示。

2　伸缩式偏折型隔离开关结构特点

其特点是相间距离小，可分相布置。如图 9-7（*a*）为单柱插入式结构，产品适用于架空硬母线；图 9-7（*b*）为双柱钳式结构，产品型号有 GW6-220G、GW10 型及进口的 SSP 型等。

3　伸缩式对称折隔开关结构特点

其特点是相间距离小，可用以分相布置，如图 9-8 所示多用于母线隔离刀，闸刀分闸后的净距：图（*a*）＞

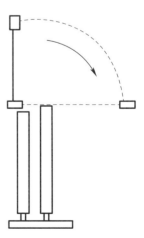

图 9-6　垂直断口闸刀式
结构示意图

125

图(b)＞图(c)，其中图（c）为多折式隔离开关。适用于 220～500kV 单柱、钳夹。产品型号有 GW6-330、TFB 及 TPDE 三种。

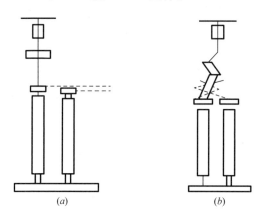

图 9-7 伸缩式偏折型隔离开关结构示意图
（a）插入式结构；（b）钳式结构

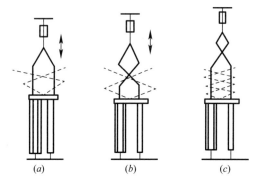

图 9-8 伸缩式对称折隔开关结构示意图
（a）单折式；（b）双折式；（c）多折式

2.2.3 各类隔离开关的工作原理

1 双柱式隔离开关的工作原理

以 GW4-110 型为例，双柱式Ⅱ型隔离开关的工作原理叙述如下：

GW4-110 型隔离开关为双柱水平回转握手式结构，由底架、支柱绝缘子及导电回路三部分组成。630、1000、2000A 三种规格除导电部分稍不同外，其余完全相同；630、1000A 两种结构形式完全相同，仅导管截面及表面处理有别；2000A 与 630、1000A 结构相同。

底架为一根槽钢，其两端安装有轴承座，轴承座内有两个圆锥滚柱轴承，保证轴承座上的杠杆灵活转动。开关有不接地、单接地及双接地三种形式。GW4-110D 型底架一端或两端焊有接地刀底座，装有接地开关。

转动杠杆上安装有一节实习棒式支柱绝缘子，该绝缘子有普通型和防污型两种，即构成 GW4-110 型或 GW4-110W 型两种产品。

导电部分固定在绝缘子的上端，由主闸刀、中间触头及出线座构成。主闸刀分成两半，接触部分在中间。中间触头一端为触指，另一端为圆柱形触头，合闸时柱形触头嵌入两排触指内，出线端滚动接触，转动灵活。

当操作操动机构时，带动底架中部之转动轴旋转 180°通过水平连杆带动一侧之瓷柱（安装在转动杠杆上）旋转 90°，并借交叉连杆使另一绝缘子外向旋转 90°，于是两闸刀便向一侧分开或闭合。接地刀主轴上有扇形板与紧固在绝缘子法兰上的弧形板组成连锁，确保"主分—地合"、"地分—主合"的顺序动作。

本型隔离开关制成单极形式，通过相间连接而形成二极或三极联动，亦可单极使用。

GW4-110 型开关主闸刀配 CS14G 手动机构或 CJ5 电动机构或 CQ2-110 型气动机构操作，具体由设计选择。接地刀配 CS14G 手动机构，单接地配 1 台，双接地配 2 台。CS14G 是操动机构，主要由基座、手柄和 F1 型辅助开关组成，辅助开关有四极（2 开 2 闭）或 8 极（4 开 4 闭）两种规格，供连锁及信号之用。

GW4-35 型隔离开关与 GW4-10 型开关结构相似，只是支柱绝缘子大小，导电部分尺寸略有不同。

GW4-220 型隔离开关与 GW4-110 型开关结构相似，只是随着电压增高，绝缘子由两个 ZS-110 实心棒式绝缘子迭装而成，导电部分随电流变化而稍加改动，具体外形及安装尺寸见相应安装使用说明书。

2　双柱式 V 形隔离开关的工作原理

以 GW5-35G（D）、GW5-110G（D）型为例说明如下：

GW5-35G（D）型与 GW5-110G（D）型隔离开关为双柱 V 形回转握手式结构，由基座支柱绝缘子左、右触头，接线座及导电回路等三部分组成。两支柱绝缘子成 V 形安装在左、右两轴承座上，两轴承座里都装有 7209 轴承和相互啮合的伞齿轮，接线座内用紫铜编织带，分别连接固定在出线导电杆和夹紧触头的夹板上，保证绝缘子和触头转动 90°时出线导电杆固定不动，且接触可靠。当操作手动操作机构带动一支柱绝缘子及上部触头转动 90°时，伞齿轮也带动另一绝缘子及上部触头同时向同一方向转动 90°，达到分合电路的目。接地开关在垂直面上运动。该开关可不带接地装置，也可带单接地或双接地装置。主闸刀与接地开关间通过机械连锁，以确保"主分—地合"、"地分—主合"的操作动作。该隔离开关制造单极式，通过相间连接组成三极联动，亦可单极使用。

3 三柱式（双断口）隔离开关的工作原理

以 GW7-220、GW7-220W、GW7-330、GW7-500 型为例说明如下：

GW7-220、GW7-220W、GW7-330 型隔离开关为三柱水平转动双水平断口式结构。它由底座、瓷柱和导电回路三部分组成。

底座部分是由槽钢和钢板焊制而成。在槽钢上装有三个支座，两端支座是固定的，中间支座是转动的。在槽钢内腔装主闸刀和接地开关的传动连杆及连锁板。接地开关系由刀杆（钢管制成）和静触头组成，刀杆端头有一对触片与静触头接触。

每极共有三个瓷柱，每柱由实心棒式绝缘子迭装而成，它的下端固定在底座的支座上，承担对地绝缘及传递操作力矩的功能。

导电部分由动闸刀和静触头组成，在其端部各焊有一圆柱触头，借助铝罩将二根管连成一体。当操作操动机构时，带动中间瓷柱转动下，动闸刀即可完成合闸动作。

该开关制成单极形式，可以带一把接地开关、两把接地开关或不带接地开关。接地开关和主闸刀设有机械连锁装置，以保证主、地间规定的合闸顺序。

本开关可以分别选用三种操作机构，即 CS14G 型手动操作机构、CQ2-145 型气动机构或 CJ5 型电动操作机构。当配用 CQ2-145 气动机构时，其工作气压为 0.7MPa（允许操作气压为 0.6～0.8MPa）。操作一闪耗气量 3L，其电磁线圈电压为直流 110V 或 220V。当配用 CJ5 型电动机构时，其操作电压为交流 220V 或 380V，均由用户自行选择。GW7-220W 型除瓷柱改为防污绝缘子（代号 22892295 各一只）外，其余与上述机构完全相同。

4 闸刀式隔离开关工作原理

以 GN2-35T、GN16-35/2000 型为例，说明闸刀式隔离开关的工作原理如下：

1）GN2-35T 型隔离开关是三极闸刀装于一个带有绝缘子的框架上而三相联动的隔离开关，它由下列部分组成：

a. 框架。由角钢焊接而成，转轴横贯其中部，转轴上对准三极之处焊有三个杠杆与拉杆绝缘子相连，转轴的一端焊有挡板作转轴分、合限位之用，转轴两端伸出框架，其任一端可装配连接操动机构的杠杆。

b. 绝缘子。支柱绝缘子采用 ZA-35Y 型，拉杆绝缘子用一个长 342m，拉断负荷不小于 150MPa 的拉杆绝缘子组成。

c. 刀片和静触头，400A 每极由两片 TBY-4×30 铜排组成。600A 每极由两片 TMY-6＊40 铜排组成。1000A 每极由两片 5×70 紫铜排弯制而成。静触头均为铜板弯成，而两端产生接触压力的弹簧。

GN2-35T 型隔离开关，用 CS6-2 手力操作机构进行操作，可装在隔离开关的左侧或右侧。

安装时，分后连接和前连接两种（由用户订货决定）。所谓后（前）连接，是指驱动装于框架上的转轴的拉杆，是相对装在操动机构的后（前）面而言的，而这后（前）是相对固定操作机构的垂直支承面来讲的。

2）GN16-35/2000 型隔离开关基本结构与 GN2-35T 型相同，其主要不同点如下：

a. 支柱绝缘子采用 ZJH-35F 型，提高了抗弯破坏负荷等级。

b. 绝缘拉杆改用环氧玻璃层压板制成，其一端备有钢接头，用以调整三相的分合闸同步性。

c. 闸刀每相用四片 4mm×80mm 紫铜排制成，闸刀两端有 8 片磁锁板和压力弹簧，用来保持静触头的接触压力。

d. 采用 16mm 厚的紫铜板弯成静触头，接触面经加工，其上有四个接线孔用以安装母线。

3）垂直断口伸缩式隔离开关工作原理

以 GW6-220-500（D）型为例，说明垂直断口伸缩式隔离开关的工作原理如下：

GW6-220-500（D）型隔离开关为单柱剪刀式（伸缩编折式）垂直断口型结构，主闸刀为对称折架形式，静触头在使用时被固定在架空母线上，动触头和静触头都有很长的接触表面，以便适应使用中接触位置的较大变化。

操作整个带电部分由一个棒式绝缘子支持，一个绝缘子驱动（220kV 级转100°，300、500kV 级转 180°）、使主闸刀实现分、合闸操作。本产品在分闸后形成垂直方向的绝缘断口，分、合闸状态清晰，有利巡视。

本产品通常在配电装置中作母线隔离开关，具有占地面积小的优点，尤其在"双母线带旁路"接线的配电装置中，其省空间效果更加显著。

GW6 系列单柱隔离开关均为一把接地开关供断口端（下层引线）接地用。为满足用户对断口上端（上层母线）接地的要求，沈阳高压开关厂另生产独立的JD2 系列接地器供给用户。

本产品主闸刀和接地开关各配有各自独立的操作机构，在隔离开关的底座上装有机构连锁装置，确保主闸刀和接地开关之间操作顺序正确。

本产品所配用的操动机构有两种：①CJ2-G 型电动操作机构，供操作主闸刀用；②CS9-G 型蜗轮手力机构，供操作接地开关用。

本产品分"三相机构联动"与"分相操作"两种。220kV 级供应三相联动的产品；330、500kV 级只供应分相操作的产品。后者各相有独立的操作机构，用电器方法亦可满足三相联动的要求。

3 施工准备

3.1 作业条件

3.1.1 施工前应编制施工方案或专项安全技术措施。

3.1.2 与隔离开关安装有关的建筑工程质量，应符合现行国家标准的有关规定。

1 屋顶与楼板已施工完毕，不渗漏；

2 配电室的门窗应安装完毕，室内地面基层应施工完毕并在墙上标出地面标高，设备底座其周围地面应抹光，室内接地应按照设计施工完毕；

3 预埋件及预留孔应符合设计要求；

4 混凝土基础及构支架应达到允许安装的强度；

5 施工设施及杂物应干净，并应有足够的安装场地，施工道路应畅通。

3.2 材料及机具

3.2.1 主要材料

隔离开关、软电缆、多股软铜线、镀锌扁钢、角钢、相色漆、钢丝绳、卡扣、花篮螺栓、桥架、铜铝排（辅助母线）、电力复合脂、标志牌、锡焊材料等。

3.2.2 机械及工具

电焊机、电钻，冲击电钻、切割机、磨光机、安全带。

3.2.3 检测设备

万用表、绝缘电阻测试仪、接地电阻测试仪，工频耐压击穿试验机，开关分合闸同步测试仪、塞尺。

4 操作工艺

4.1 施工工艺流程

隔离开关的开箱检查→基础及构支架安装前符合检查→隔离开关的安装前试验检验→互感器装置的安装→接地装置的安装→测试检查。

4.2 隔离开关安装与调整

4.2.1 安装准备

隔离开关在电网设备中占比例较大，安装工作量很大，因此，安装前要根据设计图纸和现场情况，综合考虑机具、空间、通道、人员等情况，按先上后下，先内后外的顺序制订详细的安装程序，并做好以下准备工作。

1 基础部分检查及要求：

1）隔离开关基础标高、相间距离、柱间距离及平面位置符合设计要求；

2）混凝土杆外观良好，无裂纹，铁件无锈蚀，外形尺寸符合要求；

3）三柱式隔离开关的基础高差及中心偏移尺寸符合规定；

4）金属支架镀锌层完成，无锈蚀；

5）确认隔离开关的安装方向，并使同一轴线的隔离开关方向一致；

6）柱顶铁件无变形、扭曲、加固筋齐全。

2 现场保管

1）隔离开关应按不同保管要求置于室内或室外平整无积水的场地，并保证二次倒运的方便。

2）设备及瓷件应放置平稳，不得倾倒、损坏，触头及操动机构的金属传动部件应有防锈措施。

3 开箱检验

1）核对图纸，检查隔离开关总数及各型号隔离开关数量是否一致；

2）核对型号规格是否与设计相符，对各箱件分组分类存放于室外或室内平整场地；

3）检查隔离开关本体有无机械损伤，导电杆及触头有无变形，主闸刀、指形触头与柱形触头是否清洁，镀锌层是否用凡士林保护，触指压力是否均匀，接触情况是否完好；

4）检查可转动接线端子是否灵活，护罩是否完好，接线端子的接触面是否镀银；

5）清洁绝缘子上的灰油污等物，检查绝缘子有无裂纹，破损等缺陷，检查铁法兰与瓷件的胶合处有无松动、裂纹和锈蚀现象；

6）检查各转动轴承转动是否灵活；

7）检查各连接螺栓是否脱落；

8）检查各附件是否齐全完整（包括产品说明书和合格证）；

9）检查隔离开关底架有无变形、油漆脱落、锈蚀等缺陷，检查其尺寸是否与设计一致；

10）检查备品备件数量。

在以上检查中，如发现异常应及时做好记录，报告并及时与制造厂联系尽快处理更换或补供。

4 现场准备

1）准备必要的工具和电焊乙炔割锯等；

2）根据现场实际情况选择适当的工具；

3）准备必需的道木、脚手架材料，并搭设脚手架。

4.2.2 隔离开关的安装与调整

1 支架制作与安装

1）隔离开关本体及操动机构安装固定用的支架铁件加工制作应按施工图纸

和制造厂要求尺寸进行；

2）支架、铁件制作用的槽钢、封顶板等应平直，封顶板、槽钢等焊接固定时，其上部端面应保持水平，误差不得超过 2mm，可用铁水平尺检查。相间高度误差：三相连动户内隔离开关应≤1mm；户外隔离开关应≤2mm；分相操作应≤5mm。可用水平仪及 U 形软管水准尺检查；

3）加工件相间距离与设计要求之差：三相联动户内型座≤3mm；户外型应≤5mm；分相操作的隔离开关应≤10mm。可以用钢卷尺测量；

4）紧固螺栓的穿孔不得使用气割或电焊吹扫，型钢孔径与螺栓配合应符合设计要求，一般型钢孔径比螺栓要大 0.5～1mm；

5）焊接应符合设计有关标准，支架宜整体焊接后热镀锌。

2　单、三相地面组装调整

1）单相组装前检查基座转动部分不应有卡阻现象，存放时间较长的应拆洗转动部分，各传动机械传动部分应加适合当地的气候条件润滑脂，用手拨动后应有轻松感；

2）隔离开关触头应检查、清洗。在清除纯铜触头表面氧化物时，应使用金相砂纸，不得使用大颗料砂纸及破坏涂层。触头的涂层应无脱落现象，并加涂中性凡士林油。载流部分的可挠连接不得有折损，表面应无应严重的凹陷及锈蚀，连接应牢固，接触应良好。设备接线端子涂以薄层电力复合脂；

3）在室内间隔两边的（正副母线）隔离开关，以共同双头螺栓安装固定时，应保证一组隔离开关拆除时，不影响另一组隔离开关；

4）选择等高的支柱绝缘子固在同相底座上。当绝缘子为叠加式时，当装上节绝缘子时应有防止下节绝缘子翻转措施。同组绝缘子调试误差可用软管及钢卷尺检查，户外隔离开关应≤2mm、户内应≤1mm；

5）调节同一绝缘子柱的各绝缘子中心，同相各支柱绝缘子的中心线应在同一垂直平面内，垂直误差可用线垂和钢板尺检查，户外（除 V 形结构外）应≤2mm；

6）调节本相的水平连杆，使两侧支持绝缘子分合闸同步；变动水平连杆位置，使隔离开关处于合闸位置；检查触头合闸接触情况，不应发生没有备用行程的情况，使触头的相对位置及备用行程符合技术规定。

3　单、整体就位

1）双柱式（或三柱式）隔离开关吊装前在两端绝缘子间应绑上竹（木）棒，以防止吊装时发生倾倒，损坏设备；

2）吊装就位时，隔离开关主刀和接地开关的打开方向必须符合设计的要求；

3）三相间连杆中心线误差可用拉线与钢卷尺来检验，其误差，户外应≤

1mm、户内应≤2mm；

4）均压环（罩）和屏蔽环（罩）应安装牢固、平正。吊装就位还应校对带电部位与接地部位的安全净距，应符合《母线装置施工及验收规范》GB 50149 的有关规定；

5）垂直断口结构的隔离开关（以 GW6 型为例）应先将隔离开关底座就位，然后吊起开关头部，按从上到下的顺序依次装好各节支柱绝缘子，最后将组装件吊到开关底座上，并将其固定。再安装静触头，应保持动静触头的相对位置，使其符合设计的技术条件要求。

4.2.3　机构就位与检查

1　安装操动机构可用线坠整调调整机构轴线位置，使之与底座轴线重合，其误差应≤1mm。操作机构安装高度应符合设计的要求，固定牢固可靠；

2　手动机构的机械部分应转动灵活，其转动部分应加上适合当地气候的润滑脂。分合位置的定位装置应正确可靠。辅助开关的动作应与闸刀动作一致、接触可靠；

3　电动机构除机械检查应符合第（2）点的要求外，还应检查电动机构分合闸线圈及二次回路绝缘是否良好，用 500V 或 1000V 兆欧表检查，其绝缘电阻应≥1MΩ（在比较潮湿的地方必须≥0.5MΩ），检查蜗轮与蜗杆的啮合应正确、轻便灵活、无卡涩现象，电气控制接线应正确、无断线或短接现象；

4　电动液压机构除检查电动部分及二次回路绝缘外，还应检查液压回路应无渗漏现象，工作缸应无卡阻现象。

4.2.4　整组调整

1　调整隔离开关的分合闸位置，使分闸角度或分闸时触头的净距和合闸后触头间的相对位置、接触情况、备用行程均符合产品技术条件的规定。

2　对垂直、水平接杆的配制，应符合下述要求：

1）拉杆应较直，其弯曲误差不得大于 1mm。拉杆内径应与连接轴直径相配合，其间隙不应大于 1mm；

2）法兰与拉杆连接时，应保持法兰端面与拉杆轴线垂直，相间连杆应在同一水平线上；

3）圆锥销规格与数量均应符合产品说明书要求。销子不得松动，也不得焊死。圆锥销打紧后，两头外露尺寸应不小于 3mm；

4）三相动、静触头接触时，其前后相差、触头间的相对位置及备用行程应符合产品技术规定。不同期误差值：10～35kV，＜5mm；63～110kV，＜10mm；220～330kV，＜20mm。分闸位置时，触头间的净距或拉开角度应符合产品技术规定；

5）主刀闸与接地开关间的机械连锁或电气连锁必须可靠。此外，在主刀合闸时，地刀窜动提升后，主刀与接地开关最小距离应满足电气最小安全净距要求；

6）触头间应接触紧密，两侧接触压力应均匀，且符合产品的技术规定。接触情况用 0.05mm×10mm 的塞尺进行检查，对于线接触的刀闸应塞不进去；对于面接触的刀闸其插入深度在接触表面宽度为 50mm 及以下时不超过 4mm，在接触表面宽度为 60mm 及以上时不应超过 6mm；

7）支柱绝缘子合闸定位螺钉调整尺寸应符合厂家技术规定，所有螺栓应紧固，设备表面清洁，电磁程序锁安装正确，相色标志正确，外壳接地可靠，符合设计要求；

8）隔离开关的相间距误差：110kV 及以下应不大于 10mm；110kV 以上应不大于 20mm；

9）隔离开关的辅助开关应安装牢固，户外应有防雨措施，动作准确可靠；

10）隔离开关的防误操作机构必须安装牢固，动作可靠；

11）在手动分、合闸操作检查无误后，方可进行电动操作。第一次电动操作时应先将机构转轴处于中间位置，启动操作机构后，电动机的转向应正确，机构动作平稳，无卡阻、冲击等异常现象，限位装置准确、可靠；机构的分、合闸指示应与设备实际分、合闸位置相符，加热装置完好。

4.2.5 隔离开关的试验项目和标准

按照《电气安装工程电气设备交接试验标准》GB 50150—2016 第十四章的规定，隔离开关的试验项目和标准如下：

1 测量有机绝缘传动杆的绝缘电阻

由有机物制成的绝缘拉杆的绝缘电阻值在常温下不应低于表 9-1 中的规定。

有机物绝缘拉杆的绝缘电阻标准 表 9-1

额定电压（kV）	3～15	20～35	63～220	330～500
绝缘电阻（MΩ）	1200	3000	6000	10000

2 工频耐压试验

隔离开关的交流耐压按相对地或外壳进行，具体耐压试验见表 9-2。

耐压试验 表 9-2

额定电压（kV）	3	6	10	15	20	35	63	110	220
试验值（kV）	25	32	42	57	68	100	165	265	450

注：耐压时间 1min。

3　测量操动线圈的最低动作电压

检查操动机构线圈最低动作电压应符合制造厂的规定。

4　操动机构试验

操动机构试验，应符合下列规定：

1）动力式操动机构的分、合闸操作，当电压或气压在下列范围时，应保证隔离开关的主闸刀或接地开关能可靠分闸和合闸。

a. 电动机操动机构：当电动机接线端子的电压为 80％～110％额定电压时；

b. 压缩空气操动机构：当气压在其 85％～110％额定气压时。

c. 二次控制线圈和电磁闭锁装置：当其线圈接线端子的电压在其 80％～110％额定电压时。

2）隔离开关的机械或电气闭锁装置应准确可靠。

5　测量导电回路电阻

有必要测量隔离开关的导电回路电阻时，一般可通以直流电流或用电桥来测量。测出的导电系统的接触电阻，其值与出厂数据进行比较，最大值不得超过产品技术规定的最大值。

5　质量标准

执行《电气装置安装工程　高压电器施工及验收规范》GB 50147—2010 相关规定。

6　成品保护

6.0.1　高压隔离开关的运输、保管，应符合国家现行标准的有关规定。

7　注意事项（略）

8　质量记录

8.0.1　设计变更文件、设备及材料代用单。

8.0.2　制造厂提供的产品合格证书、产品说明书、安装图纸等技术文件。

8.0.3　安装技术记录。

8.0.4　调整试验记录。

8.0.5　备品备件交接清单。

第10章 互感器施工工艺

本工艺标准适用于互感类产品的安装工程。

1 引用文件

《电器装置安装工程 电力变压器、油浸电抗器、互感器施工及验收规范》GB 50148—2010。

互感器是变配电所常用的设备，用途比较广泛。本章对这种设备作简要介绍。

2 术语

互感器是电力系统中供测量和保护、一次系统和二次系统的联络及反映电气设备正常运行或故障情况等不可缺少的重要设备。互感器可分为两类，即电压互感器和电流互感器。它们的具体作用有：①将一次系统的高电压或大电流变换为二次回路方便测量的标准低电压（100V 或 $100/\sqrt{3}$V）或小电流（5A 或 1A），使测量仪表和保护装置标准化；②将二次设备与高电压部分隔离，即使互感器的一、二次绕组之间的绝缘损坏，也会由于互感器两侧的接地而保证了电气设备和人身安全。

互感器在电力系统是的接线如图 10-1 所示。

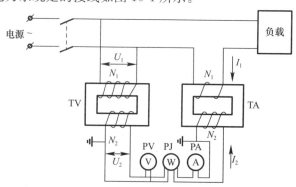

图 10-1 互感器的接线原理图

TV—电压互感器；TA—电流互感器；$U_1 U_2$—分别为一、二次电压；$I_1 I_2$—分别为一、二次电流；
N_1、N_2—分别为一、二次绕组；PA、PV、PJ—分别为电流表、电压表、电能表

3　施工准备

3.1　作业条件

3.1.1　施工前应编制施工方案或专项安全技术措施。

3.1.2　与互感器安装有关的建筑工程质量，应符合现行国家标准的有关规定。

1　屋顶与楼板已施工完毕，不渗漏。

2　配电室的门窗应安装完毕，室内地面基层应施工完毕并在墙上标出地面标高，设备底座其周围地面应抹光，室内接地应按照设计施工完毕。

3　预埋件及预留孔应符合设计要求。

4　混凝土基础及构支架应达到允许安装的强度。

5　施工设施及杂物应干净，并应有足够的安装场地，施工道路应畅通。

3.2　材料及机具

3.2.1　主要材料

互感器、软电缆、多股软铜线、镀锌扁钢、角钢、相色漆、钢丝绳、卡扣、花篮螺栓、桥架、铜铝排（辅助母线）、电力复合脂、标志牌、锡焊材料等。

3.2.2　机械及工具

电焊机、电钻、冲击电钻、切割机、磨光机、安全带。

3.2.3　检测设备

万用表、绝缘电阻测试仪、接地电阻测试仪，工频耐压击穿试验机，互感器综合测试仪。

4　操作工艺

4.1　施工工艺流程

互感器的开箱检查→基础及构支架安装前符合检查→互感器的安装前试验检验→互感器装置的安装→接地装置的安装。

4.2　互感器的安装

互感器的安装应遵守一定的工序。安装前，施工技术员应到现场检查是否具备安装条件，并编制详细的安装及施工技术措施方案。

互感器开箱时，应首先进行资料验收，如有无出厂合格证、安装使用维护说明书、出厂试验报告等，然后对互感器进行外观检查，下面对干式及油浸式互感器安装分别说明。

4.2.1　干式互感器

检查内容包括：壳体外观是否无损伤锈蚀；瓷件外观有无裂痕；防锈漆层有无脱落现象；铭牌标志及型号规格是否清晰及符合设计要求；铁芯及地线是否连

接可靠；引线及接地端子是否牢固，有无损伤等。安装时，应首先进行底架安装。安装前检查安装面的水平度、垂直度以及安装孔之间的偏差度是否符合要求；固定部分用螺栓应紧固；焊接部分要满足焊接要求。设备安装时，固定互感器的螺栓应拧紧，并有适当的防松措施；裸导体的安全间距应足够；导电经弹簧的连接要紧密可靠，与母线接触要好；底座接地连接也要牢固可靠。搬运时，应轻拿轻放。需要起吊时，应用绳索，不可用其他硬件，以防损坏瓷件。

4.2.2 油浸式互感器

1 安装前，应首先进行外观检查，包括检查箱体外观（包括瓷件）有无损伤、锈蚀及掉瓷现象；铭牌、接线图标志、型号规格等是否符合设计要求；二次接线端子标志应清晰；检查有无渗漏现象等。若密封处有渗漏现象时，应将该处螺栓拧紧，附近的螺栓也要适当拧紧，不能单独拧紧某一个螺栓。采取上述措施后仍有渗油现象时不能安装，应与厂家联系。具有膨胀器的互感器应检查其油位是否正常，油位计玻璃管中充满变压器油，油位指示线应正常。油位指示偏高，会使密封式互感器油箱内产生较大的压力；若油位指示偏低，运行时会引起互感器绕组过热或绝缘损坏，这时应添加合格的变压器油（耐压强度及各种指标应能满足运行要求）。加装油时，应将储油柜内剩余的油和凝聚在储油柜底部的水分由储油柜下部的放水塞放出。注油时应防止水分、灰尘及其他污物进入互感器内，注完油后将油塞装好。对于 110kV 等级的互感器，少量的补充油可以从储油柜顶部的注油塞添加，补充油量多时，按产品规定进行真空注油。220kV 以上等级的互感器，要按规定进行真空注油。

2 安装时，应注意以下事项：

1）互感器应在真空状态下运输。开箱后竖立放置时，应有防倾倒措施。起吊时应用绳索扶正，用油箱上的专用吊攀，不得用瓷套或顶部的储油柜来起吊，起吊过程应缓慢，避免使其他金属件与瓷套相碰，以免损坏。

2）互感器安装的基础应符合设计要求。用底座螺栓将互感器固定后，应检查其牢固性及垂直度是否符合要求。

3）三相应保持相同的极性方向，接线盒面向巡检测。

4）顶盖螺栓应连接牢固。一次高压线连接不应使互感器受到太大压力。具有均压环的互感器，均压环安装要水平、固定牢固、方向正确。

5）串级式（包括电容式）电压互感器吊装时，应注意各节的编号应符合设计要求，不得装错。阻尼电阻外装时，应有防雨措施。内部接线应固定可靠，分级接触面应清洁无杂物。

6）互感器的未屏引出端子与地线的连接要可靠。

7）所有施工人员应经安全技术交底、施工技术员应编制详细的施工方案，包括吊装方案及使用的工器具等。

因为油浸式互感器一般为全密封结构，在一般情况下，建议不做油样试验。若产品密封受到破坏，经内部绝缘试验证明确实受潮，则应停止安装，按制造厂的制造工艺，将器身进行真空干燥及真空浸油处理，处理后注入合格的变压器油，并重新进行各项测试。

互感器的干燥应控制在一定的温度（70～80℃），并且升温速度要进行限制（≤10℃/h）。在干燥过程中，应随时进行绝缘电阻的检查测试，绝缘电阻应能在下降后再回升。合格后应停止干燥，稳定一段时间后，继续测量。

4.2.3　互感器的接线

1　电压互感器

互感器在电力系统中应用的接线方式很多，如图 10-2 所示。图 10-2（a）、（b）是用一台单相电压互感器来测量相对地或相间电压；图 10-2（c）接线广泛用于中性点不接地或经消弧线圈接地的 20kV 以下电网中，为不完全星形接线，只能测量相间电压，不能测量相对地电压；图 10-2（d）、（e）是用三台单相三绕组电压互感器构成 YN、yn、d 接线，它广泛用于 3～500kV 系统中，二次绕组可测量相间或相对地电压，另外有一接成开口三角形的辅助二次绕组，供交流电网绝缘监视仪表和继电器用；图 10-2（e）为电容式电压互器接线（阻尼器二次绕组未画出）。

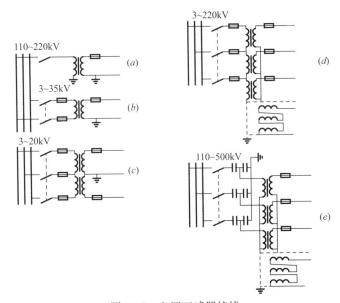

图 10-2　电压互感器接线

（a）、（b）一台电压互感器接线；（c）不完全星形接线；

（d）三台单相三绕组电压互感器接线；（e）电容式电压互感器接线

139

电压互感器容量小，所以一次接线不需要截面太大，但接触一定要可靠，电气距离符合要求即可。35kV以下等级的电压互感器一般经高压熔断器或经隔离开关和熔断器接入电网，但110kV及以上等级的互感器需经过隔离开关与电网连接。

二次接线切忌短路，一般在电压互感器的二次侧装加低压熔断器。但用于励磁装置的电压互感器二次侧不应装熔断器，以防止熔断器接触不良引起励磁装置误动作。二次侧螺栓要紧固，同时接地点要选择可靠，且不应任意增加接地点，接地时应注意极性及变化，可查看有关试验记录。一般一次侧A、B、C、D表示；二次侧以a、b、c、d表示；ad、xd表示开口三角形辅助绕组；单相式高压侧以A、X表示，低压用a、x表示。这要求接线人员应明确图纸接线要求。

2　电流互感器

由于电流互感器一次侧串接于电路中，电流即是电网中电流，所以，一次侧接线一定要连接可靠。对于一次侧的电流接线应符合设计要求，选择应正确或串联，或并联。具有等电位弹簧的母线式电流互感器，弹簧要安装固定可靠，并与母线接触良好，母线应位于互感器的中心。母线式零序电流互感器三相母线的几何中心应与铁芯窗口几何找中心线对准，以减少由于母线排列不对称而引起的不平衡电流，电缆式零序电流互感器，电缆的接地线应通过互感器后接地，由电缆头至零序电流互感器的一段电缆金属保护层和接地线也应对地绝缘，以消除电缆外皮流过的杂散电流对保护装置的影响。

电流互感器的二次接线严禁开路，其二次侧不能装熔断器。接线时应对照设计要求，二次绕组的准确级及变化比都不得用错，极性也不能接错，特别是对于二次绕组有抽头的时候。国产互感器极性标志方法一般是一次侧以L1、L2表示，二次侧以K1、K2表示。一般互感器的二次输出采用可连端子，这是为了在维护、检修时，防止二次开路，若在其运行是需拆除仪表或保护装置，应将其可靠短接后，方可进行。备用的二次绕组应在短接后可靠接地。电流互感器的二次绕组必须可靠接地且只能有一个接地点。差动电流回路一般盘子内端子排接地；其他电流回路可在配电装置端子箱内经端子排接地。为避免电流互感器电容芯底部击穿事故时扩大事故范围，应注意一次端子L1与L2的安装方向及二次绕组的极性连接方向要正确，以确保母差保护的正常投入运行。如图10-3所示

4.3　互感器的试验

互感器的试验应在互感器外表检查无异常后进行，所进行的试验项目应按照《电气装置安装工程交接试验标准》（以下简称GB 50150—2016标准）进行。

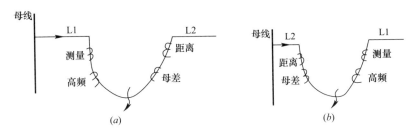

图 10-3 电流互感器极性接线

(*a*) 接线错误；(*b*) 接线正确

4.3.1 绝缘电阻的测定

它包括一次绕组对二次绕组及外壳之间的绝缘电阻，以及各二次绕组间及其对外壳的绝缘电阻，需要做器身检查时，应测量铁芯夹紧螺栓的绝缘电阻。穿芯螺栓一端与铁芯连接的，应将连接片断开，不能断开的，可不进行测量。绝缘测量时采用的兆欧表等级应符合标准有关规定。对于电压等级在 500kV 及以上的电流互感器应测量一次绕组间的绝缘电阻。测量电流以互感器二次绝缘时，应将其他非被试绕组短接接地。对于 35kV 及以上的互感器的绝缘电阻值与产品出厂试验值比较，应无明显区别。对于 110kV 及以上的油纸电容式电流互感器，应用 2500V 兆欧表测量末屏对二次绕组及地的绝缘电阻，且阻值不应小于 1000MΩ。

4.3.2 绕组连同套管对外壳的交流耐压试验

耐压试验电压的高低应根据标准来确定。对于配电室内与母线穿入式电流互感器，可连同母线一起进行耐压试验。试验时，二次绕组应短路接地。二次绕组之间及对外壳的工频耐压试验电压应为 2000V。

4.3.3 互感器一次绕组连同套管的介质损耗角正切值的测定

一般对 35kV 及以上等级的互感器才进行此项试验。220kV 及以上等级的油浸电容式电流互感器，应在测量损耗角正切值的同时，测量主绝缘的电容值。试验结果除了符合标准规定外、同厂家试验报告（或者铭牌值）比较应无明显区别（差值在允许在 ±10% 范围内）。对于串级式电压互感器的损耗角正切值及电容值测量，应分节进行。电容式电压互感器各单元的电容量应基本一致。

4.3.4 检查互感器的三相接线组别和单相线感器引出线的极性

对于这个试验项目，要求试验人员必须弄清互感器的一次接线方式。对于互感器的二次，应核对是否符合设计要求，一般的极性组别可采用直流法来判别。互感器的极性是很重要的，如果连接不正确，将会使接入该回路的带有方向性的仪表，如功率表、电能表等指示错误，不能正确完成计量，或使带有方向性的保护失去方向甚至误动作。试验的目的是判断铭牌上的标记或外壳上的符号是否与实际测试的一致。若出现问题，应及时与厂家联系解决。

4.3.5　互感器的变比试验

互感器的变比正确与否，对于投入运行非常重要。变比的测量一般是在一次侧加一定的电流（或电压），然后在二次测量，最后，将测量结果与额定变比相比较，来判断是否正确。变比误差的测量，一般要求测试仪表的精度要高，需用专门的测试仪表，在此不做介绍。

4.3.6　油浸式互感器的绝缘油试验

不同电压等级互感器对绝缘油的击穿强度要求不同。一般只有在对互感器的绝缘性能有怀疑时，才进行油的绝缘强度试验，试验结果应符合标准规定。另外，63kV 以上等级的互感器，应进行油中气体的色谱分析，与厂家值相比较，气体的含量无明显区别；电压等级 110kV 及以上的电感器，应对油进行微量水测试，必要时，对绝缘油的介质损耗正切值也要进行测量。

4.3.7　局部放电试验

35kV 固定绝缘互感器应进行此项试验。110kV 及以上油浸式电压互感器，对其绝缘性能有怀疑时，可进行此项试验。测量前，应首先对绝缘油进行色谱分析并合格。500kV 电容式电压互感器的此项试验应参考有关标准。

4.3.8　特性试验

对于电流互感器、应对其进行励磁特性曲线测量（即电流—电压特性）。试验时，一次绕组开路，对互感器的二次绕组施加工频电压，从小到大逐渐增加电流，直至电流快速上升，而电压不再上升为止。此时即达到了饱和点，记录相应电流、电压值，绘制出曲线。对于相同用途的互感器特性应基本一致。根据曲线可以判断出二次绕组容量的大小及有无匝间短路等现象。电流互感器特性测试接线如图 10-4 所示。

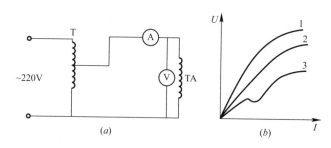

图 10-4　电流互感器特性测试接线

(a) 试验接线图；(b) 特性曲线

为减少试验误差，电压表应靠近被试互感器二次绕组，即电流表外接，且试验过程中，表计应选用同一类型，不可中途换档位，升压应均匀，不能停顿，以免对励磁特性有影响。在饱和点附近应多读几位数，以便曲线尽量标准，将测得的结果与厂家值相比较，应无明显区别。由图 10-4 可以进一步分析，曲线 1 互感器比曲线 2 互感器容量要大，而曲线 3 由于在饱和点以下电压值出现了明显的下降，则有可能存在匝间短路现象。

对于电压互感器应测量一次绕组的电流电阻，与厂家值相比较一致。其次，对于电压等级在 1000V 以上的电压互感器应测量其空载电流（或励磁特性）。空载电流是指互感器在额定状态下空载时的二次电流。

5　质量标准

执行《电气装置安装工程　电力变压器、油浸电抗器、互感器施工及验收规范》GB 50148—2010 相关规定。

6　成品保护

6.0.1　高压互感器的运输、保管，应符合国家现行标准的有关规定。

7　注意事项（略）

8　质量记录

8.0.1　设计变更文件、设备及材料代用单。

8.0.2　制造厂提供的产品合格证书、产品说明书、安装图纸等技术文件。

8.0.3　安装技术记录。

8.0.4　调整试验记录。

8.0.5　备品备件交接清单。

第 11 章　避雷器施工工艺

本工艺标准适用于新安装的各式避雷器安装工程。

1　引用文件

《电气装置安装工程　高压电器施工及验收规范》GB 50147—2010。避雷器、支柱绝缘子是变电所常用的高压设备，用途比较广泛。本章对这两种设备作简要介绍。

2　术语

避雷器是电力系统中一种比较主要的保护设备，它的接线方式是与其他电气设备并联。当设备运行中发生危及被保护设备的大气过电压时，它会被瞬间击穿，对大地发生放电，使积累的电量流入大地，从而将过电压限制在一定范围内，使被保护电气设备的绝缘避免击穿或受损伤，当过电压消失后，它又可以自动将工频电弧电流截断，恢复至正常运行状态。

2.1　分类

目前，我国电力系统中采用的避雷器有三大类，即管形避雷器、阀型避雷器和金属氧化物避雷器（主要是氧化锌型）。阀型避雷器又可分为普通阀型和磁吹两种。常见避雷器的型号及名称如下：

FS 型——低压配电用普通阀型避雷器；

FZ 型——电厂用普通阀型避雷器；

FCZ 型——电厂用磁吹阀型避雷器；

FCD 型——马达保护用磁吹避雷器；

GX 型——纤维管型避雷器；

GSW 型——无续流管型避雷器；

Y10W 型——氧化锌避雷器。

2.2　结构与原理

普通阀型避雷器主要有火花间隙与火花间隙并联的分路电阻组成（如 FZ 型）。

磁吹阀型避雷器主要有火花间隙、阀片和分路电阻组成。它的灭弧原理与普通型稍有不同，是采用外加磁场使电弧旋转或拉长，以使其迅速熄灭（如 FCZ 型）。

管形避雷器由内外间隙串联而成。内间隙在由特殊的产气材料制成的灭弧管内，外间隙装在灭弧管的非接地端与带电导体之间。外间隙在正常运行情况下，将灭弧管与系统电压隔离。当发生高于被保护设备绝缘水平的大气过电压时，由于两个间隙的电容量相差太多（内间隙要大），因而使外间隙上分配的电压高，外间隙首先击穿放电，外间隙产生放电，灭弧管在电弧作用下产生大量的高压气体，气体从管口喷出时，使产生的电弧在工频续流第一次过零时迅速熄灭。

金属氧化锌避雷器适用于标称电压 35～500kV 的系统，它以氧化锌电阻片为主要元件。由于这种电阻片具有良好的非线性电压-电流特性，并且在正常工频电压下呈现高电阻，所以内部氧化锌电阻片一般采用串联结构，中间带有绝缘杆为支柱物，在高电压等级（如 500kV）的避雷器内，为了均衡其电压分布，在串联的电阻片上，还串联有均匀电容，顶端装有均压环，同时，为了释放由于系统故障而造成的避雷器内部闪烁或长时间通流而升高的气体压力，防止避雷器瓷套爆炸，在避雷器两端装有压力释放装置。

3　施工准备

3.1　作业条件

3.1.1　施工前应编制施工方案或专项安全技术措施。

3.1.2　与避雷器安装有关的建筑工程质量，应符合现行国家标准的有关规定：

1　屋顶与楼板已施工完毕，不渗漏；

2　配电室的门窗应安装完毕，室内地面基层应施工完毕并在墙上标出地面标高，设备底座其周围地面应抹光，室内接地应按照设计施工完毕；

3　预埋件及预留孔应符合设计要求；

4　混凝土基础及构支架应达到允许安装的强度；

5　施工设施及杂物应干净，并应有足够的安装场地，施工道路应畅通。

3.2　材料及机具

3.2.1　主要材料

避雷器、软电缆、多股软铜线、镀锌扁钢、角钢、相色漆、钢丝绳、卡扣、花篮螺栓、桥架、铜铝排（辅助母线）、电力复合脂、标志牌、锡焊材料等。

3.2.2　机械及工具

电焊机、电钻，冲击电钻、切割机、磨光机、安全带。

3.2.3　检测设备

万用表、绝缘电阻测试仪、接地电阻测试仪，工频耐压击穿试验机。

4 操作工艺

4.1 施工工艺流程

避雷器的开箱检查→基础及构支架安前符合检查→避雷器的安前试验检验→避雷器装置的安装→接地装置的安装。

4.2 安装

避雷器安装前应首先检查避雷器有无在运输中造成的瓷套破损；瓷套与法兰联结处是否紧密、牢固；法兰接触面是否清洁，无氧化物和其他杂物；铭牌与额定电压等级是否与设计要求一致；产品出厂合格证、出厂试验报告、说明书等技术资料是否齐全。对于高电压等级的避雷器（座式）应由技术员现场考察，如安装地点是否平稳和垂直、预留孔是否合适，预埋螺栓是否恰当等。考察完毕，应编制出相应安装措施。户外座装式避雷器一般是由四个与底板绝缘的螺栓与基础固定的，所以基础一定要牢固。对于配电盘内的低压避雷器应保证固定牢固、接地可靠，并与相应部分有足够的绝缘距离。

4.2.1 对于多节式（带底座）避雷器安装要求

1 未安装前，避雷器应尽可能置于干燥环境中，且应分置，不得放倒，密封一般较可靠，不得随意拆卸。用汽车运输时，车速不得太快。

2 安装时，首先用螺栓将底座固定在水泥基础上，再将避雷器装于底座上。

3 起吊及安装时应用绳索，且只允许单节起吊，起吊过程中应避免冲击与碰撞。

4 应注意元件编号，不能装错，安装时应在法兰面涂上凡士林油或复合脂（在清理干净后）。

5 避雷器接地端应根据设计，或直接接地，或通过动作计数接地，接地电阻尽可能低。

6 避雷器与被保护设备的间隙应尽可能小。

7 避雷器安装完毕后，应与水平面垂直，各元件的中心线应在同一直线上，各元件间接触良好。

8 对装备的均压环外观检查应清洁、无损坏、无变形。安装时应格外小心，不可使之变形，并固定牢固。

9 对于避雷器的高压引线应进行检查，不应使避雷器受太大的压力。

4.2.2 安装后的试验

对于避雷器试验应在安装后（或选择安装前）进行。对于配电柜内未安装好的避雷器，也应按形式进行相应试验。安装前进行试验比较有利，可以根据试验结果来确定避雷器性能的好坏，以便决定其是否适宜安装。避雷器的形式不同，选择的试验项目也有所区别。

避雷器（包括底座）都要进行绝缘电阻测量，测量前应将瓷套表面擦干净。对于 FS 型，可以检查其密封情况，若内部受潮，其绝缘电阻将明显下降。对于 FZ 型，还能检查出并联电阻是否断裂、老化等。若并联电阻老化，断裂或接触不良，其绝缘电阻会比正常值大得多。对于金属氧化物型，可检查出其串联电阻片的情况。

其次是测量电导或泄漏电流，对于 FZ 型等有并联电阻的避雷器，主要是检查并联电阻的情况。出现老化、接触不良、断裂等情况，测得的电流将明显偏低，甚至到零。对于 FS 型，主要是用来检查其内部是否受潮。进行电流测量时（特别是对于分元件式避雷器），接线是特别需要注意的，当避雷器的接地端可以解开时，表计应尽可能接接地端；若不能断开，表计接在高压端，处于高电位。因为有杂散电流的影响，测量结果将会出现误差，所以表计及接至避雷器的引线均应加以屏蔽。

检查组合元件的非线性系数。对于有数个标准元件组成的阀型避雷器，为保证组合避雷器的电气特性，必须测量每个元件的非线性系数 a 值。a 值由正常试验电压测得的电导电流及 $1/2$ 试验电压下测得的电导电流计算得到。同一相分元件的 a 系数相差不得大于 0.05，计算公式为 $a = \lg(U_1/U_2)/\lg(I_1/I_2)$。

对于 FS 型阀式避雷器，应进行工频放电电压试验，测量避雷器的放电电压，主要是检查避雷器的保护功能。试验时，升高电压直至避雷器产生放电，电压值应在规定的范围之内。若高于规定的电压值，说明避雷器的冲击放电电压升高，保护作用也随之降低；若低于下限值，说明避雷器的灭弧电压降低，可能导致内部过电压下避雷器会动作，因此，超出规定的范围，避雷器都不能作为合格品使用。

对于金属氧化物避雷器，应测量在运行电压下的持续电流，以及对于工频参考电流下的工频参考电压或直流参考电流正气直流参考电压，可以整只或分节进行。一切试验均应在规程规定的范围内进行，并与厂家出厂试验报告进行相互参考、比较、结论合格后方可使用。

放电计数器的作用是记录避雷器的动作次数，以便掌握避雷器的使用寿命，以及了解避雷器安装处的雷电活动情况等，它主要用于 $35\sim500\mathrm{kV}$ 避雷器（阀式或金属氧化物），另外，在发电机出线避雷器处常见到，它一般与避雷器串联使用，其基本工作原理如图 11-1 所示。

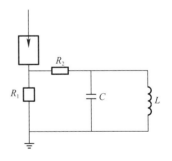

图 11-1　计数器动作原理图

R_1—碳化物电阻片；

R_2—氧化锌电阻片；C—电容；

L—计数器线圈

　　动作原理是：当避雷器击穿电流流过放电计数器时，电流的一部分经 R_1 进入大地，另一部分通过电阻 R_2 对电容 C 充电；冲击电流过去后，电容 C 上积累的电荷对放电计数器线圈 L 放电，并且带动计数器机构进行计数。

　　计数安装前，应首先检查它是否和所安装的避雷器相配套，额定电压、型号是否合乎设计要求。检查外壳有无破损，计数器动作是否可靠，并记录下相应底数。其动作可靠性可通过简单易行的方法进行，如用兆欧表对足够容量的电容充电，充足后，模拟避雷器放电，看机构是否正常，只有证明其动作确实可靠后方可安装使用。

　　安装时，应轻拿轻放以免损坏玻璃罩，将计数器的进线端子与避雷器的接地端相连；本身的底座接地线可接在其安装板上，接地螺栓联接紧密，并固定牢固；三相应面向一致，一般是面向便于巡视侧。

5　质量标准

　　执行《电气装置安装工程　高压电器施工及验收规范》GB 50147—2010 相关规定。

6　成品保护

6.0.1　避雷器的运输、保管，应符合国家现行标准的有关规定。

7　注意事项（略）

8　质量记录

8.0.1　设计变更文件、设备及材料代用单。

8.0.2　制造厂提供的产品合格证书、产品说明书、安装图纸等技术文件。

8.0.3　安装技术记录。

8.0.4　调整试验记录。

8.0.5　备品备件交接清单。

第12章　全封闭式组合电器施工工艺

本工艺标准适用于额定电压为 35～500kV 的全封闭式组合电器的安装工程的施工及验收。

1　引用文件

《电气装置安装工程　高压电器施工及验收规范》GB 50147—2010

2　术语

2.0.1　断路器

目前在 GIS 中广泛采有的 SF_6 断路器是压气式断路器（单压式），这种断路器结构简单、安装方便、运行维护工作量少，正常工作压力一般为 0.5～0.7MPa，在寒冷地区使用时，解决了 SF_6 气体的液化问题．它的行程较特别，预压缩行程较大，因而分闸时间和金属短接时间相对较长。

2.0.2　隔离开关—接地（快速）开关

GIS 所采用的隔离开关一般与接地开关组合成一个元件。接地开关很少单独构成一个元件。隔离开关被封闭在金属壳体内，因它们的绝缘间隔、隙不易被观察到，它的耐压强度完全依赖 SF_6 气体的质量和压力。只有在规定的压力下，绝缘水平才能保证，因此，必须对气压进行持续监视。

2.0.3　电流互感器

GIS 中的电流互感器可以单独组成一个元件或与套管、电缆头联合组成一个元件放在一个直径较大的筒内。筒内根据需要可放置 4～6 个单独的环型铁芯，并根据需要选择不同的电流比。由于一次侧只有一匝（导电杆），额定电流在 600A 以下时精确度一般不会高于 1 级。电流互感器二次侧有 1A 制和 5A 制两种，经密封小套管引出，供保护和测量仪表使用。正常运行时，电流互感器二次侧不得短路，且必须只有一点接地。

2.0.4　电压互感器

电压互感器一般为一独立的小室单元，300kV 及以下等级通常采用电磁式，500kV 及以上采用电容式。其内部绝缘介质为 SF_6 气体绝缘。由于其封装在金属外壳内，体积小，容量一般做得不很大。一次接高压电网，二次侧测量仪表、继电保护。正常运行时，电压互感器二次侧不得短路，且必须只有一点接地。

2.0.5　母线

母线按封装方式分为有单相单筒式和三相共筒式两种。

三相共筒式母线封闭于一个筒内，它的优点是外壳涡流损耗小，但三相布置在一个筒内，不仅动力大，而且存在三相短路的可能性，并且三相母线因直径过大难以分割气隔，使回收 SF_6 气体的工作量很大，一般在 300kV 以下电压等级中使用。

单相单筒式母线筒是每相母线封闭在一个筒内，它的主要优点是杜绝了发生三相短路的可能性，圆筒直径较同等级电压的三相母线筒小，可以分割为若干气隔，回收 SF_6 气体工作量相应减少，但是存在布置中占地面积大，加工量大和涡流损耗大的特点。

2.0.6　避雷器

目前生产的 GIS 中广泛采用氧化锌避雷器，它比磁吹避雷器具有伏秒特性低、尺寸及质量小的优点，但价格相对较贵。

2.0.7　各种用途的连接管

各种用途的连接管，如 90°三通、四通、转角管（用于扩大套管相间距离）、直线管、伸缩节等，一般宜直接选择定型规格。

2.0.8　过渡元件

过渡元件包括 SF_6 电缆头、SF_6 充油套管和 SF_6 充气套管。SF_6 电缆头是 GIS 和高压电缆出线的连接过渡部分，为避免 SF_6 气体进入油中，目前采用加强过渡处的密封或采用中油压电缆。

SF_6 充气套管是 GIS 和架空线的连接过渡部分，在套管中充入一定压力的 SF_6 气体。

SF_6 油套管是 GIS 直接和变压器的连接过渡部分，为了防止 GIS 外壳上的环流扩大到变压器上，以及防止变压器的振动传到 GIS 上，在 SF_6 油套管上有绝缘垫和伸缩节。

3　施工准备

3.1　技术准备

3.1.1　熟悉施工设计图纸和制造厂提供的各种文件资料，了解 GIS 的技术特性、结构、工作原理，以及运输、保管、检查、组装、测试、安装及调整的方法和要求，对安装工作做到心中有数。有条件时，也可到安装过同类型设备的地方参观、学习、搜集资料，建立起感性认识。

3.1.2　制定施工方案，编制作业指导书。根据施工计划和所拥有施工机具配置情况，选择最佳的施工方案，合理安排施工工序。作业指导书的内容应包括设备概况及特点、施工步骤、吊装方案、安装及调整方法、质量要求、劳动力组织、工期安排及安全措施等项内容。

3.1.3　技术交底。安装前应向全体施工人员进行质量、技术和安全交底。通过技术交底，使施工人员了解 GIS 的结构原理，技术性能，掌握其安装、调整的方法和质量工艺要求。熟悉各种材料、专用工具、仪器的使用方法，对人身、设备安全提出防范措施，避免工作中出现不应有的差错和事故。对于进口的 GIS 设备，有外方安装指导服务人员时，应认真听取外方指导人员的意见，并请外方指导人员拿出一个安装程序。

3.2　安装工、机具及材料准备

安装 GIS 所需的施工机具和测试仪器，应根据设备形式和施工现场的条件进行选择。除需要准备常用的起重、焊接、钳工、电工工具外，还需要准备一些专用工具，包括由制造厂提供的一些专有工、器具。例如：SF_6 气体回收、储存、充气及抽真空的气体处理车，烘干燥剂的烘箱，安装母线用的母线装置车，紧固螺丝用的各种规格力矩扳手，吊装用的尼龙吊带，吸尘器，SF_6 气体检漏仪，微水分析仪，气体密度检验仪，真空表，压力表，温度计，湿度计及电气特性测试仪等。

安装材料的准备包括清洗材料、润滑材料、密封材料、绝缘材料、油漆、干燥的压缩空气、氮气及 SF_6 气体等，其中氮气纯度要求不低于 99.99%。国内采购的 SF_6 气体应符合 GB 8905—88 标准见表 12-1。国外进口设备的 SF_6 气体应符合合同中的有关规定。

SF_6 气体质量标准　　　　　　　　　　　　　　　表 12-1

杂质或杂质组合	规定值（质量比）
空气（N_2 O_2）	≤0.05%
四氟化碳（CF_4）	≤0.05%
水分	≤8μg/g
酸度	≤0.3μg/g
可水解氟化物	≤1.0μg/g
矿物油	≤10μg/g
纯度	≥99.8%
毒性生物试验	无毒

3.3　GIS 的接收与保管

3.3.1　验收项目及要求

GIS 运抵施工现场后，应组织有关人员进行验收检查，设备应符合下列要求：

1　包装应无残损。

2　所有元件、附件、备件及专用工器具应齐全，无损伤变形及锈蚀。

3　瓷件及绝缘件应无裂纹及破损。

4　充有 SF_6 等气体的运输车或部件，其压力值应符合产品的技术规定。

5　出厂证件及技术资料应齐全。

3.3.2　保管要求

设备验收完后，暂时不安装的应进行妥善保管，保管应符合下列要求：

1　GIS 应按原包装置于平稳、无积水、无腐蚀性气体的场地，并垫上枕木，在室外加蓬布遮盖，并采取防雨、防火、防潮的措施。

2　GIS 的附件、备件、专用工器具及设备、专用材料应置于干燥的室内。

3　瓷件应安放稳妥，不得倾倒、碰撞。

4　充有 SF_6 等气体的运输单元，应按产品技术规定检查压力值，并做好记录，有异常情况时，应及时采取措施。

5　当保管期限超过产品规定时，应按产品技术要求进行处理。

3.4　对土建工程的验收及基础的复核

为保证 GIS 安装工作的顺序进行，在安装前应对土建工程及设备基础进行验收、复核。

3.4.1　户内、户外土建工程已基本结束，交接验收、签证完毕。

3.4.2　核对 GIS 室大门尺寸，应保证产品可顺序进入。

3.4.3　核对 GIS 分支母线伸向室外的预留孔洞的尺寸及位置，除了要保证分支母线能够伸向室外，同时还应保证分支母线安装程序的正常进行。

3.4.4　根据制造厂技术资料的规定，对基础中心线进行复核。相间、相邻间隔之间，GIS 与变压器及出线之间，X、Y 轴中心线误差应在允许的范围内。

3.4.5　基础及预埋槽钢（工字钢）的水平误差不应超过产品的技术规定。

另外，室内的起吊设施，应经试吊验收通过。

3.5　对 GIS 元件装配前进行的检查及要求

在装配前，应对 GIS 元件逐项进行检查，并达到如下要求：

3.5.1　GIS 元件的所有部件应完整无损。

3.5.2　瓷件应无裂纹、绝缘件应无受潮、变形、剥落及破损。

3.5.3　组合电气元件的接线端子、插接件及载流部分应光洁、无锈蚀现象。

3.5.4　各分隔气室气体的压力值和含力值和含水量应符合产品的技术规定。

3.5.5　各元件紧固螺栓应齐全、无松动。

3.5.6　各连接件、附件及装置性材料的材质、规格、数量应符合产品的技术规定。

3.5.7　支架及接地引线应无锈蚀或损伤。

3.5.8　密度继电器和压力表应经检验合格。

3.5.9　母线和母线筒内壁应平整无毛刺。

3.5.10　防爆膜完好。

对检查中发现的问题应做好记录，及时反馈给有关部门，有关部门应组织查明原因，拿出解决办法。

制造厂已装配好的各电器元件在现场组装时，不应解体检查，如有缺陷必须在现场解体时，应制造厂同意，并在厂方人员指导下进行。

4　操作工艺

4.1　安装工作一般应按图 12-1 所示的工序流程进行。

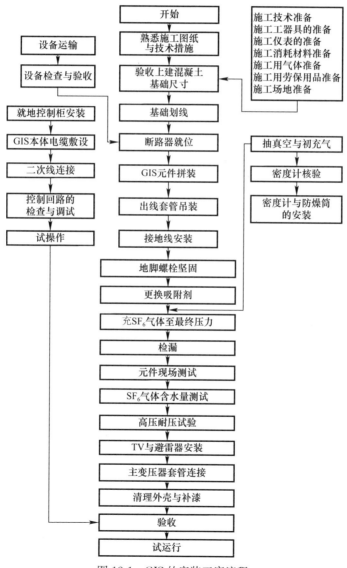

图 12-1　GIS 的安装工序流程

4.2　GIS 的安装的有关要求

4.2.1　安装工作应在无风沙、无雨雪、空气相对湿度小于 80% 和清洁的环境条件下进行。安装现场或 GIS 室可以采用地面铺塑料布防尘；户外的可以采用悬挂标示牌，禁止周围 300m 内任何产生灰尘的作业；搭接临时安装用工棚，将正在施工的设备围起来等措施。为保持施工场地的清洁，施工人员应穿清洁的专用工作服；

4.2.2　装配时，应按制造厂的编号和技术规定程序进行安装，不得混乱安装；

4.2.3　安装使用的清洁剂、润滑剂、密封脂和擦拭材料必须检验合格，符合产品的技术规定；

4.2.4　密封槽面应保持清洁、无划伤痕迹，已用过的密封垫（圈）不得使用。涂密封脂时，不得使其流入密封垫（圈）内侧面与 SF_6 气体接触；

4.2.5　盆式绝缘子应清洁、完好；

4.2.6　所有触及设备的吊套和绑扎绳应全部为尼龙绳，吊具与吊点的选用应符合产品的技术规定；

4.2.7　连接插件的触头中心应对准插口，不得卡阻，插入深度应符合产品的技术规定；

4.2.8　所有螺栓的紧固均应使用力矩扳手，其力矩值应符合产品的技术规定；

4.2.9　应按产品的技术规定更换吸附剂。

4.3　基础划线

基础划线是保证安装工作顺序开展的关键环节，划线精确，可减小安装误差，提高安装质量。划线前，应将地坪或基础清理干净，所用的经纬仪、钢尺、水平仪等量具应经检验合格，不得不使用皮带尺划线。

断路器的基础或支架应符合下列要求：

4.3.1　基础的中心距离及高度的误差不应大于 10mm。

4.3.2　预留孔或预埋铁件板中心线的误差不应大于 10mm。

4.3.3　预留螺栓中心线的误差不应大于 2mm。

4.4　断路器就位

断路器开箱后，应先半其外表面清理干净，将吊带绑在其吊点上，轻轻地吊起。调整好方向后，缓慢地放到该相中心位置，大致对正地坪所画的中心线。对于卧放在木箱内运输的立式断路器，应先将其吊到垂直位置，再慢慢放下，用地脚螺栓稍加固定，然后测量调整其水平度、垂直度及中心距离。不合适的地方可用垫片调整，使之符合技术要求。最后将地脚螺栓紧固，力矩值按厂家规定。

支架或底架与基础的垫片不宜超过三片，其总厚度不应大于 10mm，垫好后，各片间应焊接牢固。

4.5　元件的安装

元件的拼装要遵守前述的安装注意事项，GIS 元件拼装前要用干净的抹布将表面擦拭干净。运输封堵端盖在安装时才允许松掉。

4.5.1　法兰的连接。法兰对接前应先对法兰面、密封槽及密封圈进行检查，法兰面及密封槽应光洁、无损伤、对轻微伤痕可用细砂纸、油石打磨平整。封圈用白布或不起毛的探试纸蘸无水酒精擦拭干净，放入密封槽内。然后在空气一侧均匀的涂密封剂，并薄薄的均匀涂到气室外侧法兰上，如图 12-2 所示。

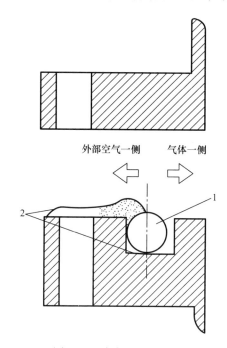

外部空气一侧　　气体一侧

图 12-2　涂密封剂的位置

涂完密封剂应立即拉口或盖封板，并注意不得使密封剂流入密封圈内侧，从涂密封剂到紧固螺栓全部拧紧，宜在 1h 内完成，否则会降低密封效果。密封剂的作用是使密封圈与空气隔绝，防止密封圈老化，保护金属法兰面不生锈。

法兰合拢前，应先检查母线筒内，应清洁、无遗留物品，并做好施工记录。连接时，先将四根导销对地插入法兰孔中，导销全部长度应能自如地插入，没有卡阻现象。如发现导销插入困难，表明法兰面没有对平，此时应使法兰左、右、上、下移动一下，将法兰面对平，使导销能自如地插入法兰中，然后慢慢地将法兰靠拢。当两法兰靠不拢时，用法兰夹对称地平住法兰两侧，收紧法兰夹使法兰靠拢，然后在与导销对称的四个螺孔中插入螺栓，并相间地拧紧（用力矩扳手按厂家提供的紧固力矩拧紧）。

4.5.2 母线的安装。母线段有的是厂家组装好的，有的则需现场组装。厂家组装好的母线段，一般两端均有锥形运输罩，安装时也比较方便，先卸去端部的运输罩，用尼龙绳从螺丝孔内伸出吊住母线筒，然后起吊这个母线段，慢慢与已完装好的设备进行连接。母线对接上、法兰面接近合拢时，将尼龙绳取出。装好一段好，再拆卸另一端的运输罩，仍按上述方法进行母线安装。对于散装的母线段，可采用厂家提供的专用工具进行安装。

母线安装时，应先检查表面及条状触指有无生锈、氧化物、划痕及凹凸不平处，如有则采用 00 号砂纸将其处理干净平整，并用清洁的白布沾无水酒精洗净触指内上部，在触指上涂上薄薄的一层电力复合脂，如不立即安装应先用塑料纸将其包好。安装时将母线放在专用小车上，推进母线筒到刚好与触头座接触上，如图 12-3（a）所示；然后用母线插入工具，将母线完全推进触头座内，如图 12-3（b）所示；提起母线的悬空端，将母线装卸小车拉出，如图 12-3（c）所示；用尼龙绳系好母线悬空端，使母线处于正中位置，如图 12-3（d）所示；如果是垂直母线段安装，则在母线悬空端装上母线夹紧和定心工具进行安装。

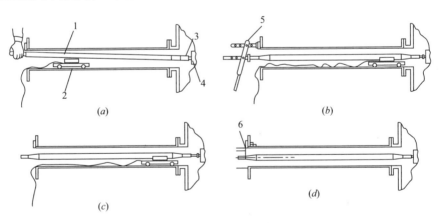

图 12-3　母线安装顺序图

（a）母线刚接触；（b）母线完全插入；（c）退母线小车；（d）固定母线

1—母线；2—小车；3—触头；4—触头座；5—母线插入工具；6—尼龙绳

4.6　隔离开关与接地开关操作机构的安装

隔离开关与接地开关的操作机构的安装因厂家而异。有些电动操作和手动操作在一个机构上，有些是分开的，这类开关各相之间要进行操作的连接工作，安装时应按图纸进行。

操作机构安装好后，应进行机构行程驱动转矩和闭合深度的检查。

4.6.1 机构行程检查。将操作方式旋钮置于"手动操作"，用曲柄转动操作机构，使其在闭合位置，在机构上作手柄位置标记，然后反向旋转，直到断开位置，计数曲柄转数，应与厂家所提供数据相符，整个转动过程应无卡涩、无异常、力度均匀。

4.6.2 驱动转矩检查。

将有刻度的力矩扳手卡在伞齿轮箱的轴上，从"合"、"分"两个方向测量整个行程的最大转矩值，并作好相应记录。

4.6.3 闭合深度的检查。在开关动、静触头之间接入一指示灯，用操作手柄进行闭合操作。从指示灯发亮时计数曲柄的转数，直到动触头完全插入到静触头的闭合位置为止，其转数应在厂家提供的转数范围内。

4.6.4 电动操作。当二次接线完成，操作电源送入后，可进行电动操作。电动操作之前应检查驱动电机的转向。先用手柄转动操作机构以额定转数的一半，使开关处于半合闸状态，抽出手柄，将操作方式置于"电动操作"位置，此时手柄应不再能插进去，用合闸命令检查电机转向及开关的动作是否正确，然后再进行"分"、"合"试操作。

4.6.5 连锁检查。接地隔离开关处于"闭合"位置，将操作方式按钮放在"手动操作"位置，应确保不能电动合闸，然后将旋转放在"非工作闭合"位置，应不能进行电动操作，也不能插入手柄。旋钮应能用挂锁锁住，然后将旋钮放在电动操作位置，确保挂锁能实行连锁。接地开关处于"断开"位置，将旋钮放在"非工作断开"位置，然后检查能否用挂锁锁住旋钮，并作相应记录。

4.7　套管的吊装

220kV 及 500kV GIS 高压套管的安装是一项十分细致谨慎的工作。由于套管长度较长、质量大、吊装距离较高，且怕碰撞，因此，在吊装前应认真研究好吊装方案，选好吊点，一般宜采用尼龙绳带进行起吊，以保护瓷套管不受损伤。吊装前应将套管清理干净，并将有关试验检查项目做完。起吊时，应防止一头在地面上出现拖划现象，必要时可采用链条葫芦辅助起吊。吊离地面后，卸下套管尾部的保护罩，清理套管的盆式绝缘子和导电触头，然后将套管的触头对准母线筒上的触头座，移动套管支架，使其螺丝孔正对套管支座的螺孔、用螺栓固定，最后用力矩扳手紧固支座的螺栓。

4.8　更换吸附剂、抽真空及初充气

4.8.1　更换吸附剂。抽真空之前，必须对现场安装的气室进行吸附剂更换。更换不能安排在雨天和相对湿度大于80％的情况下进行，吸附剂从包装箱中取出到装入产品的时间不应超过2h，更换后应尽快进行抽真空处理。

4.8.2　抽真空。安装完密封段气室及时抽真空和充气的目的为了防止水分进入GIS内部。断路器气室一般抽真空8~12h，其他气室一般6~8h。真空度在133Pa以下保持4h没有变化，即可充入合格的SF_6气体或N_2气，若有变化，则应查明原因，处理后重新抽真空。

注意：若是采用真空泵抽真空时，必须防止真空泵突然停止或因误操作引起真空泵中的润滑油倒灌事故。

4.8.3　初充气。抽真空与初充气可以利用专用充气小车来进行。由于GIS内外之间存在着水蒸气压力差，因此充入GIS内部的气体压力不能太低，同时考虑到盆式绝缘子单侧受压能力不高，初充气体的压力一般为额定压力的一半。

4.8.4　GIS气室充气。GIS充气作业因厂家而异，一种为抽真空直接充入SF_6气体，另一种是抽真空后，先充入N_2气测量其含水量合格后，排出N_2气，再充入SF_6气体，具体步骤如下：

1　直接充SF_6气体。当气体处理回收车将GIS室里的气体排往大气或回收，当气室里的压力与大气相等时，开始抽真空。抽真空完毕，观察2h，真空度没有下降，即可充入合格的SF_6气体。为了不使盆式绝缘子单侧受压，充气分两次进行，第一次充气到额定压力的一半，第二次充气至额定压力。

2　间接充SF_6气体法。将每个气室的N_2气放掉，直到与大气压力相等，然后用真空泵抽真空，真空抽到65Pa时停止30min。然后根据厂家提供的各气室的充气压力值，充以微水含量小于50ppm的N_2气，当气室的N_2气充到额定值时，逐渐卸放压力到100kPa，并稳定12h，测量含水量，如不满足则重复上述过程，如合格则排氮并抽真空到64Pa，停30min后，充经检验合格的SF_6气体。

SF_6气体的充注，要升到额定压力为止，稳定3~8天后测量气体的含水量。若不合格，则必须重复进行，额定压力值要按充气时的气温和大气压力换算。

额定的充气压力值P_N必须根据当时环境温度的当时的大气压力来校正，前者的影响用校正值C_1表示，后者的影响有校正值C_2表示，因此实际的充气压力值P_r应按列式换算：

$$P_r = P_N + C_1 + C_2 \qquad (式12-1)$$

式中　　P_N——额定压力值，即温度为20℃、大气压力在101.3kPa时的值；

C_1——温度校正系数，可从图12-4中查得；

C_2——大气压力校正系数，可从表12-2中查得。

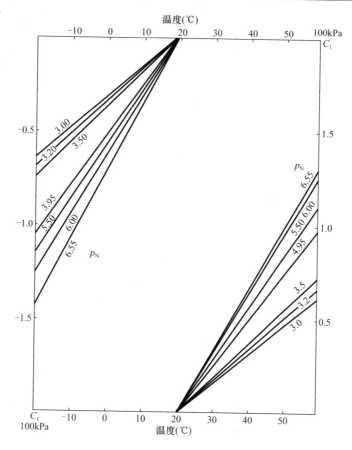

图 12-4　压力和温度的校正曲线

与大气压力有关的校正值

表 12-2

大气压力（kPa）	校正值 C_2（kPa）	大气压力（kPa）	校正值 C_2（kPa）
105.2	−4.0	86.6	14.5
103.9	−2.5	85.2	16.0
102.6	−1.5	83.9	17.5
101.3	0	82.6	18.5
99.9	1.5	81.3	20.0
98.6	2.5	79.9	21.5
97.2	4.0	78.6	22.5
95.9	5.5	77.3	24.0
94.9	6.5	75.9	25.5
93.2	8.0	74.6	26.5

续表

大气压力（kPa）	校正值 C_2（kPa）	大气压力（kPa）	校正值 C_2（kPa）
91.9	9.5	73.3	28.0
90.5	10.5	71.9	29.5
89.2	12.0	70.6	30.5
87.9	13.5	69.3	32.0

4.9　GIS 的常规试验

4.9.1　主回路直流电阻试验

GIS 是多元件的组合电器，在完成设备组装和导体连接后，应进行主回路电阻的测定，以判断安装质量。测得的主回路电阻值不应超过产品技术条件规定的 1.2 倍，否则认为接触不良需要处理。因为 GIS 额定电流大，导体截面积大，用电桥测量一般不宜发现问题，所以必须用电流电压法进行测量，测量电流值要不小于 $50\sim100A$ 或按照厂家规定。这样既准确又易发现接触不良的问题。测量回路原理如图 12-5 所示。合上按钮 S1 后，被测回路即有电流通过，使用毫伏表在不同的部位进行测量，即可根据欧姆定律计算了回路的电阻（此值包括回路的固有电阻）。为提高测量的准确性，应注意电流回路导线不宜太细，否则影响回路电流值。

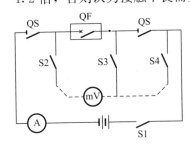

图 12-5　回路电阻测量线路图

4.9.2　主回路的耐压试验

主回路的耐压试验程序和方法，应按产品技术条件的规定进行，试验电压值为出厂试验电压值的 80%。对于引进的 GIS，交流耐压应按照供货合同规定的程序和标准进行。

现场交流耐压试验时，GIS 内部如有微量杂质或毛刺时，升压过程中可能会发生试验性闪络，即未达到规定试验电压仪器就自动跳闸，并可能出现多次，这是允许的，故在加电压时，需逐步递增，先升到相压电压停留 15min，若能在规定值下耐压试验 1min，表示杂质或毛刺已清除，其交流耐压试验通过。

根据国际标准，还需做局部放电和超声波测量，此项试验可同耐压试验一起进行，当升到相电压时，即可进行局部放电和超声波测量，其值应符合厂家要求。

4.9.3　SF$_6$ 气体泄漏检查

采用灵敏度不低于 1×10^{-6}（体积比）的检漏仪对各气室密封部位、管道接头等处进行检测时，检漏仪不应报警。或采用收集法进行气体泄漏测量，以 24h 的漏气量换算，每一个气室年漏气率不应大于 1%。

年漏气率的计算公式：

$$q = \frac{364 \times 24}{1000} \times \frac{Q}{\left(\dfrac{p_N}{0.101} + 1\right) \times V_1} \times 100\% \qquad (\text{式 } 12\text{-}2)$$

其中　$Q = V \cdot M / T \times 10^{-6}$

式中　q——年漏气量的百分数；

　　　Q——漏气速率，l/h；

　　　V——所检查设备和胶纸袋的空间体积，L；

　　　M——漏气探测仪的指示值 ppm（V）；

　　　p_N——额定压力，MPa；

　　　T——胶带安装全部时间，h；

　　　V_1——所检查设备的气体体积，L。

注意：泄漏值的测量应在 GIS 气室充气 24h 后进行，各气室的年漏气率计算后应进行记录。

4.9.4　测量 SF_6 气体微量水含量

SF_6 气体微量水含量，应符合：有电弧分解的隔离，应小于 150ppm；无电弧分解的隔离，应小于 500ppm。

微量水含量的测量应在封闭式组合电器充气 24h 后进行，测量位置为 GIS 每个 SF_6 气体间隔的阀门处。

4.9.5　气体密度继电器、压力表和压力动作阀的校验

SF_6 气体密度继电器是带有温度补偿的压力测量装置，它能区分 SF_6 气室的压力变化是由于温度变化还是由于严重泄漏引起的不正常压降。因此安装气体密度继电器前，应先检验其本身的准确度，然后根据产品技术条件的规定，调整好补气报警。闭锁合闸、分闸及重合闸等的整定值。

压力表和压力动作阀也应根据其产品技术规范进行校验整定。压力表指示值的误差及其变差，均应在产品相应等级的允许误差范围之内。

有条件的地方，应在试验内用合格的同种介质进行校验；条件不具备时，只要有出厂试验报告，现场可不再做校验，但应在设备充气时，创造条件，作比对性的检查，并记录其动作值。

4.9.6　其他元件的试验

GIS 的断路器、隔离开关、负荷开关、接地开关、避雷器、互感器、套管、母线等在尽可能的情况下应按其各自标准进行试验，但对无法分开的设备可不单

独进行。

5 质量标准

执行《电气装置安装工程 高压电器施工及验收规范》GB 50147—2010 相关规定。

6 成品保护

6.0.1 GIS 的运输、保管，应符合国家现行标准的有关规定。

7 注意事项（略）

8 质量记录

8.0.1 设计变更文件、设备及材料代用单。

8.0.2 制造厂提供的产品合格证书、产品说明书、安装图纸等技术文件。

8.0.3 安装技术记录。

8.0.4 调整试验记录。

8.0.5 备品备件交接清单。

第 2 篇　电气调试标准

第 13 章　避雷器调试标准

本工艺标准适用于组合式过电压保护器、氧化锌避雷器试验

1　引用标准

《电气装置安装工程　电气设备交接试验标准》GB 50150—2016
《建筑电气工程施工质量验收规范》GB 50303—2015
《施工现场临时用电安全技术规范》JGJ 46—2005
《电力建设安全工作规程—火力发电厂》DL 5009.1—2014

2　术语

组合式过电压保护器：一种新型的电压保护器，它主要应用于发电、供电和企业的用电系统中。

3　施工准备

3.1　作业条件

3.1.1　编制调试施工方案。

3.1.2　熟悉图纸，了解设备的型号、规格、材质等情况。

3.1.3　详细阅读设备使用说明书，了解设备的技术参数，掌握校验方法。

3.2　材料及设备

3.2.1　辅助材料

绝缘塑料带、警戒带、接地线、棉纱。

3.2.2　机械与工具

电工工具、万用表、对讲机、照明用具。

3.2.3 检测设备

检测设备　　　　表13-1

名称	规格	型号	检测范围	数量
高低压兆欧表	2500V	GS8671B	0～19990MΩ	1
试验变压器	50kV	GYJ-10/50	0～50kV	1
高压分压器	100kV	GFC-100kV	0～100kV	1
串联谐振		HDSR		若干
试验导线				若干

4　操作工艺流程

4.1　工艺流程

工作准备→测量绝缘电阻→交流耐压试验或直流耐压试验→设备恢复。

4.2　工作准备

4.2.1　检查机具设备电池是否完好，电压是否满足要求。

4.2.2　检测设备通电检查，显示屏显示正常，各键灵活有效。

4.3　测量绕组绝缘电阻

4.3.1　运用2500V摇表测量避雷器高压引线对地的绝缘电阻、吸收比。

4.3.2　读取60s的测量值。

4.4　交流耐压试验（直流耐压试验）：参照交、直流耐压标准执行。

4.5　现场恢复：试验结束后如果没有异常，恢复设备及电缆原有连接状况。

5　质量标准

5.1　金属氧化物避雷器及基座绝缘电阻测量，应符合下列要求：

5.1.1　35kV以上电压等级：采用5000V兆欧表，绝缘电阻不应小于2500MΩ。

5.1.2　35kV及以下电压等级：采用2500V兆欧表，绝缘电阻不应小于1000MΩ。

5.1.3　基座绝缘电阻不应低于5MΩ。

5.2　金属氧化物避雷器直流参考电压和0.75倍直流参考电压下的泄漏电流应符合下列规定：

5.2.1　金属氧化物避雷器对应于直流参考电流下的直流参考电压，整支或分节进行的测试值，不应低于现行国家标准《交流无间隙金属氧化物避雷器》GB 11032规定值，并应符合产品技术条件的规定。实测值与制造厂实测值比较，其允许偏差应为±5%。

5.2.2　金属氧化物避雷器0.75倍直流参考电压下的泄漏电流值不应大于

$50\mu A$，或符合产品技术条件的规定。750kV 电压等级的金属氧化物避雷器应测试 1mA 和 3mA 下的直流参考电压值，测试应符合产品技术条件的规定；0.75 倍直流参考电压下的泄漏电流值不应大于 $65\mu A$，尚应符合产品技术条件的规定。

5.2.3　试验时若整流回路中的波纹系数大于 1.5% 时，应加装滤波电容器，可为 $0.01\sim0.1\mu F$，试验电压应在高压侧测量。

5.3　检查放电计数器的动作应可靠，避雷器监视电流表指示应良好。

5.4　工频放电电压试验

5.4.1　工频放电电压，应符合产品技术条件的规定。

5.4.2　工频放电电压试验时，放电后应快速切除电源，切断电源时间不应大于 0.5s，过流保护动作电流控制在 0.2A～0.7A 之间。

6　成品保护

6.0.1　注意保持避雷器整体干净。

6.0.2　避雷器高压引线接线端应不受外力作用，接地线连接可靠。

7　注意事项

7.1　应注意的质量问题

7.1.1　检查试验设备均在检定有效期内，保证试验数据的准确性。

7.1.2　试验数据做好记录，原始数据要保存。

7.2　应注意的安全问题

7.2.1　测量前后应充分放电。

7.2.2　试验过程中要用安全警戒线做好隔离措施，防止发生触电危险。

7.2.3　试验设备要做好接地，保证接地可靠有效，确保试验人员人身安全。

8　质量记录

8.0.1　工程设计说明及图纸资料。

8.0.2　设备出厂技术说明书。

8.0.3　交接试验报告。

第14章 电力变压器调试标准

本标准适用于各种常用单相、三相电力变压器、Z型变压器的交接试验。

1 引用标准

《电气装置安装工程电气设备交接试验标准》GB 50150—2016

《建筑电气工程施工质量验收规范》GB 50303—2015

《施工现场临时用电安全技术规范》JGJ 46—2005

《电力建设安全工作规程 火力发电厂》DL 5009.1—2014

2 术语

变压器有载调压

一种变压器分接开关调压方式，可以实现不断电进行电压调节，而无载调压必须停电后才能采用分接开关来调节。

3 施工准备

3.1 作业条件

3.1.1 已编制调试方案且交底完成。

3.1.2 变压器已就位，安装已全部结束（包括变压器的油枕、散热片、瓦斯继电器等附件），变压器室封闭完成，变压器本体清理干净。

3.1.3 检查变压器的油位是否满足技术要求，变压器瓦斯继电器两端及散热片与变压器之间的阀门是否全开，释放瓦斯继电器里面的气体及除去压力释放阀的压板。

3.2 材料及设备

3.2.1 辅助材料

绝缘塑料带、警戒带、接地线、棉纱。

3.2.2 机械与工具

电工工具、万用表、对讲机、照明用具。

3.2.3 检测设备

具体如表14-1所示。

检测设备　　　　　　　　　表 14-1

名称	规格	型号	检测范围	数量
全自动变比测试仪	工作电源 AC220V	GBZ-6000A	0.8～10000	1
直阻测试仪	5A	GZZ-3000B	1mΩ～20kΩ	1
高压兆欧表	2500V	GS8671B	0～19990MΩ	1
试验变压器	50kV	GYJ-10/50	0～50kV	1
高压分压器	100kV	GFC-100kV	0～100kV	1
试验导线				若干

4　操作工艺

4.1　工艺流程

工作准备→测量绕组的绝缘电阻→紧固件及铁芯绝缘电阻→测量绕组直流电阻→检查所有分接头电压比、组别及极性→绝缘油试验→有载调压切换装置检查试验→变压器介质损耗因数及电容量试验→交流耐压试验→直流耐压试验→冲击合闸试验。

4.2　工作准备

4.2.1　检查机具设备电池是否完好，电压是否满足要求。

4.2.2　检测设备通电检查，显示屏显示正常，各键灵活有效。

4.3　测量绕组绝缘电阻

4.3.1　运用 2500V 摇表测试变压器高压侧对地及高压侧对低压侧的绝缘电阻、吸收比，运用摇表测试低压侧对地的绝缘电阻、吸收比。

4.3.2　读取 60s 的测量值。

4.4　紧固件及铁芯绝缘电阻

4.4.1　拆开变压器铁芯接地螺丝，运用摇表测试铁芯对地绝缘，夹件有外引接地线时需测量其对地绝缘。

4.4.2　采用 2500V 兆欧表测量，持续时间为 1min，应无闪络及击穿现象。

4.4.3　进行器身检查的变压器，应测量可接触到的穿芯螺栓、轭铁夹件及绑扎钢带对铁轭、铁芯、油箱及绕组压环的绝缘电阻。当轭铁梁及穿芯螺栓一端与铁芯连接时，应将连接片断开后进行试验。

4.5　测量绕组直流电阻

4.5.1　直流电阻测试仪可靠接地，连接测试线，接通交流电源。

4.5.2　接好温度试品探头，在主菜单界面的右下角显示温度，接线图如图 14-1。

图 14-1　接线图

4.5.3　进入测试仪器界面，选择"直阻测量"进入直阻测量界面开始测量，仪器加载电流，如图 14-2 所示。

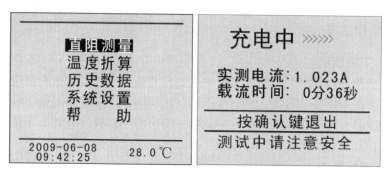

图 14-2　直阻测量界面示意图

4.5.4　测试电阻值稳定后，按确认键，停止测试并消弧退出，如图 14-3 所示。

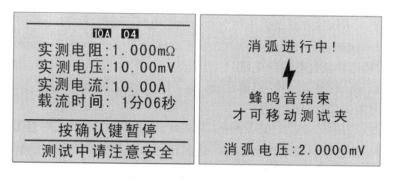

图 14-3　停测界面示意图

4.6　检查所有分接头电压比、组别及极性

4.6.1　参照变比电桥接线图将试验导线连接，高低压测试线分别接变压器的高、低压侧相端子，注意不要接反。黄色夹子为 A/a 相，绿色夹子为 B/b 相，红色夹子为 C/c 相，黑色夹子为中性点 O/o 相。根据被试品情况对应接线，不用的测试线夹悬空开路，如图 14-4 所示。

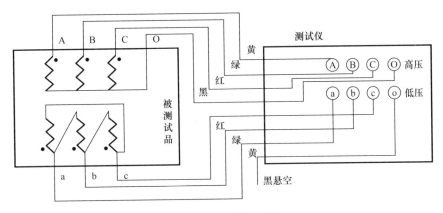

图 14-4　测试线示意图

4.6.2　打开电源开关，在主菜单设置参数。设置三相变压器的联接组别、分接类型、高压侧电压、低压侧电压、当前分接档位等。设置完成后把光标移到"测试"位置上，按"确认"键进行参数测试，仪器会自动计算出每项的变比和变比误差率及组别标号。

4.7　绝缘油试验：用取油杯在变压器放油处取变压器油样，调节好油杯的放电间隙，将取好的油样放入油杯，待油静止后运用交流试验变压器对油进行放电试验。绝缘油简化试验及色谱分析应将油样放置在专业试验室中进行。

4.8　有载调压切换装置检查试验：变压器无电压下，手动、电动操作调压切换装置，手动不少于 **2** 个循环，电动不少于 **5** 个循环，同时保证电动操作电源电压为额定电压的 **85%** 以上。

4.9　变压器绕组连同套管的介质损耗因数及电容量试验（详见高压电器设备介损试验标准）

4.10　交流耐压试验（详见交流耐压及串联谐振耐压试验标准）

4.11　直流耐压试验（详见直流耐压试验标准）

4.12　冲击合闸试验：通过合闸断路器进行冲击合闸试验，检查变压器起动及运行状况。

5　质量标准

5.1　变压器绕组、铁芯及夹件的绝缘电阻

5.1.1　变压器绕组连同套管的绝缘电阻值不低于产品出厂试验值的 70% 或不低于 10000MΩ（20℃）。

5.1.2　变压器电压等级为 35kV 及以上且容量在 4000kVA 及以上时，应测量吸收比。吸收比与产品出厂值相比应无明显差别，在常温下不应小于 1.3；当

R60s 大于 3000MΩ（20℃）时，吸收比可不做考核要求。

5.1.3　变压器电压等级为 220kV 及以上或容量为 120MVA 及以上时，宜用 5000V 兆欧表测量极化指数。测得值与产品出厂值相比应无明显差别，在常温下不应小于 1.5；当 R60s 大于 10000MΩ（20℃）时，极化指数可不做考核要求。

5.1.4　应测量铁芯对地绝缘电阻、夹件对地绝缘电阻、铁芯对夹件绝缘电阻。

5.1.5　铁心必须为一点接地；变压器上有专用的铁心接地线引出套管时，应在注油前后测量其对外壳的绝缘电阻。

5.2　绕组直流电阻测量

5.2.1　测量应在各分接的所有位置上进行。

5.2.2　1600kVA 及以下三相变压器，各相绕组相互间的差别不应大于 4％；无中性点引出的绕组，线间各绕组相互间差别不应大于 2％；1600kVA 以上变压器，各相绕组相互间差别不应大于 2％；无中性点引出的绕组，线间相互间差别不应大于 1％。

5.2.3　变压器的直流电阻，与同温下产品出厂实测数值比较，相应变化不应大于 2％；不同温度下电阻值按要求进行换算。

5.3　检查误差、接线组别和极性

5.3.1　所有分接的电压比应符合电压比的规律。

5.3.2　电压等级在 35kV 以下，电压比小于 3 的变压器电压比允许偏差不超过 ±1％；其他所有变压器额定分接下电压比允许偏差不超过 ±0.5％；其他分接的电压比应在变压器阻抗电压值（％）的 1/10 以内，且允许偏差应为 ±1％（与制造厂铭牌数据相比）。

5.3.3　检查变压器的三相接线组别和单相变压器引出线的极性，必须与设计要求及铭牌上的标记和外壳上的符号相符。

5.4　绝缘油

绝缘油试验类别应符合交接试验标准中绝缘油相关规定，其中油中含气量的测量，应按规定时间静止后取样测量油中的含气量，电压等级为 330kV～750kV 的变压器，其值不应大于 1％（体积分数）。

6　成品保护

6.0.1　注意保持变压器整体干净。

6.0.2　变压器高低压接线端不受外力作用，高低压套管不受力。

6.0.3　变压器油如需添加时一定要告知试验人员，经过试验人员允许方可。

7　注意事项

7.1　应注意的质量问题

7.1.1　检查试验设备均在检定有效期内，保证试验数据的准确性。

7.1.2　试验数据做好记录，原始数据要保存。

7.1.3　绕组直流电阻应测量多次后取其平均值，测量时注意变压器外部接线的影响。

7.1.4　油击穿试验中取油时注意取油杯必须干燥且无杂物，放油处必须干净且放去部分油后再取样保证油不受其他污染。

7.1.5　电动、手动操作机构均无卡涩、连动现象，电气和机械限位正常。在变压器带电条件下进行有载调压电动操作，动作应正常，各侧电压应在系统电压允许范围内。

7.2　应注意的安全问题

7.2.1　试验前后应对被试设备进行充分放电。

7.2.2　变压器变比及其他测量中应与一次触头留有局够安全距离，防止电压从二次测引入。

7.2.3　试验过程中要用安全警戒线做好隔离措施，防止发生触电危险。

7.2.4　试验设备要做好接地，保证接地可靠有效，确保试验人员人身安全。

8　质量记录

8.0.1　工程设计说明及图纸资料。

8.0.2　设备出厂技术说明书。

8.0.3　交接试验报告。

第15章 串联谐振耐压试验标准

本工艺标准适用于发电机、变压器、断路器、高压电动机、套管、电抗器等单体设备的交流耐压试验，试验电压等级高及被试设备电容量大的场合。

1 引用标准

《电气装置安装工程电气设备交接试验标准》GB 50150—2016
《建筑电气工程施工质量验收规范》GB 50303—2015
《施工现场临时用电安全技术规范》JGJ 46—2005
《电力建设安全工作规程—火力发电厂》DL 5009.1—2014

2 术语

串联谐振

在电阻、电感及电容所组成的串联电路内，当容抗 XC 与感抗 XL 相等时，即 XC＝XL，电路中的电压 U 与电流 I 的相位相同，电路呈现纯电阻性，这种现象叫串联谐振。通过调整容抗和感抗获得高电压输出的设备称串联谐振试验设备。

3 施工准备

3.1 作业条件

3.1.1 串联谐振耐压试验应在被试设备绝缘电阻、直流电阻等常规试验项目做完且合格以后进行试验，若有缺陷或异常，应在排除缺陷（如受潮时要干燥）或异常后再进行试验。

3.1.2 试验前应将被试设备的绝缘表面擦拭干净，对多油设备按有关规定使油静置一定时间。

3.1.3 试验现场应围好遮拦，挂好标志牌，并派专人监视。

3.2 材料及机具

3.2.1 辅材

绝缘塑料带、警戒带、警示牌、接地线、棉纱等。

3.2.2 机具

电工工具、万用表、对讲机、照明用具等。

3.2.3　检测设备

具体如表 15-1 所示。

检测设备　　　　　　　　　　　　　　　　　　　表 15-1

序号	名称	型号	检测范围	数量
1	变频控制箱	HDSR-F-F8	30~300Hz	1
2	励磁变压器	HDSR-F	0~1.36kV×4	1
3	谐振电抗器 A	HDSR-F-L26/26	26kV　1.0A	4
4	谐振电抗器 B	HDSR-F-L22/36	22kV　1.65A	1
5	电容分压器			1
6	负载补偿电容器			1

4　操作工艺

4.1　工艺流程

工作准备→参数设置→电抗器配置方案选择、谐振频率选择→耐压试验→试验结果及数据查询→现场恢复。

4.2　工作准备

4.2.1　编制调试方案，作好现场技术、安全交底。

4.2.2　串联谐振控制箱通电检查，显示屏显示正常，各键灵活有效。

4.2.3　参照技术资料完成试验接线，如图 15-1 所示，作好升压准备。

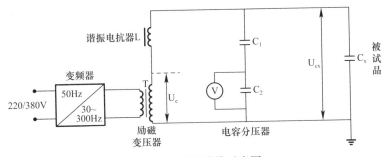

图 15-1　试验接线示意图

4.3　参数设置

4.3.1　设定高压：根据确认的被试品试验电压值，在"参数设置界面"中设置该参数。试验过程中，当实际高压测量值达到"设定高压"时，屏幕上的计时器自动开始计时。

4.3.2　过压整定：设定范围为大于等于 1.1 倍"设定高压"值，当该参数小于 1.1 倍"设定高压"值时，软件自动调整到 1.1 倍"设定高压"值。试验过程中，当实际高压测量值达到及超过"过压整定"设置值时，软件自动关闭控制主回路，切断高压输出。

4.3.3　设定时间：设置试验过程的试验时间，一般设定为 1min。试验过程中，当实际高压测量值达到"设定高压"设置值时，屏幕上的计时器自动开始计时。当计时值到达"设定时间"时，在手动模式中有蜂鸣声及屏幕字符提示用户；在自动模式中，则开始自动降压。

4.3.4　试验模式：一般都有手动和自动两种试验模式（试验时应优先选用自动模式）。

1　手动试验模式：进入"试验界面"后，通过自动调谐或手动调谐、手动调节升压、自动计时、自动降压等完成试验，电压回零后切断电源。

2　自动试验模式：进入"试验界面"后，用【功能】钮选择"开始"后，自动升压至"设定高压"值，自动计时开始时，计时值到达"设定时间"时自动降压至零，并自动将屏幕切换到"试验结果"界面。

4.3.5　日期时钟：设定实时日期及时钟，保证试验结果中记录到试验时的准确时间。

4.3.6　其他参数设定：根据不同的设备进行相应的设置。

4.4　电抗器配置方案选择、谐振频率选择

4.4.1　先计算后配置：试验前先运用介损测试仪测出被试品的对地电容 C_1，由公式 $f = 1/2\pi\sqrt{LCX}$ 可得要达到要求的频率需在回路中串接的电抗值为 $L = 1/(2\pi f)^2 C_1$，同时根据试验电压的标准由公式 $I = 2\pi fCXUCX$ 可得通过被试品及电抗器的电流 $I = 2\pi fC_1 UCX$，有了回路的电抗值及通过电抗器的电流我们就不难配置电抗器的数量及连接方式，当串接单台电抗器电抗值或电流值不能满足要求时，我们可以将多台电抗器通过串联、并联或串并联的方式来达到试验要求，如图 15-2～图 15-4。

4.4.2　先配置后调整：试验接线完成后运用手动或自动调频方式找到现在方式下的谐振频率，选择手动调谐时先调节【电压】按钮，使指针电压表指示约在 20V 电压，手动调节【频率】钮，使屏幕中的试验电压达到最大值，此时的频率就为现在方式下的谐振频率 f_1。选择【自动调谐】，按动【功能】钮即开始自动调谐，指针电压表约有 20V 电压指示，调谐时按频率模式所选的频率范围从低到高进行频率扫描，频率到达最高点后继续在谐振点附近进行精确调谐得到现在方式下的谐振频率 f_1。由公式 $f = 1/2\pi\sqrt{LCX}$ 可得被试品对地的电容值为 $C_1 = 1/(2\pi f)^2 L$，同时也可求得要达到要求的频率需在回路中串接的电抗值为 $L = 1/(2\pi f)^2 C_1$。

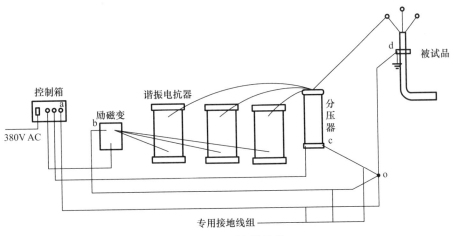

图 15-2　电抗器并联

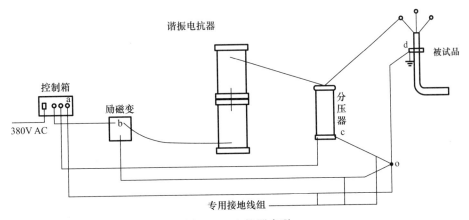

图 15-3　电抗器串联

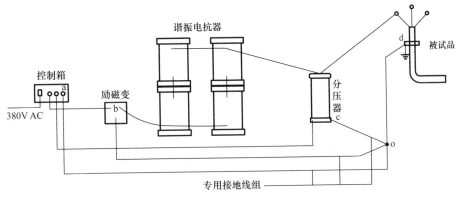

图 15-4　电抗器串并联

同时根据试验电压的标准由公式 $I=2\pi fCXUCX$ 可得通过被试品及电抗器的电流 $I=2\pi fC_1UCX$，有了回路的电抗值及通过电抗器的电流我们就不难配置电抗器的数量及连接方式。

4.5　耐压试验操作

电抗器配置方案与谐振频率选择好后按照选好的方案连接仪器及被试品，检查无误后就可开始进行试验操作，试验有手动与自动两种方式。

4.5.1　手动试验：

1　频率调整： 进入试验界面后接通高压。选择自动调谐，或手动调谐时先调节【电压】按钮，使指针电压表指示约在20V电压，手动调节【频率】钮，使屏幕中的试验电压达到最大值，调节【电压】旋钮使试验电压升至设定电压，计时器自动计时到设定时间并提示，调节【电压】旋钮使试验电压降至零，断开高压屏幕自动切换到"试验结果"界面。

1) 自动调谐：旋转【功能】钮选择【自动调谐】，按动【功能】钮即开始自动调谐，指针电压表约有20V电压指示，调谐时按频率模式所选的频率范围从低到高进行频率扫描，频率到达最高点后继续在谐振点附近进行精确调谐，装置自动找到谐振频率。启动自动调谐时，必须是屏幕进入试验界面后未顺势针旋动【电压】旋钮，否则禁止自动调谐。

2) 手动调谐：旋转【功能】钮选择【手动调谐】，先调节【电压】按钮，使指针电压表指示约在20V电压，手动调节【频率】钮，通过初调和细调使屏幕中的试验电压达到最大值，此时的频率为谐振频率。

2　电压调节： 顺时针旋转【电压】旋钮为升压。控制好电压的调节速度，当试验电压达到设定电压并停止调整后，系统能自动跟踪稳定试验电压，如又手动调整了试验电压，则系统按新的试验电压值进行跟踪。

3　计时： 当试验电压达到设定电压时，自动清零并开始计时，计时值达到设定时间时蜂鸣器及信息提示进行降压操作。

4　试验结束： 逆时针旋转【电压】旋钮为降压，电压降为零，屏幕切换到"试验结果"界面。

4.5.2　自动试验

进入试验界面接通高压，用【功能】钮选择【开始】即开始自动试验，试验顺序是自动调谐、自动升压、试验电压到达设定电压后自动开始计时并自动跟踪电压，计时值达到设定时间后自动降压，试验电压回零后自动关闭主回路，屏幕切换到"试验结果"界面。如需终止试验，则强行中断高压，屏幕切换到"试验结果"界面。

4.6　试验结果及数据查询

4.6.1　如试验时无异常且达到预定加压时间，则结果为通过；如试验过程中如因某种原因而终止试验，则该项显示中断的信息，中断信息有放电保护、高压过压、低压过压、低压过流失谐保、护过热保护。

4.6.2　从参数设置界面中找到"数据查询"项，选择"进入"后屏幕显示最近保存的一组数据信息。旋转【功能】钮可向前或向后按页翻动数据信息。

4.7　现场恢复

试验结束后如果没有异常，恢复设备及电缆原有连接状况。

5　质量标准

5.0.1　交流耐压试验以不击穿不闪络为合格。

5.0.2　试验时加至试验标准电压后的持续时间，无特殊说明时应为 1min。

5.0.3　被试品的种类不同其相应试验电压的标准也就不同，在满足电压等级时相应频率也应在范围内。被试品试验电压频率范围要求较小的如发电机、电动机、变压器等要求频率在 45-65Hz；被试品试验电压频率范围要求较大的如断路器、瓷瓶、绝缘柱、电缆等（要求频率在 20-300Hz）。

6　成品保护

6.0.1　试验完成后注意被试设备清洁整齐，防止外力损坏及受潮。

6.0.2　试验完成后被试设备油位、接线不允许再作添加、改动，如有更改应联系调试人员，现场查验后决定是否更改。

7　注意事项

7.1　应注意的质量问题

7.1.1　耐压试验前后应测量绝缘电阻，检查绝缘情况。

7.1.2　试验数据做好记录，原始数据要保存。

7.1.3　试验过程中，重要的磁记录设备或物体（如磁条记录卡、银行储蓄卡等）应远离试验现场的电抗器，否则容易导致破坏或数据丢失。

7.1.4　试验过程中，升压速度应依据相关高压试验作业规程，或控制在 2～3kV/s。

7.1.5　试验电压大于 26kV 时，务必多个电抗器串联，相关电抗器底部必须加专用绝缘底座。

7.1.6　不同型号规格电抗器之间不能简单地混合并联或串联。

7.1.7　电抗器联接应使用专配的连接线，保证电抗器间足够的距离以尽量减小互感的影响。

7.1.8　电抗器使用时，应移除其周围的金属物体，并应绝对避免直接将电抗器放置在钢板、铜板等较大面积金属导体上使用，否则因涡流引起的发热将导致系统有功输入的增加，甚至使试验电压达不到预期试验值。

7.1.9　被试品应先清扫干净，并绝对干燥，以免损坏被试品和试验带来的误差。

7.2　应注意的安全问题

7.2.1　试验人员应做好分工，明确相互间联系方法。设专门人监护现场安全及观察试品状态。

7.2.2　分压器本体与其高度相等的范围内应无其他物体，高压引线与分压器本体的夹角不小于 90°，且应拉直绷紧，不拖搭，并与四周物体保持足够的绝缘距离。

7.2.3　保证足够的电源容量（尤其在满负载时），单相电源供电设备电源线截面积应不小于 $4.0mm^2$，三相（或三相四线）电源供电设备电源线（相线）截面积应不小于 $2.5mm^2$（$3 \times 2.5 + 1 \times 1.5mm^2$）。

8　质量记录

8.0.1　工程设计说明及图纸资料。

8.0.2　设备出厂技术说明书。

8.0.3　交接试验报告。

第16章 电抗器及消弧线圈试验标准

本标准适用10kV及以下干式电抗器及消弧线圈的交接试验，对于35kV以上及油浸式电抗器及消弧线圈的直流耐压试验、油耐压试验、介损测试等试验可参照相关变压器工艺标准执行，试验方法一样。

1 引用标准

《电气装置安装工程电气设备交接试验标准》GB 50150—2016
《建筑电气工程施工质量验收规范》GB 50303—2015
《施工现场临时用电安全技术规范》JGJ 46—2005
《电力建设安全工作规程—火力发电厂》DL 5009.1—2014

2 术语

消弧线圈
是一种带铁芯的电感线圈，接于变压器（或发电机）的中性点与大地之间，构成消弧线圈接地系统。

3 施工准备

3.1 作业条件

3.1.1 已编制调试方案且技术、安全交底完成。

3.1.2 电抗器及消弧线圈已就位，安装已全部结束。

3.1.3 电抗器及消弧线圈外观无破损、裂纹、变形等现象，配线完成。

3.2 材料及设备

3.2.1 辅助材料
绝缘塑料带、警戒带、接地线、棉纱。

3.2.2 机械与工具
电工工具、万用表、对讲机、照明用具。

3.2.3 检测设备
具体见表16-1所示。

<table>
<tr><td colspan="5" align="center">检测设备　　　　　　　　　　　　表 16-1</td></tr>
</table>

名称	规格	型号	检测范围	数量
直阻测试仪	5A	GZZ-3000B	1mΩ～20kΩ	1
高低压兆欧表	2500V	GS8671B	0～19990MΩ	1
试验变压器	50kV	GYJ-10/50	0～50kV	1
高压分压器	100kV	GFC-100kV	0～100kV	1
试验导线				若干

4　操作工艺

4.1　工艺流程

工作准备→绝缘电阻测量→直流电阻测量→交流耐压试验→冲击合闸试验

4.2　工作准备

4.2.1　检查机具设备电池是否完好，电压是否满足要求。

4.2.2　回路电阻测试仪通电检查，显示屏显示正常，各键灵活有效。

4.3　测量传动杆绝缘电阻值

4.3.1　使用2500V兆欧表在隔离开关的被试相测试，其他未被试相与外壳接地。

4.3.2　读取60s的测量值。

4.4　测量绕组直流电阻

4.4.1　直流电阻测试仪可靠接地，连接测试线，接通交流电源。

4.4.2　接好温度试品探头，在主菜单界面的右下角显示温度，接线图如图16-1所示。

图16-1　接线图

4.4.3　进入测试仪器界面，选择"直阻测量"进入直阻测量界面开始测量，仪器加载电流，如图16-2所示。

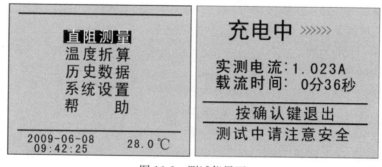

图16-2　测试仪界面

4.4.4 测试电阻值稳定后，按确认键，停止测试并消弧退出，如图 16-3 所示。

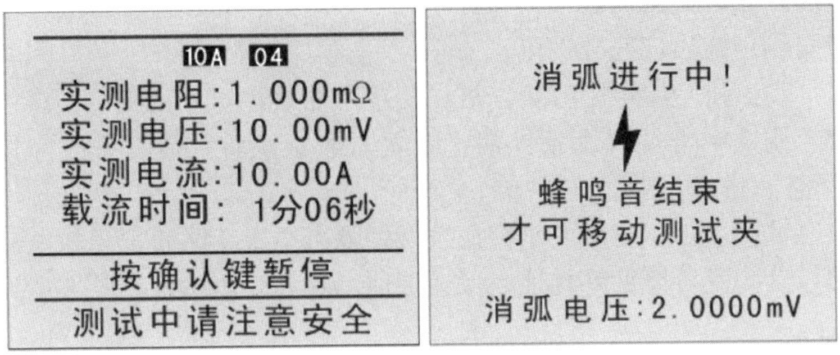

图 16-3 测试仪停止界面

4.5 交流耐压试验

（详见工频耐压试验及串联谐振耐压试验标准）。

4.6 冲击合闸试验

在额定电压下，对变电站及线路的并联电抗器连同线路的冲击合闸试验进行 5 次，每次间隔时间应为 5min，应无异常现象。

5 质量标准

5.0.1 电抗器及消弧线圈的绝缘电阻值不低于产品出厂试验值的 70% 或不低于 10000MΩ（20℃）。

5.0.2 直流电阻测量中，三相电抗器绕组直流电阻值相互间差值不应大于三相平均值得 2%，与同温下产品出厂值不应大于 2%，且实测值与出厂值的变化规律应一致。

5.0.3 交流耐压试验以不击穿不闪络为合格。

6 成品保护

6.0.1 调试完成后设备应防护设施完备，保护电抗器及消弧线圈完好。

6.0.2 用保护性的轻质覆盖物遮盖，并保持足够的空气流通。

6.0.3 定期检查电抗器及消弧线圈状况。

7 注意事项

7.1 应注意的质量问题

7.1.1 检查试验设备均在检定有效期内，保证试验数据的准确性。

7.1.2 试验数据做好记录，原始数据要保存。

7.1.3 导电回路直流电阻测量时注意环境温度和湿度的影响。

7.2　应注意的安全问题

7.2.1 测量前后应充分放电。

7.2.2 在测量绝缘电阻时，未被试相应可靠接地，保证测试安全。

7.2.3 调试中若发现设备异常，应立即停止试验，待设备故障原因查明、处理完毕后才可继续试验。

7.2.4 试验过程中要用安全警戒线做好隔离措施，防止发生触电危险。

7.2.5 试验设备要做好接地，保证接地可靠有效，确保试验人员人身安全。

8　质量记录

8.0.1 工程设计说明及图纸资料。

8.0.2 设备出厂技术说明书。

8.0.3 交接试验报告。

第17章 电力电缆试验标准

本工艺标准适用于橡塑绝缘电力电缆的交接试验，其中电缆的交流耐压试验、直流耐压试验及泄漏电流测量试验标准可参考交流、直流耐压试验标准执行。

1 引用标准

《电气装置安装工程电气设备交接试验标准》GB 50150—2016
《建筑电气工程施工质量验收规范》GB 50303—2015
《施工现场临时用电安全技术规范》JGJ 46—2005
《电力建设安全工作规程 火力发电厂》DL 5009.1—2014

2 术语

额定电压

电力电缆额定电压 U_0/U 中 U_0 为电缆导体对地或对金属屏蔽层间的额定电压，U 为电缆额定线电压。

3 施工准备

3.1 作业条件

3.1.1 电缆铺设到位，电缆终端头制作完成。

3.1.2 试验前应将被试电缆终端头表面擦拭干净。

3.1.3 试验现场应围好遮拦，挂好标志牌，并派专人监视。

3.2 材料及机具

3.2.1 辅材

绝缘塑料带、警戒带、警示牌、接地线、棉纱等。

3.2.2 机具

电工工具、万用表、对讲机、温湿度计、照明用具等。

3.2.3 检测设备

具体见表 17-1 所示。

检测设备　　　　　　　　　　　　表 17-1

名称	规格	型号	检测范围	数量
直流高压发生器	AC220	ZGF-120/2	0～12kV	1
高压兆欧表	2500V	GS8671B	0～19990MΩ	1
串联谐振	AC380	HDSR		若干
试验导线				若干

4　操作工艺

4.1　工艺流程

工作准备→电缆相别检查→绝缘测量→电缆耐压试验→数据分析、记录。

4.2　工作准备

4.2.1　检查外观有无变形、损坏等现象，规格应符合设计要求。

4.2.2　确定电缆规格及电缆走向，做好技术、安全交底。

4.2.3　测试仪器通电检查，显示屏显示正常，各键灵活有效。

4.3　相别检查

用万用表或高压摇表确认相线，检查电缆两端色标是否相互对应。

4.4　测量电缆绝缘电阻

4.4.1　用 2500V 兆欧表，依次测量各相线芯对其他两相及金属屏蔽的绝缘电阻，金属套及非被试相线芯接地。测量前将被测线芯接地，使其充分放电。

4.4.2　记录绝缘电阻值及吸收比。

4.5　电缆耐压试验（参照串联谐振耐压试验、直流耐压试验及泄漏电流测量试验标准执行）。

4.6　数据分析记录

试验不合格电缆分析原因。

5　质量标准

5.0.1　额定电压 U_0/U 为 18/30kV 及以下电缆，当不具备条件时允许有效值为 $3U_0$ 的 0.1Hz 电压施加 15min 或直流耐压试验及泄漏电流测量代替交流耐压试验。

5.0.2　电缆导体对地或对金属屏蔽层间和各导体间的绝缘电阻值在耐压试验前后应无明显变化，橡塑电缆外护套、内衬套的绝缘电阻不低于 $0.5MΩ/km$。

5.0.3　18/30kV 及以下电压等级的橡塑绝缘电缆直流耐压试验电压按 $4U_0$ 执行。

5.0.4　橡塑电缆优先采用 20～300Hz 交流耐压试验，试验标准如表 17-2 所示。

20～300Hz 交流耐压试验标准　　　　　　　　　表 17-2

额定电压 U_0/U (kV)	试验电压	时间（min）
18/30 及以下	$2U_0$	15（或 60）
21/35～64/110	$2U_0$	60

5.0.5　不具备上述试验条件或有特殊规定时，可采用施加正常系统相对地电压 24h 方法代替交流耐压。

6　成品保护

6.0.1　调试完成后应尽快将电缆连接到高压设备上，并摆放整齐，使电缆不受外力作用。

6.0.2　定期检查电缆状况。

7　注意事项

7.1　应注意的质量问题

7.1.1　检查试验设备均在检定有效期内，保证试验数据的准确性。

7.1.2　试验数据做好记录，原始数据要保存。

7.1.3　为防止杂散电流对试验结果的影响，一般应将微安表装置在高电压侧进行测量。

7.1.4　应对电缆的每一相测量其主绝缘的绝缘电阻和进行耐压试验。对具有统包绝缘的三芯电缆，应分别对每一相进行，其他两相导体、金属屏蔽或金属套和铠装层应一起接地；对分相屏蔽的三芯电缆和单芯电缆，可一相或多项同时进行，非被试相导体、金属屏蔽或金属套和铠装层应一起接地。

7.1.5　电缆的泄漏电流很不稳定、泄漏电流随试验电压升高急剧上升或泄漏电流随试验时间延长有上升现象，表明电缆绝缘可能有缺陷，应找出缺陷部位，并予以处理。

7.2　应注意的安全问题

7.2.1　测量前后应充分放电。

7.2.2　在测量绝缘电阻时，未被试相应可靠接地，保证测试安全。

7.2.3　调试中若发现设备异常，应立即停止试验，待设备故障原因查明、处理完毕后才可继续试验。

7.2.4　试验过程中要用安全警戒线做好隔离措施，防止发生触电危险。

7.2.5　在加压试验中，邻近停用电气设备应三相短路接地，避免受到感应电影响。

7.2.6　试验设备要做好接地，保证接地可靠有效，确保试验人员人身安全。

8　质量记录

8.0.1　工程设计说明及图纸资料。

8.0.2　设备出厂技术说明书。

8.0.3　交接试验报告。

第18章　并联电容器试验标准

本标准仅适用于并联电容器的单体调试。

1　引用标准

《电气装置安装工程电气设备交接试验标准》GB 50150—2016
《建筑电气工程施工质量验收规范》GB 50303—2015
《施工现场临时用电安全技术规范》JGJ 46—2005
《电力建设安全工作规程—火力发电厂》DL 5009.1—2014

2　术语

并联电抗器
主要用于补偿电力系统感性负荷的无功功率，以提高功率因数，改善电压质量，降低线路损耗。

3　施工准备

3.1　作业条件

3.1.1　应编制调试方案且交底完成。
3.1.2　电容器安装到位，安装工程经业主方或负责人验收合格，方可调试。

3.2　材料及机具

3.2.1　材料
绝缘塑料带、警戒带、接地线、电工工具、万用表。

3.2.2　机具
电工工具、万用表、对讲机、照明用具等。

3.2.3　检测设备
具体见表18-1。

检测设备　　　　　　　　　　　　　　　　　　　　　　表 18-1

名称	规格	型号	检测范围	数量
高、低压兆欧表	2500V	GJC-2500	0～19990MΩ	1
试验变压器	50kV　700MA	GYT-6000A	0～50000V	1
配套控制箱	10kVA　单相	GTC-10	0～250V	1

4　操作工艺

4.1　工艺流程

工作准备→测量电容器组的绝缘电阻→交流耐压试验→冲击合闸试验。

4.2　工作准备

4.2.1　检查机具设备电池是否完好，电压是否满足要求。

4.2.2　高、低压兆欧表开机检查，指示正常，各键灵活有效。

4.3　测量绝缘电阻值

4.3.1　将电容器上面的两极连线的导线与其他设备断开，把电容器的两极短接，测量两极对外壳的绝缘电阻值，使用 2500V 兆欧表在电容器的两极间进行测量。

4.3.2　读取 60s 的测量值。

4.4　交流耐压试验

（详见工频耐压试验标准）。

4.5　冲击合闸试验

在额定电压下通过电容器组里面的真空开关对电容器组进行冲击合闸试验，检查电容器投运状态是否正常。

5　质量标准

5.0.1　并联电容器应在电极对外壳之间进行，并应采用 1000V 兆欧表测量小套管对地绝缘电阻，绝缘电阻均不应低于 500MΩ。

5.0.2　电容器组耐压试验时电极对外壳交流耐压试验电压值应符合下表 18-2 的规定，当产品出厂试验电压值不符合表规定时，交接试验电压应按产品出厂试验电压值的 75％进行。

交流耐压试验电压值　　　　　　　　　　　表 18-2

额定电压（kV）	<1	1	3	6	10	15	20	35
出厂试验电压（kV）	3	6	18/25	23/32	30/42	40/55	50/65	80/95
交接试验电压（kV）	2.3	4.5	18.8	24	31.5	41.3	48.8	71.3

5.0.3　冲击合闸试验应进行 3 次，熔断器不应熔断；电容器组中各相电容量的最大值和最小值之比，不应大于 1.02。

6　成品保护

6.0.1　注意保持电容器整体干净。

6.0.2　电容器组两极端不受外力作用，高压套管不受力。

7　注意事项

7.1　应注意的质量问题

7.1.1　检查试验设备均在检定有效期内，保证试验数据的准确性。

7.1.2　试验数据做好记录，原始数据要保存。

7.1.3　在合闸电容器时，会产生合闸涌流相当于 6～10 倍的额定电流，但时间很短，检查保护会不会误动。

7.2　应注意的安全问题

7.2.1　测量前后应充分放电。

7.2.2　试验过程中要用安全警戒线做好隔离措施，防止发生触电危险。

7.2.3　试验设备要做好接地，保证接地可靠有效，确保试验人员人身安全。

8　质量记录

8.0.1　工程设计说明及图纸资料。

8.0.2　设备出厂技术说明书。

8.0.3　交接试验报告。

第19章 断路器试验标准

本标准适用于油断路器、真空断路器、六氟化硫断路器的交接试验。

1 引用标准

《电气装置安装工程电气设备交接试验标准》GB 50150—2016
《建筑电气工程施工质量验收规范》GB 50303—2015
《施工现场临时用电安全技术规范》JGJ 46—2005
《电力建设安全工作规程—火力发电厂》DL 5009.1—2014

2 术语

断路器弹跳时间
断路器在合闸时，触头刚接触开始计起，随后产生分离，可能又接触又分离，到其稳定接触之间的时间。

3 施工准备

3.1 作业条件

3.1.1 已编制调试方案且交底完成。

3.1.2 断路器已就位，安装已全部结束，在柜内安装时高压柜安装完毕，独立安装时室内清理干净。

3.2 材料及设备

3.2.1 辅助材料
绝缘塑料带、警戒带、接地线、棉纱。

3.2.2 机械与工具
电工工具、万用表、对讲机、照明用具。

3.2.3 检测设备
具体见表19-1。

检测设备　　　　　　　　　　　　　　　表 19-1

名称	规格	型号	检测范围	数量
开关特性测试仪	AC220V	GKC-6000A	DC30～250V	1
回路电阻测试仪	AC220V	GHL-1000	0～1999$\mu\Omega$	1
高压兆欧表	2500V	GS8671B	0～19990MΩ	1
试验变压器	50kV	GYJ-10/50	0～50kV	1
高压分压器	100kV	GFC-100kV	0～100kV	1
试验导线				若干

4　操作工艺

4.1　工艺流程

工作准备→绝缘电阻→导电回路电阻→断路器特性试验→分合闸线圈绝缘电阻和线感电阻→断路器操动机构试验→交流耐压试验。

4.2　工作准备

4.2.1　检查机具设备电池是否完好，电压是否满足要求。

4.2.2　检测仪器通电检查，显示屏显示正常，各键灵活有效。

4.3　测量绝缘电阻值

4.3.1　使用 2500V 兆欧表在隔离开关的被试相测试，其他未被试相与外壳接地。

4.3.2　读取 60s 的测量值。

4.4　测量导电回路电阻值

额定操作电压下合上断路器，将电阻测试仪试验线接至断路器一次接线端上，测试每相导电回路的电阻，见图 19-1 所示。

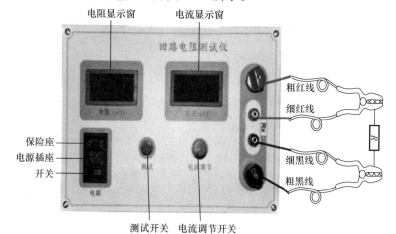

图 19-1　电阻测试仪测量示意图

4.5　断路器特性试验

4.5.1　参照测试仪器技术说明和高压断路器原理图，完成特性测试仪器接线，如图 19-2 所示。

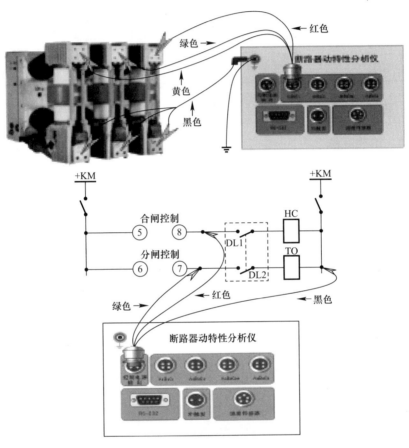

图 19-2　断路器特性试验示意图

测试断路器行程及速度时需加装传感器，如图 19-3 所示。

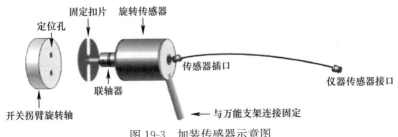

图 19-3　加装传感器示意图

通用式传感器适用于传感器作直线运动时的测速，有些开关，尤其是进口和合资开关，直线传动部分被封闭在开关本体里面，通用传感器找不到安装地点。开关厂家出厂做速度试验时，在开关分合指示器或旋转轴上做试验，此种情况选用旋转传感器。旋转传感器的轴应尽量与开关旋转轴保持同心，否则传感器旋转有阻碍，测出曲线的毛刺会很重，影响测试数据的准确，如图 19-4 所示。

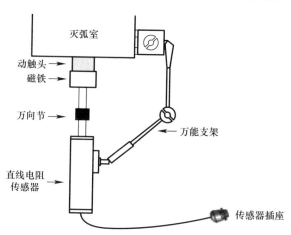

图 19-4　选用旋转传感器示意图

直线电阻传感器在安装时，要保证传感器运动轴能够直线运动，用磁性万能支架固定好传感器。对于 SF_6 开关、油开关，方法类似。

4.5.2　测量设备参数设置：

1　传感器安装：根据测速传感器安装位置不同，选取相别。三相联动机构，一般选在 "A" 相。

2　测试时长：指内部电源输出操作电压的时间长度。

3　触发方式：分为内触发和外触发，内触发是用仪器内部直流电源进行分、合闸操作；外触发是仪器内部直流电源不工作，用现场电源（交流直流均可）操作开关动作。仪器做合（分）闸时，仪器的 "外触发" 接线直接并接到合（分）闸线圈上，开关动作时，仪器从线圈上取电压信号作计时起点。

4　传感器：有通用、旋转和直线传感器三个选项，根据所用的传感器进行相应设定即可。

5　速度测试：如现场不是行程试验，将此项关闭，可以缩短试验时间，减轻试验强度。

6　行程测试：用直线传感器测速时，将此项开启，能测得开关行程值；用通用和旋转传感器测速时，将此项关闭。

7 开关行程：用旋转传感器和通用传感器测速时，输入开关的总行程值。用直线传感器测速及行程时，输入传感器的标注行程值。

8 测试电压：根据现场需要设定开关的操作电压。

9 其他设置，如日期时间、状态检测等。

4.5.3 仪器完成设置后，进行试验。分别选择在合闸测试、分闸测试、合分、分合、分合分、手动分合等选项中选择相应动作状态，完成测试，得到下图 19-5 数据结果。

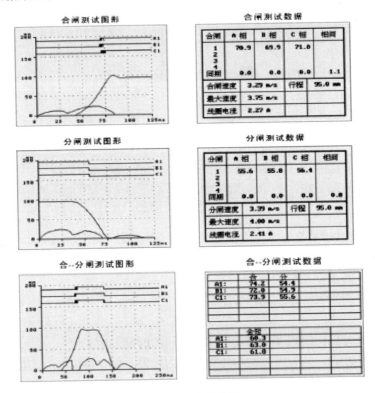

图 19-5　数据结果

4.5.4 仪器完成设置后，可以在查看选项中查看、分析、打印试验结果。

4.6 分合闸线圈绝缘电阻和直流电阻：参照绝缘电阻和回路电阻试验方法测量分合闸线圈相关参数。

4.7 在开关特性测试仪中选择合闸低跳、分闸低跳项目中进行合闸、分闸的自动低电压动作试验，根据仪器的屏幕操作提示进行操作即可，记录此前的电压值，即分别为合、分闸线圈的最低动作电压值。

4.8 交流耐压试验（详见工频耐压试验及串联谐振耐压试验标准）。

5 质量标准

5.0.1 每相导电回路电阻测量结果应符合产品技术条件的规定，测量应采用电流不小于 100A 的直流压降法。

5.0.2 断路器合闸过程中触头接触后的弹跳时间，40.5kV 以下断路器不应大于 2ms，40.5kV 以上断路器不应大于 3ms；对于电流 3kA 及以上 10kV 真空断路器，弹跳时间如不满足小于 2ms，应符合产品技术条件的规定。

5.0.3 断路器模拟操作试验中，当具有可调电源时，可在不同电压、液压条件下，对断路器进行就地或远控操作，每次操作断路器均应正确可靠动作，其联锁及闭锁装置回路的动作应符合产品技术文件及设计规定；当无可调电源时，可只在额定电压进行试验。

5.0.4 测量分、合闸线圈及合闸接触器线圈的直流电阻值与产品出厂试验值相比应无明显差别。在分合线圈控制中带有整流回路时，可以不用测量线圈电阻值。

6 成品保护

6.0.1 注意保持断路器整体干净，高压触头接触面应良好。

6.0.2 断路器高低压接线端不受外力作用，高低压套管不应受外力。

7 注意事项

7.1 应注意的质量问题

7.1.1 检查试验设备均在鉴定有效期内，保证试验数据的准确性。

7.1.2 试验数据做好记录，原始数据要保存。

7.1.3 导电回路测试仪器试验线分为电压接线和电流接线，接线时注意接线顺序及接线与开关触头的接触面积和可靠度。

7.1.4 智能开关特性测试仪所用的传感器必须安装合适，接触力度和角度需符合仪器使用规定，保证测量数据的准确度。

7.1.5 绕组直流电阻应测量多次后取其平均值，测量时注意互感器外部接线的影响。

7.1.6 断路器特性测试仪内部操作电源不可用作现场储能电机的电源。

7.2 应注意的安全问题

7.2.1 测量前后应充分放电。

7.2.2 试验过程中要用安全警戒线做好隔离措施，防止发生触电危险。

7.2.3 试验设备要做好接地，保证接地可靠有效，确保试验人员人身安全。

8　质量记录

8.0.1　工程设计说明及图纸资料。

8.0.2　设备出厂技术说明书。

8.0.3　交接试验报告。

第20章 发电机本体静态试验标准

本标准适用于同步发电机本体静态试验。

1 引用标准

《电气装置安装工程电气设备交接试验标准》GB 50150—2016
《建筑电气工程施工质量验收规范》GB 50303—2015
《施工现场临时用电安全技术规范》JGJ 46—2005
《电力建设安全工作规程 火力发电厂》DL 5009.1—2014

2 术语

静态试验

是相对动态试验而言，加于试样的负荷较小，形变速度足够缓慢或测定时间较短的强度试验，也称为常规试验。

3 施工准备

3.1 作业条件

3.1.1 已编制调试方案且交底完成。

3.1.2 发电机本体已就位。

3.2 材料及设备

3.2.1 辅助材料

绝缘塑料带、警戒带、接地线、棉纱。

3.2.2 机械与工具

电工工具、万用表、对讲机、照明用具。

3.2.3 检测设备

具体如表20-1所示。

检测设备 表20-1

名称	规格	型号	检测范围	数量
调压器	工作电源 AC220V	GB Z-6000A	0.8～10000	1
直阻测试仪	5A	GZZ-3000B	1mΩ～20kΩ	1

197

续表

名称	规格	型号	检测范围	数量
高压兆欧表	2500V	GS8671B	0～19990MΩ	1
试验变压器	50kV	GYJ-10/50	0～50kV	1
电压表	交流	上海仪表	0～300V	1
电流表	交流	上海仪表	0～20A	1
功率表				若干
试验导线				若干

4　操作工艺

4.1　工艺流程

工作准备→测量转子、定子绕组的绝缘电阻→测量转子、定子绕组直流电阻→转子交流阻抗试验→转子绕组交流耐压试验→定子交流耐压试验→定子直流耐压试验。

4.2　工作准备

4.2.1　检查机具设备电池是否完好，电压是否满足要求。

4.2.2　检测设备通电检查，显示屏显示正常，各键灵活有效。

4.3　测量绕组绝缘电阻

4.3.1　运用 2500V 摇表测试发电机定子线圈、转子线圈对地绝缘电阻、吸收比。

4.3.3　读取 60s 的测量值。

4.4　测量绕组直流电阻

4.4.1　直流电阻测试仪可靠接地，连接测试线，接通交流电源。

图 20-1　接线示意图

4.4.2　接好温度试品探头，在主菜单界面的右下角显示温度，接线图如图 20-1。

4.4.3　进入测试仪器界面，选择"直阻测量"进入直阻测量界面开始测量，仪器加载电流，如图 20-2 所示。

图 20-2　测试仪界面

4.4.4 测试电阻值稳定后，按确认键，停止测试并消弧退出，如图 20-3 所示。

图 20-3　停止界面示意图

4.5　转子交流阻抗测试

4.5.1 将调压器、电压表、电流表、功率表按图 20-4 的连接方式连接。

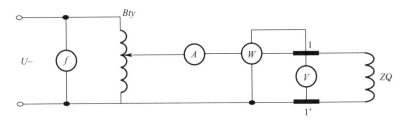

图 20-4　连接方式示意图

4.5.2 定子在腔内、腔外的静止状态下测量电压、电流及功率，计算出转子阻抗，以便与升速过程中测得的动态交流阻抗比较。

4.6　转子绕组交流耐压试验

可用 2500V 电动摇表代替耐压试验装置对转子绕组进行耐压试验，耐压时间为 1min。

4.7　定子交流耐压试验

（详见交流耐压及串联谐振耐压试验标准）。

4.8　定子直流耐压试验

（详见直流耐压试验标准）。

5　质量标准

5.1 定子绕组各相绝缘电阻的不平衡系数不应大于 2，一般转子绕组的绝缘电阻不宜低于 0.5MΩ。当发电机定子绕组绝缘电阻已符合起动要求，而转子绕组的绝缘电阻值不低于 2000Ω 时，可允许投入运行。

5.2　转子、定子绕组直流电阻

5.2.1　应在冷状态下测量转子绕组的直流电阻，测量时绕组表面温度与周围空气温度之差应在±3℃的范围内。测量数值与产品出厂数值换算至同温度下的数值比较，其差值不应超过2%。

5.2.2　定子绕组直流电阻应在冷状态下测量，测量时绕组表面温度与周围空气温度之差应在±3℃的范围内。

5.2.3　各相或各分支绕组的直流电阻，在校正了由于引线长度不同而引起的误差后，相互间差别不应超过其最小值的2%；与产品出厂时测得的数值换算至同温度下的数值比较，其相对变化也不应大于2%。

5.2.4　转子交流阻抗试验时施加电压的峰值不应超过额定励磁电压值，测量数据应符合出厂技术文件中的规定。

6　成品保护

6.0.1　发电机静态试验完成后应保持发电机本体电气回路完整，若有更改及时通知调试人员。

6.0.2　静态试验数据应及时和出厂技术文件进行比较，作好发电机动态起动相关试验准备。

7　注意事项

7.1　应注意的质量问题

7.1.1　检查试验设备均在鉴定有效期内，保证试验数据的准确性。

7.1.2　试验数据做好记录，原始数据要保存。

7.1.3　试验电压不能超过转子绕组的额定电压。在滑环上施加电压时，要将励磁回路断开。

7.1.4　对于在定子膛内测量其阻抗时，定子绕组上有感应电压，故应将其绕组与外电路断开。

7.2　应注意的安全问题

7.2.1　测交流阻抗时，严禁在发电机端头及一次系统有人工作，必须派专人监视，悬挂标示牌，测毕，试验接线保留，升速时再重复试验。

7.2.2　试验前后应对被试设备进行充分放电。

7.2.3　试验过程中要用安全警戒线做好隔离措施，防止发生触电危险。

7.2.4　试验设备要做好接地，保证接地可靠有效，确保试验人员人身安全。

8　质量记录

8.0.1　工程设计说明及图纸资料。

8.0.2　设备出厂技术说明书。

8.0.3　交接试验报告。

第 21 章　高压电动机试验标准

本标准适用于各种电压等级、容量的异步、同步高压电动机的交接试验。

1　引用标准

《电气装置安装工程电气设备交接试验标准》GB 50150—2016
《建筑电气工程施工质量验收规范》GB 50303—2015
《施工现场临时用电安全技术规范》JGJ 46—2005
《电力建设安全工作规程　火力发电厂》DL 5009.1—2014

2　术语

高压电动机

指额定电压在 1000V 以上的电动机。常使用的是 6000V 和 10000V 电压，其优点是功率大，承受冲击能力强；缺点是惯性大，启动和制动都困难。

3　施工准备

3.1　作业条件

3.1.1　已编制调试方案且交底完成。

3.1.2　高压电动机已就位，安装已全部结束（包括电机的接地、冷却系统、润滑系统），电机本体清理干净。

3.2　材料及设备

3.2.1　辅助材料

绝缘塑料带、警戒带、接地线、棉纱。

3.2.2　机械与工具

电工工具、万用表、对讲机、照明用具。

3.2.3　检测设备

具体见表 21-1 所示。

检测设备　　　　　　　　　　　　　　　　　　表 21-1

名称	规格	型号	检测范围	数量
串联谐振设备	工作电源 AC220V	GBZ-6000A	0.8～10000	1
直阻测试仪	5A	GZZ-3000B	1mΩ～20kΩ	1
高压兆欧表	2500V	GS8671B	0～19990MΩ	1
直流高压发生器	工作电源 AC220V	ZGF-120/2	0～12kV	1
试验导线				

4　操作工艺

4.1　工艺流程

工作准备→测量绕组的绝缘电阻→测量绕组直流电阻→直流耐压试验和泄漏电流测量→交流耐压试验→空载转动检查和空载电流测量。

4.2　工作准备

4.2.1　检查机具设备电池是否完好，电压是否满足要求。

4.2.2　测试设备通电检查，显示屏显示正常，各键灵活有效。

4.3　测量绕组绝缘电阻

4.3.1　使用 2500V 兆欧表测量电动机绕组对地的绝缘电阻。

4.3.2　读取 60s 的测量值。

4.4　测量电动机绕组直流电阻

4.4.1　直流电阻测试仪可靠接地，连接试品测试线，连接交流电源。

4.4.2　接好温度试品探头，在主菜单界面的右下角显示温度，接线图如图 21-1 所示。

图 21-1　连接示意图

4.4.3　进入测试仪器界面，选择"直阻测量"进入直阻测量界面开始测量，仪器加载电流，如图 21-2 所示。

图 21-2　直阻测量界面

203

4.4.4　测试电阻值稳定后，按确认键，停止测试并消弧退出，如图 21-3 所示。

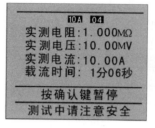

图 21-3　停止测试界面

4.5　绕组直流耐压试验和泄漏电流测量

（详见直流耐压试验标准），其中中性点连线未引出的可不进行此项试验。

4.6　交流耐压试验

（详见工频交流耐压及串联谐振耐压试验标准）。

4.7　空载转动检查和空载电流测量

高压电动机起动过程中，通过高压柜上的电流表或钳形表测量起动及空载电流，同时检查电动机转向是否正常，是否有摩擦的声音，若有异常及时停机查看。

5　质量标准

5.1　绝缘电阻与吸收比

5.1.1　额定电压为 1000V 以下，常温下绝缘电阻值不应低于 0.5MΩ；额定电压为 1000V 及以上，折算至运行温度时的绝缘电阻值，定子绕组不应低于 1MΩ/kV，转子绕组不应低于 0.5MΩ/kV。

5.1.2　1000V 及以上的电动机应测量吸收比。吸收比不应低于 1.2，中性点可拆开的应分相测量。

5.2　绕组直流电阻

5.2.1　1000V 以上或容量 100kW 以上的电动机各相绕组直流电阻值相互差别不应超过其最小值的 2%。

5.2.2　中性点未引出的电动机可测量线间直流电阻，其相互差别不应超过其最小值的 1%。

5.2.3　特殊结构的电动机各相绕组直流电阻值与出厂试验值差别不应超过 2%。

5.3　定子绕组直流耐压试验和泄漏电流测量

5.3.1　1000V 以上及 1000kW 以上、中性点连线已引出至出线端子板的定子绕组应分相进行直流耐压试验。

5.3.2　试验电压为定子绕组额定电压的 3 倍。在规定的试验电压下，各相泄漏电流的差值不应大于最小值的 100%；当最大泄漏电流在 $20\mu A$ 以下，根据绝缘电阻值和交流耐压试验结果综合判断为良好时，可不考虑各相间的差值。

5.4　交流耐压试验以不击穿不闪络为合格

6　成品保护

6.0.1　注意保持电动机整体干净，防止电机进水、受潮。

6.0.2　电动机接线端不受外力作用。

7　注意事项

7.1　应注意的质量问题

7.1.1　检查试验设备均在检定有效期内，保证试验数据的准确性。

7.1.2　试验数据做好记录，原始数据要保存。

7.2　应注意的安全问题

7.2.1　在电动机试验过程中要做好在电动机上面进行接线或操作时的防坠落安全措施。

7.2.2　在试验过程中要用安全警戒线做好隔离措施，防止发生触电危险。

7.2.3　试验设备要做好接地，保证接地可靠有效，确保试验人员人身安全。

7.2.4　试验过程发现异常情况一定要分析原因，确保设备的安全。

8　质量记录

8.0.1　工程设计说明及图纸资料。

8.0.2　设备出厂技术说明书。

8.0.3　交接试验报告。

第 22 章 高压电器设备介损试验标准

本标准适用于可用正、反接线方法测量不接地或直接接地高压电器设备的介质损耗 tgδ 及电容量，配以绝缘油杯可测试绝缘油介质损耗。

1 引用标准

《电气装置安装工程电气设备交接试验标准》GB 50150—2016
《建筑电气工程施工质量验收规范》GB 50303—2015
《施工现场临时用电安全技术规范》JGJ 46—2005
《电力建设安全工作规程 第 1 部分：火力发电》DL 5009.1—2014

2 术语

介质损耗
绝缘材料在电场作用下，由于介质导致的介质极性的滞后效应，在其内部引起的能量损耗。

3 施工准备

3.1 作业条件

3.1.1 高压电器设备安装到位，安装工程经业主方或负责人验收合格。

3.1.2 试验前应将被试设备的绝缘表面擦拭干净，保持清洁、干燥。

3.1.3 试验现场应围好遮拦，挂好标志牌，并派专人监视。

3.2 材料及设备

3.2.1 辅助材料
绝缘塑料带、警戒带、警戒牌、接地线、棉纱。

3.2.2 机械与工具
电工工具、万用表、对讲机、照明用具。

3.2.3 检测设备
具体见表 22-1 所示。

检测设备　　　　　　　　　　　　　　　　　　　　　　表 22-1

名称	规格	型号	检测范围		数量
介损 自动测试仪	高压输出： 2kV、5kV、10kV	GWS-4C	tgδ＜50% 10kV 5kV 2kV	30P＜Cx＜60000P Cx＜20000P Cx＜30000P Cx＜60000P	1
试验导线					

4　操作工艺

4.1　工艺流程

工作准备→参数设置→介损测试→试验结果及数据查询→现场恢复。

4.2　工作准备

4.2.1　根据现场情况选择正确的测量方法：被试设备的低压测量端或二次端对地绝缘时用正接法；被试设备的低压测量端或二次端对地无法绝缘时用反接法。

4.2.2　编制调试方案，作好现场技术、安全交底。

4.2.3　介损测试仪通电检查，显示屏显示正常，各键灵活有效。

4.2.4　参照技术资料完成试验接线，作好测试准备。

正接法：专用高压电缆从仪器后侧的 C_x 端上引出接被试设备高压端；专用低压电缆从仪器的 Z_x 端引出接被试设备低压端；此时，C_x 的芯线跟屏蔽层等效，可相连；但 Z_x 的芯线与屏蔽层严禁短接，否则无取样，无法测量。

反接法：专用高压电缆从仪器后侧的 C_x 端上引出接被试设备高压端；低压端接地，此时的低压电缆跟地线等效；注意 C_x 的芯线与屏蔽层严禁短接，否则无取样，无法测量，见图 22-1 所示。

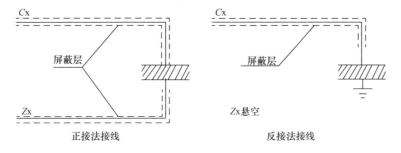

图 22-1　正反法接线示意图

其他电气设备参考接线法：

1　电压互感器

一次侧对二次侧电压为 2kV，见图 22-2、图 22-3 所示。

末端屏蔽法电压为 10kV，见图 22-4 所示。

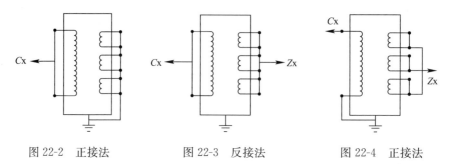

　　图 22-2　正接法　　　　　图 22-3　反接法　　　　　图 22-4　正接法

2　电流互感器

一次侧对二次侧电压为 2kV，见图 22-5 所示。

一次侧对末屏电压为 10kV，见图 22-6 所示。

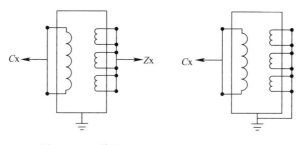

　　　　图 22-5　正接法　　　　　　　图 22-6　反接法

3　高压穿墙套管

芯棒对末屏（常用）解开末屏接地电压为 10kV 正接法见图 22-7 所示。

芯棒对末屏及地，芯棒对末屏（常用）解开末屏接地电压为 10kV 反接法见图 22-8 所示。

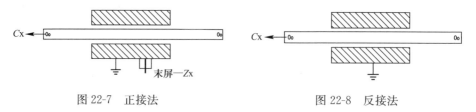

　　　　图 22-7　正接法　　　　　　　图 22-8　反接法

4　电力变压器

一次绕组对二次绕组电压为 10kV 正接法见图 22-9 所示。

一次绕组对二次绕组及地，一次绕组对二次绕组，电压为 10kV 反接法见图 22-10 所示。

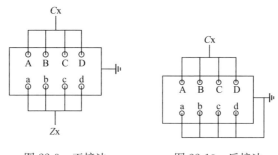

图 22-9 正接法   图 22-10 反接法

5 绝缘油介损

杯体为高压，应放置在绝缘台上，并保证绝缘距离，电压为 2kV 正接法见图 22-11 所示。

（C 高压）接 Cx （A 测试）接 Zx （B 屏蔽）接地

6 标准电容器，标准介损器见图 22-12 所示。

正接法：高压接 Cx；低压接 Zx；E 接地。

反接法：高压接地或 Zx；低压接 Cx；E 接 Cx 的屏蔽层。

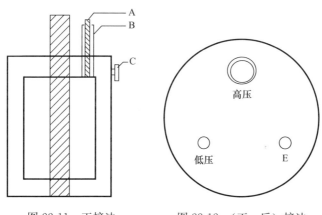

图 22-11 正接法   图 22-12 （正、反）接法

4.3 参数设置

打开仪器电源，在操作界面中依次设置相关参数。根据不同设备正确选择测试电压等级，根据设备的安装情况确定采用哪种接线，并在相应的菜单选项中选择所需电压。

4.4　介损测试

接线及电压选择完成后系统会提示其选择，并询问是否开始测量，如果没有错误轻按确定即可开始，按返回仍然可以继续选择，启动测试后蜂鸣器发出音响，高压指示灯亮，此时仪器进入自动测量状态，高压已经输出，约 1min 后，测试完成。

4.5　实验结果及数据查询

测试完成后，试验结果在液晶显示屏上显示，高压自行切断，此时可以选择重复测试或打印结果。

4.6　现场恢复

试验结束后如果没有异常，恢复设备及电缆原有连接状况。

5　质量标准

5.0.1　被测绕组的 $tg\delta$ 值应于出厂技术文件进行比较，一般不应大于产品出厂值的 130%。

5.0.2　测试 $tg\delta$ 对电压的关系曲线。对良好的绝缘，$tg\delta$ 不随电压的变化而变化；对不良的绝缘，$tg\delta$ 将随电压上升。

6　成品保护

6.0.1　试验完成后注意被试设备清洁整齐，防止外力损坏及受潮。

6.0.2　被试设备油位、接线不允许再作添加、改动，如有更改应联系调试人员，现场查验后决定是否更改。

7　注意事项

7.1　应注意的质量问题

7.1.1　测试仪器输入电压为 AC220V±10%，最大输入电压为 AC264V，超出范围可能影响测试精度及损坏仪器。

7.1.2　确定设备耐压等级，正确选择仪器升压档位，防止击穿设备。

7.1.3　测试电气设备介损前，应先对设备进行绝缘检测。

7.1.4　如仪器进入保护状态（保护灯点亮），请检查输入电压是否过高，被试品是否严重漏电或击穿，此时必须断电后重新开始。

7.1.5　测试时应充分考虑温度的影响，在进行比较时，应在相同温度的基础上进行。

7.1.6　为保证测量精度，特别在小电容量小损耗时，一定要保证被试设备低压端（或二次端）绝缘良好，相对湿度较小环境中测量。

7.1.7　对于小电容，空气湿度较大时，其 tgδ 受其表面状态影响，介损测量值异常且不稳定。此时可采用屏蔽环吸收试品表面泄漏电流，其屏蔽电极在正接法时接地，反接法时接 Cx 的屏蔽层。

7.2　应注意的安全问题

7.2.1　仪器自带有升压装置，应注意高压引线的绝缘及人员安全，仪器应可靠接地。

7.2.2　被试设备从运行状态断开高压引线转为检修状态，并对其清扫，初步绝缘试验良好后方可利用该仪器进行试验，以防被试设备绝缘低劣，使仪器在加压过程中损坏。

7.2.3　断开面板上电源开关，并明显断开 220V 试验电源，才能进行接线更改或工作结束；重复对同一试验设备进行复测时，可按下复位后，重新测量，也可以在上一次测试完成后选择重复进行。

8　质量记录

8.0.1　工程设计说明及图纸资料。

8.0.2　设备出厂技术说明书。

8.0.3　交接试验报告。

第23章 隔离开关、负荷开关及高压熔断器试验标准

本标准适用于隔离开关、负荷开关及高压熔断器的单体调试。

1 引用标准

《电气装置安装工程电气设备交接试验标准》GB 50150—2016
《建筑电气工程施工质量验收规范》GB 50303—2015
《施工现场临时用电安全技术规范》JGJ 46—2005
《电力建设安全工作规程—火力发电厂》DL 5009.1—2014

2 术语

负荷开关

负荷开关是介于断路器和隔离开关之间的一种开关电器，具有简单的灭弧装置，能切断额定负荷电流和一定的过载电流，但不能切断短路电流。

3 施工准备

3.1 作业条件

3.1.1 应编制调试方案且交底完成。

3.1.2 隔离开关安装到位，安装工程经业主方或负责人验收合格，方可调试。

3.2 材料及机具

3.2.1 材料

绝缘塑料带、警戒带、接地线、电工工具、万用表。

3.2.2 机具

电工工具、万用表、对讲机、照明用具等。

3.2.3 检测设备

具体见表23-1所示。

检测设备 表23-1

名称	规格	型号	检测范围	数量
高低压兆欧表	2500V	GS8671B	0~19990MΩ	1
试验变压器	50kV	GYJ-10/50	0~50kV	1
高压分压器	100kV	GFC-100kV	0~100kV	1
回路电阻测试仪	AC220V	GHL-1000	0~1999μΩ	1

4　操作工艺

4.1　工艺流程

工作准备→测量传动杆绝缘电阻→测量导电回路的电阻→检查操动机构的试验→交流耐压试验。

4.2　工作准备

4.2.1　检查机具设备电池是否完好，电压是否满足要求。

4.2.2　回路电阻测试仪通电检查，显示屏显示正常，各键灵活有效。

4.3　测量传动杆绝缘电阻值

4.3.1　使用 2500V 兆欧表在隔离开关的被试相测试，其他未被试相与外壳接地。

4.3.2　读取 60s 的测量值。

4.4　测量导电回路电阻值

4.4.1　操作机构合上负荷开关，将直流电阻测试仪试验线接至负荷开关一次接线端上，测试每相导电回路的电阻。

4.4.2　电动合上负荷开关，将回路电阻测试仪试验线接至负荷开关一次接线端上，测试每相导电回路的电阻，接线图如图 23-1 所示。

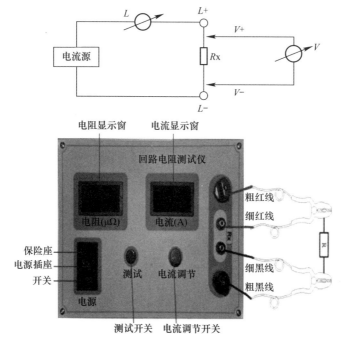

图 23-1　接线示意图

4.4.3　高压熔断器应测量高压限流熔丝管熔丝的直流电阻,试验方法同导电回路电阻测量。

4.5　检查操动机构动作

在额定电压的 80%～110% 的范围内时,对操动机构进行分合闸试验。

4.6　交流耐压试验 (详见工频耐压试验及串联谐振耐压试验标准)。

5　质量标准

5.0.1　绝缘电阻测量应使用 2500V 兆欧表,隔离开关与负荷开关的有机材料传动杆的绝缘电阻值应不低于表 23-2 规定。

绝缘电阻值　　　　　　　　　　　　　　　　　表 23-2

额定电压 (kV)	3～15	20～35	63～220	330～500
绝缘电阻值 (MΩ)	1200	3000	6000	10000

5.0.2　导电回路电阻测量,应符合产品的相关规定。

5.0.3　动力操动机构的分、合闸操作,当其额定电压在 80%～110% 或气压在额定 85%～110% 时,应保证隔离开关的主闸刀或接地闸刀可靠地分合闸。

5.0.4　负荷开关耐压试验以试验标准电压下不击穿、不闪络为合格。

6　成品保护

6.0.1　注意保持隔离开关、高压熔断器整体干净。

6.0.2　隔离开关动触头端不受外力作用,操动机构灵活可靠。

7　注意事项

7.1　应注意的质量问题

7.1.1　检查试验设备均在检定有效期内,保证试验数据的准确性。

7.1.2　试验数据做好记录,原始数据要保存。

7.1.3　导电回路直流电阻测量时注意环境温度和湿度的影响。

7.2　应注意的安全问题

7.2.1　测量前后应充分放电。

7.2.2　在测量绝缘电阻时,未被试相应可靠接地,保证测试安全。

7.2.3　试验过程中要用安全警戒线做好隔离措施,防止发生触电危险。

7.2.4　试验设备要做好接地,保证接地可靠有效,确保试验人员人身安全。

8　质量记录

8.0.1　工程设计说明及图纸资料。

8.0.2　设备出厂技术说明书。

8.0.3　交接试验报告。

第 24 章　电流、电压互感器试验标准

本标准试验项目适用于各种电流、电压互感器的交接试验。

1　引用标准

《电气装置安装工程电气设备交接试验标准》GB 50150—2016
《建筑电气工程施工质量验收规范》GB 50303—2015
《施工现场临时用电安全技术规范》JGJ 46—2005
《电力建设安全工作规程　火力发电厂》DL 5009.1—2014

2　术语

互感器
是电流互感器和电压互感器的统称，能将高电压变成低电压、大电流变成小电流，用于测量或保护系统。

3　施工准备

3.1　作业条件

3.1.1　已编制调试方案且交底完成。

3.1.2　互感器已就位，安装已全部结束，在柜内安装时高压柜安装完毕，独立安装时室内清理干净，互感器本体清理干净。

3.1.3　互感器外观无破损、裂纹、变形等现象，配线完成。

3.2　材料及设备

3.2.1　辅助材料：绝缘塑料带、警戒带、接地线、棉纱。

3.2.2　机械与工具：电工工具、万用表、对讲机、照明用具。

3.2.3　检测设备

具体见表 24-1 所示。

检测设备　　　　　　　　　　　　　　　　　　表 24-1

名称	规格	型号	检测范围	数量
互感器综合测试仪	工作电源 AC220V	GCT-8000B	999.9K：5/1 999.9K：100/3、100/$\sqrt{3}$、100	1

续表

名称	规格	型号	检测范围	数量
直阻测试仪	5A	GZZ-3000B	1mΩ～20kΩ	1
高压兆欧表	2500V	GS8671B	0～19990MΩ	1
试验变压器	50kV	GYJ-10/50	0～50kV	1
高压分压器	100kV	GFC-100kV	0～100kV	1
试验导线				

4　操作工艺

4.1　工艺流程

工作准备→测量绕组的绝缘电阻→测量绕组直流电阻→检查误差、接线组别和极性→测量励磁特性曲线→交流耐压试验。

4.2　工作准备

4.2.1　检查机具设备电池是否完好，电压是否满足要求。

4.2.2　互感器综合测试仪通电检查，显示屏显示正常，各键灵活有效。

4.2.3　直阻测试仪通电检查，显示屏显示正常，各键灵活有效。

4.3　测量绕组绝缘电阻

4.3.1　一次绕组短接，二次绕组短路与外壳连接接地，测量一次绕组对二次绕组及外壳的绝缘电阻，采用2500V兆欧表。

4.3.2　一次绕组短接，非被试二次绕组短路与外壳连接接地，测量二次绕组间及其对外壳的绝缘电阻，采用1000V兆欧表。

4.3.3　读取60s的测量值。

4.4　测量绕组的直流电阻

4.4.1　互感器综合测试仪测试线接好后，选择主菜单界面的CT测试选项，按下旋转鼠标选择二次直阻即可进入二次直阻试验界面。测试完成后保存结果如图24-1所示。

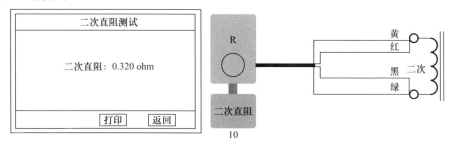

图24-1　测试结果示意图

4.4.2　一次绕组电阻测量可选用万用表、单桥或双桥测量。

4.5　检查误差、接线组别和极性

4.5.1　互感器综合测试仪中主菜单界面，旋转鼠标将光标移动到 CT 测试选项上，按下旋转鼠标选择 CT 变比即可进入变比、极性试验设置界面，如图 24-2 所示。

1　一次输出电流将要输出的最大一次电流，范围（0～600）A。

2　误差试验：按额定一次的：1%、5%、20%、100%、120%取值，同时显示出角差与比差。

3　试验前请检查参数设置里的额定变比与被测 CT 额定变比是否一致。不一致时将导致比值与比差的错误。

4.5.2　用测量导线中的红、黑大电流线接一边接 CT 一次，另一边接仪器的 L1 和 L2 上。

用导线包中的红、黑二次线一边接 CT 二次，另一边接仪器的 K1 和 K2 上，不用的二次要用短接线短接，如下图 24-3 所示。

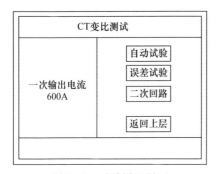

图 24-2　试验设置界面

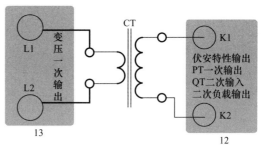

图 24-3　导线连接示意图

4.5.3　设定好相关设置后单击自动试验，试验开始。仪器将自动按设定值升流，试验停止后自动计算出角差、比差、极性，结果如图 24-4 所示。

一次侧：400.0 A	
二次侧	0.400 A
比值	5.000K：5
角差	1.83′
比差	0.00%
极性	同相/—
保存　打印　返回	

CT 误差试验		
	角差	比差
1%	40.3′	1.30%
5%	12.6′	0.30%
20%	1.32′	0.00%
100%	0.83′	0.00%
120%	5.25′	0.20%
一次侧：420.8 A　保存　打印　返回		

图 24-4　结果示意图

4.5.4 互感器综合测试仪中主菜单界面，旋转鼠标将光标移动到 PT 测试选项上，按下旋转鼠标选择 PT 变比即可进入变比、极性试验设置界面，如下图 24-5 所示。

4.5.5 被测 PT 的一次端用（红、黑）二次线接到交流输出口，二次端用（黄、绿）二次线接到 a 和 x 便可，如图 24-6 所示，参数设置方法如 CT 测试界面。

图 24-5 设置界面

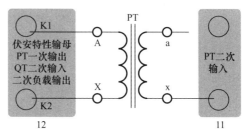

图 24-6 连线示意图

4.6 测量励磁特性曲线

4.6.1 在测试仪器主菜单界面，旋转鼠标将光标移动到 CT 测试选项上，按下旋转鼠标选择 CT 伏安测试，即可进入伏安特性试验设置界面，如下图 24-7 所示。

1 最大输出电流：将要输出的最大电流，范围（0～15）A。

2 最大输出电压：将要输出的最大电压，范围 30V、110V、220V、600V、1000V。

4.6.2 取出测试导线包中的（红、黑）二次线，一头插在 CT 的二次侧，另一头插在仪器的伏安特性输出口上便可，如图 24-8 所示。

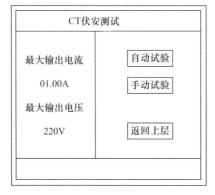

图 24-7 试验设置界面

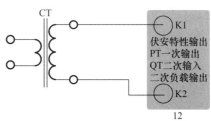

图 24-8 连线示意图

4.6.3　设定好最大输出电流和电压后单击自动试验，此时装置将自动按照设定值进行升压升流，并记录数据，如下图 24-9 所示。

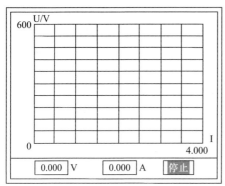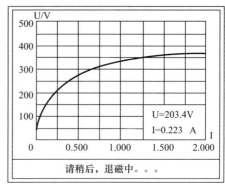

图 24-9　界面

4.6.4　互感器综合测试仪中主菜单界面，旋转鼠标将光标移动到 PT 测试选项上，按下旋转鼠标选择 PT 励磁特性曲线测量，试验方法同 CT。

4.7　交流耐压试验（详见交流耐压及串联谐振耐压试验标准）。

5　质量标准

5.1　绝缘电阻测量应使用 2500V 兆欧表，绝缘电阻值不低于 1000MΩ。测量电容型电流互感器的末屏及电压互感器接地端（N）对外壳（地）的绝缘电阻，绝缘电阻不宜小于 1000MΩ。当末屏对地绝缘电阻小于 1000MΩ 时，应测量其 tanδ，其值不应大于 2%。

5.2　绕组直流电阻测量

5.2.1　电压互感器：一次绕组直流电阻测量值，与换算到同一温度下的出厂值比较，相差不宜大于 10%。二次绕组直流电阻测量值，与换算到同一温度下的出厂值比较，相差不大于 15%。

5.2.2　电流互感器：同型号、同规格、同批次电流互感器一、二次绕组的直流电阻值和平均值的差异不宜大于 15%。

5.3　检查误差、接线组别和极性

5.3.1　互感器绕组的接线组别和极性，必须符合设计要求，并应与铭牌和标志相符。

5.3.2　互感器变比，应与制造厂铭牌值相符。

5.4　同型号互感器励磁特性曲线

同型号互感器励磁特性曲线相互比较，应无明显差别且符合制造厂出厂技术文件。

5.5　互感器耐压试验

互感器耐压试验以不击穿不闪络为合格。

6　成品保护

6.0.1　注意保持互感器整体清洁干净。

6.0.2　互感器高低压接线端不受外力作用，接线牢固可靠。

7　注意事项

7.1　应注意的质量问题

7.1.1　检查试验设备均在检定有效期内，保证试验数据的准确性和可追溯性。

7.1.2　试验数据做好记录，原始数据要保存。

7.1.3　绕组直流电阻应测量多次后取其平均值，测量时注意互感器外部接线的影响。

7.1.4　互感器综合测试仪相关设置应合理准确，保证测试数据准确。

7.2　应注意的安全问题

7.2.1　测量前后应充分放电。

7.2.2　互感器综合测试仪大电流测试线与被试品应可靠连接，防止线夹脱落，损坏设备绝缘。

7.2.3　电流互感器二次匝数较多，变比过大，测量时应保证 CT 所有二次侧不能开路。

7.2.4　电压互感器变比及伏安特性曲线测量中应与一次触头留有局够安全距离，防止电压从二次测引入。

7.2.5　试验过程中要用安全警戒线做好隔离措施，防止发生触电危险。

7.2.6　试验设备要做好接地，保证接地可靠有效，确保试验人员人身安全。

8　质量记录

8.0.1　工程设计说明及图纸资料。

8.0.2　设备出厂技术说明书。

8.0.3　交接试验报告。

第 25 章　交流工频耐压试验工艺

本工艺标准适用于发电机、变压器、断路器、高压电动机、套管、电抗器等单体设备的交流工频耐压试验，试验电压在 50kV 内且被试品电容量较小的场合。

1　引用标准

《电气装置安装工程电气设备交接试验标准》GB 50150—2016

《建筑电气工程施工质量验收规范》GB 50303—2015

《施工现场临时用电安全技术规范》JGJ 46—2005

《电力建设安全工作规程　第 1 部分：火力发电》DL 5009.1—2014

2　术语

交流工频耐压

是指电气设备正常工作时承受的额定峰值电压。

3　施工准备

3.1　作业条件

3.1.1　交流耐压试验应在被试设备绝缘电阻、直流电阻等常规试验项目做完且合格以后才能进行试验，若有缺陷或异常，应在排除缺陷（如受潮时要干燥）或异常后再进行试验。

3.1.2　试验前应将被试设备的绝缘表面擦拭干净，对多油设备按有关规定使油静置一定时间。

3.1.3　试验现场应围好遮拦，挂好标志牌，并派专人监视。

3.2　材料及机具

3.2.1　辅材

绝缘塑料带、警戒带、警示牌、接地线、棉纱等。

3.2.2　机具

电工工具、万用表、对讲机、照明用具等。

3.2.3　试验设备

具体见表 25-1 所示。

试验设备　　　　　　　　　表 25-1

名称	规格	型号	检测范围	数量
试验变压器	50kV　700MA	GYT-6000A	0～50000V	1
配套控制箱	10kVA　单相	GTC-10	0～250V	1
试验导线				

4　操作工艺

4.1　工艺流程

工作准备→升压试验→耐压后检查→设备恢复。

4.2　工作准备

4.2.1　编制调试方案，作好现场技术、安全交底。

4.2.2　升压设备通电检查，控制输出正常。

4.2.3　参照技术资料完成试验接线，如图 25-1 所示，作好升压准备。

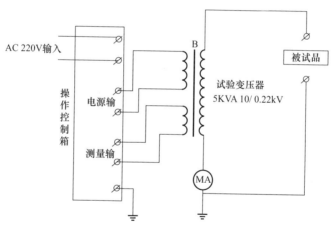

图 25-1　接线示意图

4.3　升压试验

4.3.1　准备工作完成后，开始从零升压，升压时要均匀升压，升至规定试验电压时，开始计时，1min 时间到后，缓慢均匀降压，降至零点，再依次关闭电源；升压时应监视电压表，电流表的变化。

4.3.2　试验中若发现表针摇摆不定、被调试品有异常声响、冒烟、击穿闪络等，应立即降下电压，拉开电源，将高压侧挂上地线后查明原因。

4.3.3　试验完毕，整理仪器，恢复被试设备原况。

4.4   耐压后检查分析

4.4.1   若给调压器加上电源，电压表就有指示，可能是调压器不在零位。若此时电流表也出现异常读数，调压器输出侧可能有短路和类似短路的情况。

4.4.2   调节调压器，电压表无指示，可能是自耦调压器碳刷接触不良或电压回路不通，或变压器的一次绕组、测量绕组有断线的地方。

4.4.3   随着调压器往上调节，电流增大，电压基本不变或有下降的趋势，可能是被试验品较大、试验变压器容量不够或调压器的容量不够，可以改用大容量的试验设备或调压器。

4.4.4   试验过程中，电流变的指示突然上升或下降，电压表指示突然下降，都是试验品被击穿的征兆。

4.4.5   在升压或耐压阶段，发生有像金属碰撞的清脆响及当当的放电声，可能是安全间距小或设备存在缺陷产生放电，应重复试验，查找放电原因。

5   质量标准

5.0.1   交流耐压试验以不击穿、不闪络为合格。

5.0.2   试验时加至试验标准电压（不同被试设备标准不同）后的持续时间，无特殊说明时，应为 1min。

5.0.3   试验完成后应立即对被试物进行绝缘电阻测试和发热检查。

6   成品保护

6.0.1   试验完成后注意被试设备清洁整齐，防止外力损坏及受潮。

6.0.2   被试设备油位、接线不允许再作添加、改动，如有更改应联系调试人员，现场查验后决定是否更改。

7   注意事项

7.1   应注意的质量问题

7.1.1   检查高压测量仪表均在检定有效期内，保证试验数据的准确性。

7.1.2   耐压试验前后应测量绝缘电阻，检查绝缘情况。

7.1.3   在工频耐压试验中，低电压侧测量电压（仪表电压）不是非常准确的，其原因是试验变压器存在着漏抗，在这个漏抗上必然存在着压降或容升，使试品上的电压低于或高于低压侧测量电压表上反映出来的电压。工频耐压试验时，被试品上的电压高于试验变压器的输出电压，也就是所谓容升现象。感应耐压试验时，试验变压器的漏抗必然存在着压降。为了准确测量被试品上所施加的电压，因此常在高压侧接入高压电压测量器来检测电压。

7.1.4　试验开始前，一般都应先进行空升试验。即不接被试品时升压至试验电压，校对各种表计，调整保护动作值。

7.2　应注意的安全问题

7.2.1　试验人员应做好分工，明确相互联系方法，并设专人监护现场安全及观察试品状态。

7.2.2　被试品应先清扫干净并保证干燥。

7.2.3　升压速度不能太快，并必须防止突然加压，例如调压器不在零位时突然合闸。同时也不能突然切断电源，一般应在调压器降至零位时拉闸。

7.2.4　当电压升至试验电压时，开始计时，到 1min 后，迅速降压到 1/3 试验电压以下时，才能拉开电源。

8　质量记录

8.0.1　工程设计说明及图纸资料。

8.0.2　设备出厂技术说明书。

8.0.3　交接试验报告。

第26章 直流耐压及泄漏电流试验工艺

本工艺标准适用于发电机、变压器、高压电动机等单体设备的直流耐压试验。

1 引用标准

《电气装置安装工程电气设备交接试验标准》GB 50150—2016
《建筑电气工程施工质量验收规范》GB 50303—2015
《施工现场临时用电安全技术规范》JGJ 46—2005
《电力建设安全工作规程 第1部分：火力发电》DL 5009.1—2014

2 术语

2.0.1 泄漏电流

指电气中相互绝缘的金属零件之间，或带电零件与接地零件之间，通过其周围介质或绝缘表面所形成的电流。

3 施工准备

3.1 作业条件

3.1.1 直流耐压试验应在被试设备绝缘电阻、直流电阻等常规试验项目做完且合格以后才能进行试验，若有缺陷或异常，应在排除缺陷（如受潮时要干燥）或异常后再进行试验。

3.1.2 试验前应将被试设备的绝缘表面擦拭干净，对多油设备按有关规定使油静置一定时间。

3.1.3 试验现场应围好遮拦，挂好标志牌，并派专人监视。

3.2 材料及机具

3.2.1 辅材

绝缘塑料带、警戒带、警示牌、接地线、棉纱等。

3.2.2 机具

电工工具、万用表、对讲机、照明用具等。

3.2.3 试验设备

具体见表26-1所示。

名称	规格	型号	检测范围	数量
直流高压发生器	AC220	ZGF-120/2	0~12kV	1
试验导线				

试验设备　　　　　　　　　　　　　　　表 26-1

4　操作工艺

4.1　工艺流程

工作准备→参数设置→空载电流测定→耐压试验→试验结果分析→现场恢复。

4.2　工作准备

4.2.1　编制调试方案，做好现场技术、安全交底。

4.2.2　直流发生器通电检查，显示屏显示正常，各键灵活有效。

4.2.3　参照技术资料完成试验接线，如图 26-1 所示，做好升压准备。

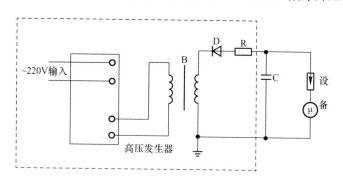

图 26-1　接线示意图

4.3　参数设置

4.3.1　接通控制电源，检查屏幕上显示信息是否与操作说明相符，检验保护动作可靠性。

4.3.2　过压整定：按下设置按钮，根据确认的被试品试验电压值，运用平头螺丝刀调节电压调节电位器，使装置电压指示值为试验标准电压的 1.1 倍，抬起设置按钮，电压保护设置完成。试验过程中，当实际高压测量值达到"设定高压"时，软件自动关闭控制主回路，切断高压输出。

4.3.3　过流整定：接通装置电源，按下设置按钮，运用平头螺丝刀调节电流调节电位器，使装置泄漏电流指示值为 1mA，抬起设置按钮，电流保护设置完成。试验过程中，当实际泄漏电流测量值达到"设定保护电流"时，软件自动关闭控制主回路，切断高压输出。

4.4　空载泄漏电流测定

4.4.1　接通装置电源开关，将高压调节电位器调节到最小值，查看归零指示显示正确，缓慢调节电压调节电位器（增大方向），高压输出指示正确，在空载状态下读取试验设备本身的泄漏电流值。测量空载泄漏电流时，按被试品试验电压标准要求分 4 段加压，读取并记录泄漏电流值。

4.4.2　空载泄漏电流测试完毕后，缓慢调节电压调节电位器（减小方向）至输出电压指示为零，用串有限流电阻的放电棒放电，再用地线直接进行接触放电，然后切断装置电源。

4.5　耐压试验

4.5.1　非容性被试品试验：接通装置电源开关，将高压调节电位器调节到最小值，查看归零指示显示正确，抬起容性按钮，缓慢调节电压调节电位器（增大方向），高压输出指示正确，调节电压时注意观察微安表头泄漏电流值，不要使泄漏电流超出设定保护电流值，按被试品试验电压标准要求分 4 段加压，每阶段停留 1min，读取并记录泄漏电流值，当电压达到试验标准后，按交接试验标准延时，考验被试品的绝缘强度。

4.5.2　容性被试品试验：接通装置电源开关，将高压调节电位器调节到最小值，查看归零指示显示正确，按下容性按钮，缓慢调节电压调节电位器（增大方向），高压输出指示正确。调节电压时注意观察微安表头泄漏电流值，不要使泄漏电流超出设定保护电流值，按被试品试验电压标准要求分 4 段加压，每阶段停留 1min，读取并记录泄漏电流值，当电压达到试验标准后，按交接试验标准延时，考验被试品的绝缘强度。

4.5.3　放电：泄漏电流测试完毕后，缓慢调节电压调节电位器（减小方向）至输出电压指示为零，用串有限流电阻的放电棒放电，再用地线直接进行接触放电（容性被试品由于对直流电有充电效应，电压值不会很快降到零，所以应等待一段时间，电压降低到小于试验电压三分之一后再放电），然后切断装置电源。

4.6　试验结果及数据整理

试验结束后，将试验时记录下的泄漏电流减去空载电流形成准确的试验结果，并记录在报告表格中。参照规范分析被试品是否正常，如发现问题（电压表指针摆动很大、发现绝缘烧焦或冒烟、被试品内有不正常的声音），应分析原因，提出处理意见。

4.7　现场恢复

试验结束后如果没有异常，恢复设备及电缆原有连接状况。

5　质量标准

5.0.1　直流耐压试验以不击穿不闪络为合格。

5.0.2　分析电流电压关系曲线，如果电流随电压增长较快或急剧上升，则表明绝缘不良或内部已有缺陷。

6　成品保护

6.0.1　试验完成后注意被试设备清洁整齐，防止外力损坏及受潮。

6.0.2　被试设备油位、接线不允许再作添加、改动，如有更改应联系调试人员，现场查验后决定是否更改。

7　注意事项

7.1　应注意的质量问题

7.1.1　检查试验设备均在检定有效期内，保证试验数据的准确性。

7.1.2　耐压试验前后应测量绝缘电阻，检查绝缘情况。

7.1.3　试验时电压调节从零开始，升压速度应以每秒 3～5kV 上升试验电压为宜，升压分 4 阶段进行，每阶段按试验电压 1/4 倍升高且停留 1min。

7.1.4　对于大电容量试品，如大型发电机、变压器，升压时更要缓慢升压，否则"容升效应"会造成回路电压抬高，造成试品和仪器的绝缘击穿或测量误差增大。

7.1.5　升压过程中监视电流表充电电流不超过直流发生器的最大保护电流，当升到所需的电压或电流后，按规定时间记录电流表及电压表的读数。

7.1.6　尽可能使高压引线固定，减少分布电容的变化，有利于试验电压的稳定。

7.1.7　耐压试验中，低电压侧测量电压不是非常准确，需在高压侧接入高压直流电压表来测量电压。

7.1.8　泄漏电流表应在无风和无离子流的场所使用，使用前应检查泄漏电流表的各部件是否正常，表面是否清洁干燥。

7.2　应注意的安全问题

7.2.1　试验人员应作好分工，明确相互间联系方法，并设专人监护现场人员及设备安全。

7.2.2　断开被试品与其他设备连接导线，使试验设备应尽量靠近被试品，并与周围其他物体保持应有的空间距离。

7.2.3　升压速度不能太快，并防止突然加压。不能在调压器零位时突然合闸，也不能突然切断电源，一般应在调压器降至零位时拉闸。

8　质量记录

8.0.1　工程设计说明及图纸资料。

8.0.2　设备出厂技术说明书。

8.0.3　交接试验报告。

第3篇 仪表施工工艺

第27章 就地检测仪表及控制仪表施工工艺

本标准适用于工业与民用建筑仪表工程中就地检测仪表及控制仪表的安装，不适用于制造、储存、使用爆炸物质的场所以及交通工具、矿井井下、气象等仪表工程。

1 引用标准

《自动化仪表工程施工及质量验收规范》GB 50093—2013
《石油化工仪表工程施工及验收规范》SH/T 3551—2013
《建筑电气工程施工质量及验收规范》GB 50303—2015
《建设工程施工质量验收统一标准》GB 50300—2013
《施工现场临时用电安全技术规范》JGJ 46—2005
《电力建设施工质量验收及评价规程 第4部分：热工仪表及控制装置》DL/T 5210.4—2009

2 术语

2.0.1 现场仪表
安装在现场控制室外的仪表，一般在被测对象和被控对象附近。

2.0.2 检测仪表
用以确定被测变量的量值或量的特性、状态的仪表。

2.0.3 控制仪表
用以对被控变量进行控制的仪表。

3 施工准备

3.1 作业条件

3.1.1 现场作业基本完成。

3.1.2 管线施工完毕。

3.1.3 现场无吊装、土建作业。

3.2 材料与机具

3.2.1 材料

DN50 镀锌管、δ6 钢板、40 角钢、膨胀螺栓、钻头、电焊条、螺丝（φ6mm）。

3.2.2 机具

电钻、电焊机成套设备、钢卷尺、扳手磨光机。

4 操作工艺

4.1 工艺流程

核对仪表规格型号→制作仪表支架→仪表安装→挂牌。

4.2 核对仪表规格型号

4.2.1 按设计要求及技术员交底复核仪表规格、型号及安装位置。

4.2.2 按规范选择垫片材质。

4.3 制作仪表支架

4.3.1 根据仪表规格、型号及现场布置设计，制作仪表、变送器、执行器支架。

4.3.2 根据图纸尺寸或执行器的几何尺寸下料。

4.3.3 锁口、对口、找平，点焊。

4.3.4 复核尺寸无误，进行对角对称焊接。

4.3.5 根据仪表或执行器的安装螺丝孔位置，相应在执行器底座上用电钻打眼。

4.3.6 用磨光机将底座打磨光滑、平整。

4.3.7 重新复核尺寸，达到技术要求后刷油。

4.3.8 仪表支架运输到施工现场，安装于设计好的安装位置。

4.4 仪表安装

4.4.1 温度仪表安装

一般的工程中的温度仪表包括热电偶、热电阻、双金属温度计、带远传双金属温度计、温度变送器等，这些温度计都属于接触式温度检测仪表，应安装在能准确反映被测对象温度的部位，测温元件安装在易受被测物料强烈冲击的位置应按设计文件规定采取防弯曲措施。测温元件的底座安装时采用焊接的方式，所用的底座内必须有对应的凸台，安装时测温元件和底座凸台之间的紫铜垫或者四氟垫片必须压紧，以防止内漏。测温元件的插入长度应符合设计和产品要求。就地安装的温度检测仪表，比如双金属温度计等要安装在人员容易观察的位置。安装时不能用工具接触到表头进行固定，要在仪表专用的固定位置使用工具安装。

4.4.2　压力仪表（压力表　压力变送器、压力开关）

1　压力表有普通压力表、抗震压力表、膜盒压力表、盘装压力表等。普通压力表安装在没有震动的管道或设备上，在有震动的设备或管道上安装抗震压力表，比如泵的进出口等情况，并且这两种压力表安装是要有压力表弯。盘装压力表一般在汽机平台上使用，安装在压力表盘内，在安装时要注意所配的导压管要合适，不能让压力表的进压端吃力，否则所测的压力不准确或者压力表损坏。膜盒压力表一般用于化工工程中，通过法兰连接安装在管道或设备上，法兰阀门后。

2　压力变送器、压力开关安装时要先制作立柱，立柱的高度一般在 1.4m 左右，便于人员观察和检修，如果有保温保护箱的安装在箱体内，在安装的过程中要注意现场环境，做好保护措施，以免施工现场混乱造成损坏。压力仪表安装时要针对所测的介质分别安装，测量烟气的仪表安装高度应高于取压点，测量高温高压的气体如蒸汽的仪表前应通过冷凝器冷却。测量油介质的压力仪表不安装排污门。需要注意的是：汽轮机润滑油压力的测量仪表，安装时仪表的中心应与汽轮机上缸下缸的中心在一个水平面上。

4.4.3　流量仪表

1　流量仪表安装，若前后加直管段，直管段口径应与流量仪表口径一致。

2　孔板安装前要进行外观及尺寸检查，孔板入口边缘及内壁必须光滑无毛刺、无划痕及可见损伤，加工尺寸应符合设计要求。孔板必须在工艺管道吹扫后安装。孔板安装时锐边侧要迎着被测介质的流向，两侧的直管段长度必须符合设计要求和规范要求，孔板和孔板法兰的端面要和轴线垂直，偏差不得大于 1°。

3　电磁流量计必须安装在无强磁场、不受振动、常温、干燥的场所，若就地安装应装盘或加保护箱（罩）。最小直管段的要求为上游侧 5D、下游侧 2D。电极轴必须保持基本水平，且测量管必须始终注满介质，电磁流量计在安装时正负方向或箭头方向应与工艺介质流向一致。电磁流量计、被测介质及工艺管道三者应连成等电位，并要有良好的接地。

4　涡街流量计应安装在无振动的管道上，上、下游直管段的长度应符合设计要求，管道内壁要光滑。放大器与流量计分开安装时，两者距离不宜大于 20m，其信号连线应是金属屏蔽导线。

5　质量流量计应安装在水平管道上，矩形箱体管、U 形箱体管要处于垂直平面内，当工艺介质为气体时，箱体管应处于工艺管道的上方；当工艺介质为液体时，箱体管应处于工艺管道的下方。流量计的转换器安装在不受振动、常温、干燥的环境中，就地安装的转换器要加保护箱。表体固定在金属支架上。

4.4.4　物位仪表安装

1　按图纸领取安装材料，避免将管材、配件、垫片和紧固件的材质用错，阀门的压力等级不能搞混错用，另外切断阀必须试压合格，才能进行安装。

2　玻璃板液位计应安装在便于观察和检修拆卸的位置，安装前需对其进行强度试验和密封性检查，合格后才能安装，且要求螺栓露出螺帽2～3扣。

3　浮筒液位计的安装高度应使正常液位或分界液位处于浮筒中心，并便于操作和维修。浮筒要垂直安装，其垂直度允许偏差为2‰，装在浮筒内的浮筒必须能自由上下，不能有卡涩现象。

4.4.5　在线分析及气体检测仪表安装

1　分析仪表取样点的位置应根据设计要求设在无层流、涡流、无空气渗入、无化学反应过程的位置，分析仪表和取样系统的安装位置应尽量靠近取样点，并符合使用说明书的要求。分析仪表取样系统安装时，应核查样品的除尘、除湿、减压以及对有害和干扰成分的处理系统是否完善。

2　气体检测仪表的报警设备要安装在便于观察和维修的表盘或操作台上，其周围环境不能有强电磁场。检测器探头的安装位置应根据所测气体密度确定。检测密度大于空气的气体检测器应安装在距地面0.3～0.6m的位置；检测密度小于空气的气体检测器应安装在可能泄漏区域的上方位置或根据设计要求确定。检测器的接线盒外壳要有可靠的接地。

4.4.6　调节阀及其辅助设备安装

1　调节阀要垂直安装，阀体周围要有足够空间以便于安装、操作和维修，调节阀膜头离旁通管外壁距离要大于300mm，调节阀安装方向应与工艺管道及仪表流程图一致。

2　带定位器的调节阀，要将定位器固定在调节阀支架上，并便于观察和维修。定位器的反馈连杆与调节阀阀杆接触应紧密牢固。

4.4.7　执行机构安装

1　按设计要求及技术员交底核对执行器规格、型号，检查执行机构动作是否灵活，测量其绝缘电阻，通电试转动。

2　执行机构安装在其底座制作、安装完成后进行。现场应该有执行机构的混凝土基础。

3　执行机构安装前检查：其动作应该灵活无卡涩；绝缘电阻应合格，通电试转应平稳；对于气动执行机构通气试验，严密性、行程、全行程时间、自锁等应符合制造厂要求及设计要求。

4　执行机构一般安装在调节机构附近，不得有碍检修和通行，且便于操作和维护。

5 执行机构安装固定要牢固，螺丝紧固必须加弹簧垫圈。连接执行机构与调节机构的拉杆长度应可调，且不大于 5m 和有弯，其丝扣连接处应有压紧螺母，传动部位应动作灵活、无卡涩，拉杆传动部分空行程要求小于 1%。执行机构全行程与调节机构全行程要一致。角行程电动执行机构操作手轮中心距地面 900mm。执行机构与调节机构用拉杆连接后，应在执行机构上标明开关的手轮方向，力求顺时针关、逆时针开。执行机构和调节机构的转臂应在同一平面内动作，一般在 1/2 开度时，转臂与连杆垂直。摆臂、拉杆配制必须进行精确计算，摆臂与转轴的连接必须是转轴插入摆臂孔内两面焊牢或锯齿锁紧。螺丝、销子齐全、牢固可靠。调节机构随主设备产生热态位移时，执行机构安装应保证其和调节机构的相对位置不变。

5　质量标准

5.1　主控项目

5.1.1 仪表的安装应牢固、平正，不应承受非正常力。

5.1.2 设计文件规定需要脱脂的仪表，应经脱脂检查合格后安装。

5.1.3 直接安装在设备或管道上的仪表安装完毕应进行压力试验。

5.1.4 仪表毛细管的敷设应有保护措施，其弯曲半径不应小于 50mm。

5.1.5 核辐射式仪表在安装现场应有明显的警戒标识。

5.2　一般项目

5.2.1 仪表接线箱（盒）应采取密封措施，引入口不宜朝上。

5.2.2 仪表铭牌和仪表位号标识应齐全、牢固、清晰。

6　成品保护

6.0.1 仪表设备安装完毕后应用篷布遮盖，防止落入灰尘。

6.0.2 周围如有施工应用围栏，避免碰坏仪表设备。

6.0.3 上方如有其他工种施工，应采取保护措施，避免砸伤设备。

6.0.4 附近检修调试时，应将工具保管好，不允许上下投递工具。

7　注意事项

7.1　应注意的质量问题

7.1.1 就地仪表应安装在光线充足、操作维修方便、震动影响不大和较安全的地方，并有标明测量对象和用途的标志牌。

7.1.2 测量蒸汽或液体流量时，差压仪表或变送器设置在低于取源部件的地方；测量气体压力或流量时，差压仪表或变送器宜设置在高于取源部件的地方，否则，应采取放气或排水措施。测量真空的指示仪表或变送器应设置在高于取源部件的地方。

7.1.3　变送器宜布置在靠近取源部件和便于维修的地方，并适当集中，就地安装的指示仪表，其刻度盘中心距地面的高度宜为：压力表 1.5m、差压计 1.2m。

7.1.4　就地压力表所测介质温度高于 70℃ 时，仪表阀门前应装 U 形或环形管；测量波动剧烈的压力时，应在仪表阀门后加装缓冲装置。

7.1.5　安装浮球液位开关时，法兰孔的安装方位应保证浮球的升降在同一垂直面上；法兰与容器之间连接管的长度，应保证浮球能在全量程范围内自由活动。

7.1.6　分析器安装处不应受震动、灰尘、强烈辐射和电磁干扰的影响，有恒温要求者应装在恒温箱内，进入分析器的介质，其参数应符合要求，压力、温度较高时，应有减压和冷却装置，冷却水源必须可靠，水质洁净。

7.1.7　凝汽器水位测量装置严禁装设排污阀。轴承润滑油压力开关应与轴承中心标高一致，否则整定时应考虑液柱高度的修整值。为便于调试，应装设排油阀及校对用压力表。

7.1.8　分析器的溢水管下，应有排水槽和排水管，废液不得从排水槽溢出。

7.1.9　压力表安装端正，成排安装中心高差小于 2mm，且接头连接无泄漏、无机械应力。

7.1.10　就地压力表安装时必须加支架固定牢固。

7.2　应注意的安全问题

7.2.1　施工现场临时用电必须按临时用电规范执行。

7.2.2　在有限空间及潮湿的地方施工，必须设置符合规程要求的低压安全照明，设专人监护。

7.2.3　施工中必须按施工组织设计要求，实行分部、分项工程安全技术交底制度，并做好交接人签字。无安全技术交底一律不得施工。

7.2.4　施工现场动火前必须办理动火许可证，并设专人监护，贵重仪器、设备、变配电设施附近动火，要采取有效保护措施。

7.2.5　施工现场动火点，易燃品、材料仓库、办公、生活区域，必须按规定配备足够的消防器材和消防工具。

7.3　应注意的绿色施工问题

7.3.1　仪表设备拆除箱体保护材料应及时清除场地，处理到规定的位置。

7.3.2　仪表本体带油的设备安装时要注意油泄漏，不得漏到地面或其他设备上。

7.3.3　仪表设备到安装场地后要摆放整齐，不得乱堆乱放。

8　质量记录

8.0.1　仪表设备出厂合格证、质量检验报告，进口设备应有报关单等相关资料。

8.0.2　仪表设备开箱验收记录。

8.0.3　仪表设备单体调试记录或单体调试报告。

8.0.4　仪表设备安装分项工程检验批质量验收记录。

第28章 仪表管路施工工艺

本工艺标准适用于工业与民用仪表工程中仪表管路的安装，不适用于制造、储存、使用爆炸物质的场所以及交通工具、矿井井下、气象等仪表工程。

1 引用标准

《自动化仪表工程施工及质量验收规范》GB 50093—2013
《石油化工仪表工程施工及验收规范》SH/T 3551—2013
《建筑电气工程施工质量及验收规范》GB 50303—2015
《建设工程施工质量验收统一标准》GB 50300—2013
《施工现场临时用电安全技术规范》JGJ 46—2005
《电力建设施工质量验收及评价规程　第 4 部分：热工仪表及控制装置》DL/T 5210.4—2009

2 术语

2.0.1 仪表管道
仪表测量管道、气动和液动信号管道、气源管道和液压管道的总称。

3 施工准备

3.1 作业条件

3.1.1 设备主管已施工完毕。

3.1.2 施工现场没有大型吊装工程和设备安装工程。

3.1.3 施工现场杂物清理完毕。

3.2 机具和材料

3.2.1 磨光机、钢丝轮、油漆、油刷——支架和管路除锈，刷油。

3.2.2 角铁、切割机、切割片、电焊机、电焊条、焊帽、焊把、方尺——支架预制和管路焊接。

3.2.3 台钻、钻头（φ6.5mm）、螺丝（φ6mm）、管卡（也叫欧姆卡）——支架打眼、固定管子。

3.2.4 仪表管、细铁丝、布子、石笔或记号笔、弯管器、钢卷尺——选点作标记、敷设管路、管路清洗。

3.2.5　标牌，电源线轴（配备电源线、漏电保护器、电源插座）。

3.3　检测设备

钢卷尺，角尺，水平尺，线坠。

4　操作工艺

4.1　工艺流程

角钢支架制安→管子外观检查→管子材质检查→导管清洗→导管弯制→导管敷设→导管固定→导管连接→管路严密性试验→管路防腐刷漆→管路伴热。

4.2　角钢支架制安

4.2.1　角钢支架除锈用电动除锈的方法。

4.2.2　刷油刷防锈漆，最好二次刷油。

4.2.3　角钢支架切割用电动切割机切割。

4.2.4　角钢支架打眼用电钻或者台钻。

4.2.5　角钢支架焊接安装后的焊口处重新清理刷油。

4.3　管路的外观检查

4.3.1　导管和管件应无严重锈蚀现象。

4.3.2　导管外表面应无裂纹、伤痕和重皮现象。

4.3.3　导管应平直，无椭圆。

4.3.4　管件（三通、接头等）应无机械损伤及铸造缺陷。

4.4　管路材质检查

4.4.1　仪表管路大部分工程使用的材质主要有合金钢（12CrMoV）、不锈钢316、20号钢、水煤气管、PU软管等。

4.4.2　仪表管材的选用可按设计要求或所起的作用进行。一次门前的取源部件管路应能满足主设备（管道）的压力、温度参数的要求并与主设备管道的材质一致，如合金钢等。一次门后的管路主要考虑压力参数，因此一般采用不锈钢、20钢即可。此外，取样管路（成分分析）采用不锈钢管；气源及信号管路采用不锈钢管、紫铜管或PU软管。

4.4.3　仪表管安装前必须对管材进行认真检查，防止因用错而造成安全隐患。导管从库房领取时必须检查管材出厂证明（合格证），领取与设计规格要求一致的管材，对合金管材须经金属试验作光谱定性分析进行确认，经过鉴定的管材应分类保管，绝不能混放、混用。

4.5　仪表导管的清洗

管路安装前应对导管内部油垢、铁锈等脏物进行清理，以达到清洁畅通，特别是不能进行现场吹洗（无排污门）的管路更应严格清洗。安装前管端应临时封闭（用胶布包好），避免脏物进入。需要脱脂的管路应经过脱脂合格后再安装。

管路清洗的主要方法是：

4.5.1　高压测量导管可采用压缩空气进行吹扫。

4.5.2　低压导管在用压缩空气吹扫后，再用干净的布浸以汽油（或煤油），用细钢丝拉着，穿过管子进行来回拉擦，除净管内积垢。

4.5.3　气源和信号管路用压缩空气吹扫干净。

4.5.4　管件内部的油垢用煤油或汽油进行清洗。

4.6　导管弯制

4.6.1　导管的弯制应根据不同的测量需要和不同的管径采用不同的弯制方法。对于Φ16及以下的金属导管可采用手动弯管器冷弯，冷弯不影响导管的化学性能且弯头整齐一致。对于Φ16以上的金属导管采用电动液压弯管机弯制，高压大口径导管采用90°标准弯头成品。

4.6.2　冷弯法弯制导管

现场经常使用的手动弯管器，有固定型和携带型两种，可以购买成品也可自行加工，由于结构简单，操作方便，因而使用最为广泛。

1　固定型手动弯管器可固定在现场梯子平台和栏杆等方便操作且周围无障碍物的地方，这种弯管器适宜于弯制Φ14mm、Φ16mm的导管。

2　携带型弯管器使用时只需两手分别控住两手柄进行弯制。这种弯管器只适宜于弯制Φ14以下的导管，直径粗的导管弯起来比较费力。

3　微型手动弯管器用于铜管和不锈钢管（Φ6mm～Φ8mm）的弯制。这种弯管器使用方便，可克服大型弯管器不能满足的弧度要求。

4　电动液压弯管器主要弯制电缆保护管管，也可弯制外径为Φ8～Φ32的金属导管。弯管机由电动机、液压活塞泵、模具组成，弯管时注意放置平稳，操作缓慢，重点掌握好椭圆度不能太大。

4.7　管路的敷设固定

管路敷设前必须将固定支架安装好，敷设路线（支架走向）应能满足管路敷设的一般规定，支架固定前已经将管卡眼打好，保证管路在支架上固定后的横平竖直或者满足规范要求。

4.7.1　气体测量管路的敷设

气体测量管路主要是指炉风压管路及汽轮机真空等测量管路。管路敷设坡度及倾斜方向主要应考虑管内的烟气杂质和冷却后的液体能自动排回主管道或设备内，因此测量仪表（变送器）的安装位置一般应高于测点且不允许加装排液门。

测量气体的管道，无论是向上还是向下敷设，由取源装置引出时，先向上引出高度不小于 600mm，连接头的内径不应小于管路内径，以保证环境温度变化析出的水分和尘埃能沿这段垂直管段返回主设备，减少表管积水和避免堵塞。

4.7.2　液体测量管路的敷设：液体测量管路主要包括水、油、酸碱系统测量管路。管路敷设坡度及倾斜方向主要考虑测量导管内的空气能自动导入主设备内，因此要求测量仪表一般低于测点位置，即管路向下敷设。如果测量管路向上敷设，就应在最高点加装排气门。但对油系统及酸碱测量管路敷设时应向下倾斜，一般不允许加装气门。

流量测量管路一般应向下敷设（由原理决定），并加装排污门。

4.7.3　蒸汽测量管路的敷设

1　蒸汽测量管路的敷设与液体测量管路基本相同，为了保证蒸汽的快速冷却，一般一次门前和门后的管路总长应不小于 3m。

2　流量测量时，在一次门前加装冷凝器，冷凝器安装高度高于节流装置中心线。若仪表高于节流装置，则冷凝器引出导管须向下垂直敷设（不小于 500mm）后，再向上接至仪表。

4.7.4　气源及信号管路的敷设

气源及信号管路的敷设坡度及倾斜方向虽然没有测量管路那样要求严格，但敷设时应考虑管内的凝结水能自动排出。如果受环境条件限制，则在总管最低点加装排液门。信号管路压力低，为了减少压力损失，管路不宜太长。尼龙管应敷设在线槽或保护管内，并保持导管平直无拉力。如果设计的气源管路中需安装气源分配器则气源分配器应垂直安装，排液门在末端。

4.8　**导管的固定**

4.8.1　导管固定应采用能拆卸的卡子，常用 Φ5mm×20 镀锌螺丝将导管固定在支架上。若成排敷设，两管的间距就应均匀且保证两管中心距离为 2D（D 为导管外径）。

4.8.2　有膨胀弯及膨胀弯以前的导管（取源装置引出管）应处于自由状态，固定点应放在膨胀弯之后。固定导管的支架形式和尺寸应根据现场实际情况而定，常用角钢、扁钢及槽钢来制作。

4.9　**导管的连接**

导管的连接形式很多，归纳起来有两类，即焊接连接和接头连接。

原则上，所有仪表导管的对口连接部位均须采用焊接连接，但考虑到检修时便于拆卸，对仪表管终端（与二次门或仪表的连接等）可采用管接头连接。此外，对气源、信号等低压管道，可采用管接头连接。为了保证安全，高温高压系统一次门前导管必须采用焊接连接，不得使用管接头连接。

4.9.1　焊接连接

焊接连接，即采用火焊、电焊和氩弧焊等进行的导管连接。通常，Φ16mm×3及以下导管的连接采用火焊或氩弧焊；Φ16mm×3以上的导管连接采用电焊。无论哪种焊接形式，均须由专业焊工进行焊接，并使用合适型号和规格的焊丝或焊条。

焊接连接导管时，可按下列工艺要求步骤进行：

1　焊前由仪表工进行导管对口、去掉管口毛刺并对称点焊。敷设导管时，对口点（焊口）应尽可能少。

2　高压导管上需要分支时，应采用高压焊接三通接头焊接，不得在导管上直接开孔焊接。

3　不同直径的导管对口焊接时，其内径偏差不得超过 1mm，否则，应采用异径转换接头。

4　高压导管对口焊接，也可采用套管焊接连接，以增加焊口的强度。

5　氩弧焊主要用于不锈钢和合金钢导管的接口焊接。

6　导管点焊并校直后，由专业焊工施工。其中合金钢焊口应进行焊后光谱分析复查。

7　常用的管接头连接有三种形式：

1）压垫式管接头，主要用于导管与阀门、仪表之间的连接，其安装按以下步骤进行：

①　把接管嘴穿于锁母孔中，应是自由状态，不允许有卡死现象。

②　把带有接管嘴的锁母拧入接头座或仪表或阀门的螺纹上，将接管嘴与导管对口、找正，用火焊对称点焊（仪表或设备上火焊后用湿棉纱快速冷却）。

③　再次找正后，卸下接头进行焊接。为避免焊接时高温传热损坏仪表内部元件，严禁不卸接头直接在仪表设备上施焊。

④　安装接头时，应检查结合面及密封垫圈是否平整光洁，然后均匀用力上紧。

2）卡套式管接头，主要用于碳钢式不锈钢仪表导管的连接。它利用卡套的刃口卡住并切入无缝钢管，起到密封的作用。其安装步骤主要如下：

①　卡套式管接头作管路连接时，必须保证成品导管光滑、无椭圆度。

②　除去管子端头内外圆周上的毛刺及污垢。

③　检查并清理管接头、螺母及卡套上锈蚀和油污。

④　按顺序将螺母、卡套套在管子上（注意卡套方向不要搞错），然后将管子插入接头体内锥孔底部并放正卡套。旋入螺母压紧管子然后紧固。

⑤　初次紧固后可拆下螺母检查卡套与管子咬合情况，卡套的刃口必须咬进钢管表层，其尾部沿径向收缩，卡套在管子上稍能转动但不得径向移动，否则，

应再紧固。

3）胀圈式管接头，主要用于气源及信号管路（PU 软管和尼龙管）的连接。它利用铜胀圈作密封件来连接铜管或尼龙管。胀圈式管接头的安装方法与卡套式管接头基本相似，起密封连接作用的是胀圈。当螺母紧压胀圈时，胀圈产生形变，胀圈内表面紧压在管子上，而胀圈腰鼓处被紧压在接头体内。接头在安装时须检查胀圈，胀圈应饱满、厚薄均匀、无变形。

4.10　管路的严密性试验及挂牌

管路的严密性试验是检查仪表导管及阀门接口处是否严密可靠的重要环节。因此，管路及阀门安装后必须按规定进行严密性试验。

4.10.1　仪表管道的压力试验应采用液体为试验介质。仪表气源管道、气动信号管道或设计压力小于或等于 0.6MPa 的仪表管道，宜采用气体作为试验介质。

4.10.2　蒸汽或液体管路的严密性试验

被测介质为蒸汽或液体的管路（如给水和主蒸汽），如果由于条件限制无法单独做严密性试验，就可随主设备或管道打压时一起进行。因此，必须与机务专业联系好并留出试验时间，在主设备或管道打压前做好一切准备工作（包括准备标牌、开门扳手、加装垫片、生料带等）。在主设备或管道开始升压前，关闭二次门（三阀组的平衡门应打开），逐个打开管路的一次门及排污门，检查管路应畅通无阻塞，在确认一、二次门及排污门对应无差错的情况下，关闭排污门。待压力升至 1.5 倍工作压力并保持 10min，检查各管路接口处应无渗漏现象。由于工期和工序的原因，炉受热面水压试验时一般只能保证一次门及门前管路随主设备打压，一次门后的管路严密性试验可在锅炉点火前升压时一起进行。

严密性试验合格后在仪表阀上挂上标有设计编号、名称、用途的标牌，对高温高压系统要求挂金属标牌，不可用塑料牌，以免损坏。

4.10.3　气体管路的严密性试验

气体管路由于压力低，漏气不易发现，因此严密性试验尤为重要。气体管路除气源母管和分支外，气动信号管路、气体测量管路都须做严密性试验。

4.11　管路的防腐刷漆

仪表管路的防腐主要是指在金属导管表面涂上油漆，漆膜能对周围的腐蚀性介质起隔绝作用，从而达到管路防腐的目的。

4.11.1　管路涂漆的要求：

1　涂漆前应清除导管表面的油垢、灰尘、铁锈、焊渣、毛刺等污物。

2　涂漆施工环境温度应为 5～40℃。

3　导管应先刷一遍防锈底漆，干后再涂调和漆。

4　为了减轻刷漆工作量，导管的防锈底漆可在管路严密性试验前进行（焊口、接头处暂不要刷），调和漆（面漆）在管路严密性试验后涂刷。

5　多层涂刷时，应在漆膜完全干后，再刷下一层。漆层应均匀、牢固、无漏涂。

6　高温高压导管应涂刷耐高温油漆（如有机硅耐温漆）。

7　埋入地下的管路应涂沥青防腐漆。化学水处理室的仪表管路不应安装在地沟附近。

4.11.2　管路涂漆的步骤：

1　用钢丝刷或钢丝轮等清理导管外表面污垢。

2　将防锈漆调配到适当黏度（兑汽油或稀料），并搅拌均匀。

3　用扁形毛刷浸入油漆 1/2～1/3 毛长为宜。

4　漆面厚度应均匀，以不露底、不流挂、不起皱为宜。

5　待防锈底漆干透后再刷调和面漆，方法与刷底漆相同。

4.12　**管路的伴热**

管路的伴热和保温一般是由专业的保温队伍施工，有时候仪表专业的会对管路进行伴热，伴热方式现在大部分都在用电伴热，简单方便，针对水、汽测量管路。

4.12.1　管路的伴热必须在管路严密性试验结束后进行。

4.12.2　管路防腐施工完毕，在防腐剂完全干燥后方可进行伴热施工。

4.12.3　电伴热用自限式伴热带，在管路外部先缠 1～3cm 厚的保温，再缠绕伴热带，缠绕伴热带的方法和注意事项根据产品要求施工。

4.12.4　伴热带缠完后，外部再用保温棉保温，再用镀锌铁皮进行保护。

5　质量标准

5.1　主控项目

5.1.1　仪表管道的材质、规格、型号应符合设计要求。

5.1.2　需要脱脂的仪表管道应经过脱脂合格。

5.1.3　仪表管道埋地敷设时，应经试压合格和防腐处理后方可埋入。直接埋地的管道连接时必须采用焊接，在穿过道路及进、出地面处应加保护套管。

5.1.4　仪表管道的焊接应符合现行国家标准《现场设备、工业管道焊接工程施工及验收规范》的有关规定。

5.1.5　仪表管道与设备连接时，仪表设备不应承受其他机械应力。

5.1.6　仪表管道连接装配应正确、齐全。

5.1.7　仪表管道连接轴线应一致。

5.2　一般项目

5.2.1　管子内部应清洁、畅通。

5.2.2　仪表管道安装位置应不妨碍检修，应不易受机械损伤，环境应无腐蚀和振动。

5.2.3　管子表面应无裂纹、伤痕、重皮；金属管道弯制后应无裂纹和凹陷。

5.2.4　高压管道分支时应采用三通连接，三通的材质应与管道材质相同。

5.2.5　管道应使用管卡固定且牢固。

5.2.6　不锈钢管道固定时，与碳钢之间无直接接触。

5.2.7　仪表管道阀门应便于操作和维护。

6　成品保护

6.0.1　在施工生产过程中，下道工序的施工人员注意仪表管道的保护，不能踩踏、抓力仪表管道。

6.0.2　凡已完伴热的管道在其周围施工时要做好防护，因固定保温铁皮需要打眼时要保证保温棉的厚度不伤到伴热带。

6.0.3　不得在已经安装好的仪表管道上面搭接电焊地线等。

6.0.4　管口要及时封堵，防止杂物堵塞管。

7　注意事项

7.1　应注意的质量问题

7.1.1　高压钢管的弯曲半径宜大于管子外径的 5 倍，其他金属管的弯曲半径宜大于管子外径的 3.5 倍，塑料管的弯曲半径宜大于管子外径的 4.5 倍。

7.1.2　管道成排安装时，应排列整齐，间距应均匀一致。

7.1.3　仪表管道支架的制作与安装，应满足仪表管道坡度的要求。支架的间距宜符合下列规定：

1　钢管：水平安装：1.00～1.50m，垂直安装：1.50～2.00m。

2　铜管、铝管、塑料管及管缆：水平安装：0.50～0.70m，垂直安装：0.70～1.00m。

7.2　应注意的安全问题

7.2.1　施工机械进场，必须经检查合格，方可使用。实现专人管理并操作，操作人员应持证上岗。

7.2.2　施工现场临时用电必须按临时用电规范执行。

7.2.3　在有限空间（容器内、地下室、坑、井内等）及潮湿的地方施工，必须设置符合规程要求的低压安全照明，并设专人监护。

7.2.4 施工现场易燃、易爆、腐蚀性和有毒材料、物品,要妥善保管,分别存放并明显标志。

7.2.5 施工现场动火前必须办理动火许可证,并设专人监护、设备、变配电设施附近动火,要采取有效保护措施。

7.2.6 施工现场动火点,必须按规定配备足够的消防器材和消防工具。

7.3 应注意的绿色施工问题

7.3.1 仪表管道支架和管道除锈刷油要有防护措施。

7.3.2 仪表管道安装后的废料要及时清除场地。

7.3.3 仪表管道到安装场地后要摆放整齐,不得乱堆乱放并做好标识。

8 质量记录

8.0.1 仪表管、钢材出厂合格证、质量检验报告等相关资料。

8.0.2 仪表管安装分项工程检验批质量验收记录。

8.0.3 隐蔽工程检测验收记录。

8.0.4 仪表管严密性试验记录。

第29章 仪表盘、箱、柜施工工艺

本工艺标准适用于工业与民用仪表工程中仪表盘、箱、柜的安装，不适用于制造、储存、使用爆炸物质的场所以及交通工具、矿井井下、气象等仪表工程。

1 引用标准

《自动化仪表工程施工及质量验收规范》GB 50093—2013

《石油化工仪表工程施工及验收规范》SH/T 3551—2013

《建筑电气工程施工质量及验收规范》GB 50303—2015

《建设工程施工质量验收统一标准》GB 50300—2013

《施工现场临时用电安全技术规范》JGJ 46—2005

《电力建设施工质量验收及评价规程 第4部分：热工仪表及控制装置》DL/T 5210.4—2009

2 术语

2.0.1 仪表盘、箱、柜

主要包括仪表DCS控制室机柜、电源柜、分析柜、接线箱、保温保护箱等。

3 施工准备

3.1 作业条件

3.1.1 组织工作人员熟悉有关施工图纸，资料，明确施工范围，工程量和施工所应达到的质量要求，以确保正确安装。

3.1.2 清点所有盘柜的型号、规格、数量，并明确其安装位置。

3.1.3 各种施工用器具能正常运转。

3.1.4 施工电源，施工环境应满足要求。

3.1.5 各种劳保用品，安全设施准备齐全。

3.1.6 施工场地平整，道路应畅通，土建人员撤离安装现场无交叉施工作业，如有应采取隔离措施。

3.2 机具与材料

3.2.1 材料

10号槽钢、防锈漆、调和漆、油刷、M14镀锌螺丝、钻头、钢丝轮、电焊条。

3.2.2 机具

电焊机等电焊设备成套、气焊工具成套、磨光机、钢卷尺、磁力线坠、套筒扳手、皮锤、水准仪。

4 操作工艺

4.1 工艺流程

盘、箱、柜底座制作→盘、箱、柜底座安装→盘、箱、柜搬运现场→盘、箱、柜安装。

4.2 盘、箱、柜底座制作与安装

4.2.1 仪表盘、柜、操作台的安装位置应按设计图纸的位置和盘柜的尺寸先制作，一般基础槽钢用10♯槽钢并进行防腐处理。

4.2.2 如果设计有电缆夹层，控制室内地面铺地板的情况，操作台的槽钢基础应在铺地板之前进行施工，安装找正，其上表面宜高出地面。

4.2.3 如果设计的没有电缆夹层而是用静电地板，静电地板支腿的高度一般在300～500mm之间可以调节，所以在做槽钢基础前先确定静电地板的高度，根据静电地板的高度制作槽钢基础的支腿，槽钢基础的平面用水准仪找平且宜高出静电地板，槽钢底座的表面水平度允许偏差应为1mm/m，当底座长度大于5m时，全长水平度允许偏差应为5mm。

4.2.4 焊接符合焊接标准。

4.2.5 油漆完好，底漆刷防锈漆，面漆为调和漆。

4.3 盘、箱、柜搬运与开箱

4.3.1 设备到现场及时开箱检验，应有供货方、业主、监理及施工单位人员共同参加，对于不合格的设备予以更换，并做好记录。

4.3.2 为了搬运方便并避免在搬运过程中造成损坏，盘柜应在控制室内或就地安装位置处开箱。如装箱体积过大，则开箱工作可在安装场所附近的厂房或室外进行，但应随拆随搬，不得堆积过多而影响工作或损坏设备。

4.3.3 往控制室内搬运时，应根据厂家资料查清箱号，根据施工图安装位置逐一运至基础上，必要时临时固定，以免倾倒。

4.3.4 在搬运时，盘门应关闭锁上，精密的仪表或较重的组件从盘上拆下，单独搬运。

4.4 盘、箱、柜安装就位

4.4.1 将第一个机柜放在基础上找正，机柜的水平度、垂直度必须满足规程要求，必要时在附近的基础柜架下放置薄钢板调整。

4.4.2 将下一个机柜就位与前一个机柜校平，以同样的方法逐个就位并将它们连接在一起。

4.4.3 机柜间避免留有间隙。

4.4.4 机柜全部找正后，将其固定在基础槽钢上。

4.4.5 盘的安装应牢固、垂直、平整，安装尺寸误差符合下列要求：

1）盘正面及正面边线不垂直度应小于盘高的 0.15%。

2）相邻两盘连接处，盘正面的平面偏差不大于 1mm，连接超过 5 处时，偏差不大于 5mm。

3）各盘间的连接缝隙不大于 2mm。

4）相邻两盘顶部水平偏差不得大于 2mm，成列盘的顶部水平偏差不大于 5mm。

4.5　盘、箱、柜安装

箱柜可以直接安装在墙上，也可以安装在支架上。安装在墙上时，应用膨胀螺栓固定；安装在支架上时，应先将支架加工好，支架上钻好固定螺栓的孔眼，然后将支架固定在墙上或主架上。支架固定在钢结构架上时，可采用电焊连接，箱柜均应与接地线相连接。

4.5.1 垂直偏差每米不大于 1.5mm。

4.5.2 水平偏差每米不大于 1.5mm。

4.5.3 集中安装箱柜排列整齐。

4.5.4 保温箱的保温层完整无损。

4.5.5 固定牢固，孔洞密封严密，接地良好。

4.5.6 安装记录：

安装人员应做好安装记录，记录内容详实，数据准确，记录具体。应包括：盘台柜安装的垂直偏差，相邻盘柜顶部高差，相邻盘柜正面偏差，五面盘以上成排盘总偏差，盘间接缝间隙，弧形盘折线角，螺栓防锈层是否完好，盘柜固定是否牢固，接地情况，油漆是否均匀完好，美观等。

5　质量标准

5.1　主控项目

5.1.1 仪表盘、柜、操作台的安装位置和平面布置应符合设计文件的规定。

5.1.2 现场仪表箱、保温箱和保护箱的位置应符合设计文件的规定。

5.1.3 仪表盘、柜、操作台之间及仪表盘、柜、操作台内各设备构件之间的连接应牢固，安装用的紧固件应为防锈材料。安装固定不应采用焊接方式。

5.1.4 仪表盘、柜、箱不应有安装变形和油漆损伤。

5.2　一般项目

5.2.1　仪表盘、柜、操作台的型钢底座的制作尺寸，应与仪表盘、柜、操作台相符，其直线度允许偏差为1mm/m，当型钢底座长度大于5m时，全长允许偏差为5mm。

5.2.2　仪表盘、柜、操作台的型钢底座安装时，上表面应保持水平，其水平度允许偏差为1mm/m，当型钢底座长度大于5m时，全长允许偏差为5mm。

5.2.3　单独的仪表盘、柜、操作台的安装应符合下列规定：固定牢固、垂直度允许偏差为1.5mm/m、水平度允许偏差为1mm/m。

5.2.4　成排的仪表盘、柜、操作台的安装，应符合下列规定：

1　同一系列规格相邻两仪表盘、柜、操作台的顶部高度允许偏差为2mm。

2　当同一系列规格仪表盘、柜、操作台间的连接处超过2处时，顶部高度允许偏差为5mm。

3　相邻两仪表盘、柜、操作台接缝处正面的平面度允许偏差为1mm。

4　当仪表盘、柜、操作台间的连接处超过5处时，正面的平面度允许偏差为5mm。

5　相邻两仪表盘、柜、操作台之间的接缝的间隙不大于2mm。

5.2.5　仪表箱、保温箱、保护箱的安装应符合下列规定：

1　固定牢固，成排安装时应整齐美观。

2　垂直度允许偏差为3mm；当箱的高度大于1.2m时，垂直度允许偏差为4mm。

3　水平度的允许偏差为3mm。

4　就地接线箱的安装应密封并标明编号，箱内接线应标明线号。

6　成品保护

6.0.1　加强工程管理，重视工程保护工作，并采取得力措施，防止工程受损和二次污染现象。

6.0.2　在施工生产过程中，下道工序的施工人员必须采取保护措施切实保护上道工序的劳动成果，重要的和易损坏的成品和设备，施工前施工员应办理上下工序之间的书面交接手续，并有文字记录，双方签证，以明确工程保护范围和责任。

6.0.3　现场重要的或进口易损设备尽量安排在最后安装，并以书面形式移交公安科现场保卫值班人员看管，防治设备受损或丢失。

6.0.4　在仪表盘、柜及其他设备附近粉刷涂料、油漆时操作人员必须将周围设备用塑料布覆盖或遮挡。

6.0.5 可拆后装的小型零部件由专人保管，需要时再装。

7 注意事项

7.1 应注意的质量问题

7.1.1 仪表盘柜底座的固定螺栓孔应采用机械开孔的方式施工。

7.1.2 仪表盘、柜、操作台之间及仪表盘、柜、操作台内各设备构件之间的连接应牢固，安装用的紧固件应为防锈材料。安装固定不应采用焊接方式。

7.1.3 仪表盘、柜、箱不应有安装变形和油漆损伤。

7.2 应注意的安全问题

7.2.1 电动工具的使用应符合安全工作规程的要求，保护接地线和零线连接正确牢固，电缆或电缆软线完好，插头完好，开关动作灵活，无缺损，电气保护装置完好，机械防护装置完好，转动部分灵活。

7.2.2 进行焊接或切割时，必须戴好面罩以及防护眼镜等，穿好专用工作服、绝缘鞋、绝缘手套等，不得敞领卷袖。

7.2.3 在焊接切割地点周围 10m 范围内无易燃易爆物品，氧气-乙炔瓶间距 >8m，应直立放置，固定牢固。

7.2.4 切割结束后，必须切断电源，仔细检查工作场所周围及其防护设施，确认无起火危险后方可离开。

7.2.5 搬运盘柜、材料时应注意脚下及周围环境，避免出现人身和设备伤害。

7.2.6 搬运仪表及设备时轻拿轻放，防止损坏仪表及设备。

7.2.7 盘柜搬运过程中，应有专人统一指挥，施工人员协调作业，根据设计图纸，有序进行进盘工作。

7.2.8 热控盘柜在安装地点拆箱后，应立即将箱板等杂物清理干净以免阻塞通道或钉子扎脚。

7.2.9 盘撬动就位时人力应足够，指挥应统一，以防倾倒伤人，狭窄处应防止挤伤。

7.2.10 盘底加垫时不得将手伸入盘底，单面盘并列安装时应防止靠盘时挤伤手。

7.2.11 对重心偏在一侧的盘，在安装固定好以前，应有防止倾倒的措施。

7.2.12 控制室内预留孔洞应及时进行封盖或围栏圈围住，并有明显标示物。

7.3 应注意的绿色施工问题

7.3.1 仪表盘柜拆除箱体保护材料应及时清出场地，处理到规定的位置，同时也消除了火灾隐患。

7.3.2　盘柜安装产生的废料要及时清出场地，同时方便施工也避免损伤箱体。

7.3.3　仪表盘柜到安装场地后要摆放整齐。

8　质量记录

8.0.1　盘柜出厂合格证、质量检验报告，进口设备应有报关单等相关资料。

8.0.2　盘柜开箱验收记录。

8.0.3　盘柜安装分项工程检验批质量验收记录。

第30章 仪表线路施工工艺

本工艺标准适用于工业与民用仪表工程中仪表线路的安装，不适用于制造、储存、使用爆炸物质的场所以及交通工具、矿井井下、气象等仪表工程。

1 引用标准

《自动化仪表工程施工及质量验收规范》GB 50093—2013

《石油化工仪表工程施工及验收规范》SH/T 3551—2013

《建筑电气工程施工质量及验收规范》GB 50303—2015

《建设工程施工质量验收统一标准》GB 50300—2013

《施工现场临时用电安全技术规范》JGJ 46—2005

《电力建设施工质量验收及评价规程　第4部分：热工仪表及控制装置》DL/T 5210.4—2009

2 术语

2.0.1 仪表线路

仪表电线、电缆、补偿导线、光缆和电缆桥架，电缆导管等附件的总称。

2.0.2 电缆导管

用以在其内部敷设和保护电缆电线，便于导入或拉出电缆电线的管子。

3 施工准备

3.1 作业条件

3.1.1 组织工作人员熟悉有关施工图纸、资料，明确施工范围，工程量和施工所应达到的质量要求，以确保正确安装。

3.1.2 熟悉检查现场并查阅相关专业图纸，检查桥架安装地点、路径，结合现场的实际情况，审核桥架路径的可能性，是否与其他专业相冲突，桥架接口是否正确，做好图纸专业间的会审。检查现场照明，是否能够进行施工。

3.1.3 根据设计或技术交底确定托架走向、层次，从而确定立柱位置及长度。

3.1.4 依据图纸算出工程量，掌握桥架规格型号及安装路径，了解工程量，数据统计准确，提出桥架施工的材料计划。

3.1.5　根据图纸设计编出《材料需用计划表》，并以此到仓库领料。桥架及配件型号、规格符合设计要求。对立柱、托架、托臂、连接片、固定压板、螺栓等主辅件进行全面筛选，确保所用材料规范统一，对变形的要校正，对不符合要求的要清退，以便实现工艺的高标准。

3.1.6　各种施工用器具能正常运转。

3.1.7　施工电源，施工环境应满足要求。

3.1.8　各种劳保用品，安全设施准备齐全。

3.1.9　施工场地平整，道路应畅通，土建人员撤离安装现场无交叉施工作业，如有应采取隔离措施。

3.2　机具与材料

3.2.1　材料

槽钢角钢、不锈钢管、防锈漆、调和漆、油刷、M14 镀锌螺丝、钻头、钢丝轮、电焊条。

3.2.2　机具

电焊机等电焊设备成套、气焊工具成套、磨光机、钢卷尺、磁力线坠、水准仪、卷扬机。

4　操作工艺

4.1　桥架安装工艺流程

立柱下料→立柱固定→托臂安装→托架安装→电缆竖井支撑安装→桥架安装。

4.1.1　立柱下料

按设计文件及现场情况下料，立柱的切口要平整，水平和垂直偏差≤2mm。

4.1.2　立柱固定

1　立柱的生根处是钢筋混凝土结构的可采用膨胀螺栓进行固定。采用膨胀螺栓进行固定时，首先在固定处打上 4 个 ϕ12mm 膨胀螺栓，钻孔直径的误差不得超过＋0.5～0.3mm；深度误差不得超过＋3mm；钻孔后应将孔内残存的碎屑清除干净。然后用厚为 10mm 的钢板切割 150mm×150mm 的铁板。再根据 4 个膨胀螺栓的相对尺寸在铁板钻 ϕ13mm 孔 4 个，最后将铁板用膨胀螺栓紧固在混凝土面上。立柱焊接固定时，可先点焊一点，然后对立柱进行找正，立柱找正后方可进行焊接，焊接后补刷同材料、同色的漆。立柱每隔 1.5m 固定一根，且同一直线段以三通、弯头为基点。立柱安装要横平竖直，间距误差小于 10mm，立柱自由端空余长度为 30mm。立柱的生根处在刚性梁或有预埋铁处，可将立柱直接焊接在钢梁或预埋铁上。

2　固定立柱时，应先固定两端，然后各拉一线绳，找出基准线，再固定中间立柱。除立柱的生根处和部分垂直安装桥架无固定方式的，用电焊连接外，其余连接全部为螺栓连接。电缆桥架支架采用托臂与工字钢组合安装时平垫和弹簧垫上好，螺栓要拧紧。

4.1.3　托臂安装：所有托臂在组合时，应使托臂保持水平，同一标高的托臂上下偏差不得超过 2mm，层与层间隔 300mm，要求整齐、美观、牢固。

4.1.4　托架、三通、四通、弯头安装，特殊部位托架安装。

特殊部位的托架安装，要用手工制作，连接方式完全和主体一致，制作出的特殊三通、弯通、四通等，达到制造厂的标准。托架内侧弯曲半径大于 300mm。不同宽度托架连接要平缓过度。托架变宽、变窄、调高、调低、转弯不允许使用电火焊，要用调宽、调角连片连接固定并采用螺栓连接。

4.1.5　电缆竖井支撑安装。电缆竖井安装时，先在电子间墙柱或锅炉钢梁上生根焊接支撑架，再把竖井坐在支撑架上，找正后，把竖井焊在支架上。固定竖井的支架间距控制在 3m 左右，支架与竖井的焊接应采用花焊，每段焊缝的长度宜在 50mm 左右，固定竖井的支架应两侧对称安装。

4.1.6　桥架安装。

1　桥架需要切割时，切口要正，并用平锉将毛刺、锐边打磨光滑；铺设桥架时，接头要对正，连接螺栓应由内向外穿，桥架连接牢固，横平竖直。桥架水平敷设时≥400mm 的桥架如设计没有明确以门形桥架位主；支架水平和垂直距离依据设计为准，如设计没有明确水平臂式支架距离≤800mm，垂直距离为≤1000mm，水平方向误差不超过 5mm，垂直度不超过 3mm；桥架与支架之间固定采用螺栓固定。电缆桥架支吊架，沿桥架走向左右偏差≤10mm；下层桥架在横档上打眼 ϕ5mm 孔以便于穿绑线，间距为 50mm。当桥架直线长度超过 30m 时应有伸缩缝，采用伸缩板连接；多层桥架敷设时层间净距离≥250mm，当多层桥架标高同时改变时，桥架层间距离应保持不变，桥架与桥架应保持平行。

2　盖板固定牢固，便于拆卸。

3　桥架安装应先安装主桥架，当盘柜或控制箱就位后，再安装分支桥架，分支桥架与盘柜或控制箱应连接牢固。电缆进入盘、箱、柜之前，都要安装∠40×4 的冲眼花角钢，固定绑扎电缆，其间距为 300mm。

4　组装电缆竖井时，采用单个吊装、地面组合与局部整体吊装相结合的施工程序。严格按照审批后竖井吊装方案施工。竖井安装一般采用从最下部开始，然后像搭积木一样，自下而上，固定一节后，再装下一节。节与节之间用螺栓连接固定。搬运、安装用手拉葫芦及小型电动卷扬机。固定竖井时，其标高及平面位置必须找准，与电缆槽口要吻合、对齐、对正。竖井安装时，须随时用水平尺和磁力线坠观察测量竖井整体水平及垂直度，如发现不垂直或扭曲现象就应及时调整。竖井安装时螺栓应先初紧，或竖井先点焊，待整段组合后，经检查找正和调整后再把螺栓拧紧或把竖井焊牢。竖井垂直误差≤2/1000H（H 为竖井高度），支架横撑水平误差≤2/1000L（L 为竖井宽度），竖井对角线误差≤5/1000L（L 为竖井对角线长度）；

5　电缆托架与热管道保温层外表面平行敷设时，其间距大于 500mm，交叉敷设时大于 200mm，电缆托架距不保温热表面距离宜大于 1000mm。

6　电缆托架应避开人孔、设备起吊孔、窥视孔、防爆门及易受机械损伤的区域。敷设在主设备和管路附近的电缆托架不应影响设备和管路的拆装。

7　电缆托架与测量管路成排作上下层敷设时，其间距大于 200mm，严禁在油管路正下方平行敷设及在油管路接口的下方通过。

8　补刷油漆。将焊渣清除干净，补刷防腐漆和银粉漆，刷漆时应无滴流、花脸现象。

9　接地地线连接。桥架自身如带不锈钢接地片时应将片上的杂物清除干净。如需要导线连接时应将导线焊好线鼻子后连接。

10　电缆桥架在穿过墙及楼板时，应采取防火隔离措施。

4.2　线槽、保护管安装工艺

4.2.1　线槽、保护管安装工艺流程

支架及线槽→保护管的下料及接地→刷防护漆。

4.2.2　支架及线槽

1　看位置、拉粉线、固定支架牢固。

2　敷设线槽、线槽弯头制作安装、堵头安装。

4.2.3　保护管的下料及接地

1　根据电缆外径按 1.5 倍选保护管。

2　保护管下料，用弯管机制作弯头，穿铅丝。

3　保护管间隔物焊接，保护管安装。

4　保护管临时封堵。

5　保护管接地。

4.2.4　补刷防护漆。

4.2.5　技术要求：

1　依据图纸算出工程量，提出线槽、保护管施工的材料计划，并根据工期进度分期分批领用材料；领用材料时，应检查保护管内外是否光滑有无铁屑、毛刺，保护管外面有无穿孔、裂缝以及显著锈蚀的凹凸不平现象。

2　线槽与线槽连接应采用连接片连接，当由线槽中间引出导线时，应用机

械加工法开孔，严禁在线槽上进行电火焊。

3 线槽应平整，加工尺寸准确，内部光滑无毛刺。线槽的安装应横平竖直、排列整齐。线槽 90°弯头制作，采用两个 45°弯头连接，不同宽度线槽连接平缓过度。

4 电缆保护管的管口应光滑、无毛刺。

5 电缆保护管的内径宜为电缆直径的 1.5～2 倍。电缆保护管的弯弧角度不应小于 90°，单根管子的弯头不宜超过两个；用电动液压弯管机或手动液压弯管机，按所量尺寸角度弯制电缆保护管，弯制保护管的模具应严格按管径尺寸选择；弯制后不应有裂缝或凹瘪现象。

6 电缆保护管宜采用"U"形卡子固定。

7 电缆保护管连接必须用管箍连接，不得焊接，据现场实际情况，对保护管进行组装。一根保护管一般弯头个数应不大于 3 个，一根保护管直角弯头一般不大于 2 个，明敷保护管如需多个弯头时应在中间选择一个合理的地方，用金属软管进行连接。

8 明敷保护管安装时用水平仪和线坠测量确保横平竖直，保护管成排不得超过三根，否则上线槽，管口齐平。

9 保护管管口距设备 300mm 为宜。

10 垂直线槽敷设时，线槽底部应打眼，固定电缆卡子。

11 线槽上开孔，上蛇皮管时，必须间距一致。

12 保护管间隔物选用 ϕ20mm 圆钢，长度为 30mm，第一个间隔物距合金接头 200mm，焊点放在背面。

13 主通道上转接 100 线槽时，在桥架侧帮贴底边开孔 100mm×80mm，不要锯通。

14 线槽或保护管离开热表面平行布置不小于 500mm，交叉布置不小于 200mm。

15 保护管必须确保有一点可靠接地；接地线焊接必须牢固，无虚焊；接地材料的下料必须横平竖直，整齐美观；接地材料的截面必须符合规范要求。

16 刷防护漆。预埋保护管外露部分和明敷保护管需要刷漆，要求刷防锈漆一遍，再刷银粉漆，要求完整一致，无漏刷、滴流、花脸等现象；外露部分刷银粉漆；保护管接地露出部分应刷黄绿标志漆，间隔均匀，长度 40～60mm。

4.3 电缆敷设

4.3.1 电缆敷设工艺流程

电缆牌的制作→电缆敷设→盘下电缆整理→电缆头制作及接线→包塑金属软管敷设及接头安装。

4.3.2 电缆牌的制作

1 使用阻燃材料的电缆牌、规格要统一，要用微机打印并压塑，不同系统的电缆标牌应分类放置。

2 路径及电缆长度的确定。根据图纸与实际现场核对电缆所经路径已经完全沟通。确认电缆所经过的路径干净无杂物，所经过的地方不会损伤电缆，如有加以处理并在敷设时加以注意。现场实际测量电缆路径，确定电缆长度。

4.3.3 电缆敷设

1 控制电缆敷设

1）所有电缆的绝缘必须用500V兆欧表进行检查（相间、对地），绝缘电阻必须≥1MΩ，并有详细记录。同时仔细观察芯线绝缘皮有无偏心现象。根据电缆敷设清册，核实电缆规格型号，严格按清册型号敷设，不得代用。

2）检查电缆桥架支架焊接牢固，螺丝连接紧固，敷设路线检查，沿途脚手架搭设牢固可靠，照明充足。清理托架、槽盒内外杂物。剪绑线，长度1m为宜。准备好塑料胶带、绝缘胶布、临时电缆牌。

3）检查手动电缆轴架、电动电缆轴架安全及润滑，电动电缆轴架转动部分灵活，马达正反转切换开关正确无误。

4）组织全体电缆敷设人员进行安全技术交底，说明敷设电缆根数、始末端、工艺要求及安全注意事项等。

5）电缆严格按清册、电缆敷设说明及敷设三维立体图进行敷设。起点和终点人员必须逐根核实电缆型号和编号。

6）电缆到达后，以就地电缆为准向控制室排列绑扎，电缆夹层梯式电缆托架逐档绑扎，拐弯处根据实际情况加档绑扎，封闭槽盒内每隔300mm绑扎一道。

7）电缆从就地排回来，机柜侧根据端子位置留300mm的余量，锯断电缆，挂临时电缆牌。就地电缆尽可能一次敷设到位，穿线槽保护管。如果因现场条件特殊原因不能到位，应该将电缆放置在合适的地方，确保电缆不损坏，为了节约成本并与工期的协调，另外多预留长度不宜超过1m。

8）敷设完的要及时扣好槽盒盖，暂不能扣盖的要用防火材料遮盖，就地电缆头用绝缘胶布封堵。

9）及时将空电缆轴清理出现场。

10）每日下班前关掉夹层、电缆通道及所有电源。

11）技术要求：

（1）电缆敷设区域的温度不应高于电缆的允许长期工作温度，一般控制电缆−40～65℃；信号电缆−40～50℃。

（2）所有敷设电缆须经电动电缆轴架或电缆轴支架放出，不得从轴上直接缠下敷设。

（3）严禁敷设有明显机械损伤的电缆，电缆敷设时防止电缆之间及电缆与其他硬质物体之间摩擦。

（4）电缆敷设应做到排列整齐、层次分明，不混放、不交叉、松紧适度。

（5）电力电缆、控制电缆、信号电缆应分层敷设，并按上述顺序从上至下排列。

（6）每敷设一根电缆都要绑扎牢固，排列整齐，再敷设下一根，电缆托架排满一层后，另起层，要求上一层电缆和下一层电缆绑扎牢固。

2　补偿电缆敷设

1）核对补偿导线，导线的规格型号与热电偶分度号相符，与设计相符。

2）所有导线绝缘用 500V 兆欧表进行 100％检查（相间、对地）并有详细记录，绝缘电阻补偿导线必须≥5MΩ，信号线路≥2MΩ。

3）各组单独敷设导线前检查桥架槽盒内已敷设导线，满足工艺要求后进行敷设。

4）按线槽、保护管的方向单根敷设。

5）分清补偿导线极性，接线，挂天蓝色阻燃塑料电缆牌。

6）技术要求：

（1）补偿导线须校验合格，补偿导线敷设时不能损伤外皮。

（2）线槽内导线敷设绑扎与托架一样，保证不交叉、整齐美观。

（3）电缆牌内容正确，字迹清晰，排列整齐，接线接触良好。

4.3.4　盘下电缆整理

1　电缆敷设前，盘孔下每层托架焊∠40×4 的冲眼花角钢。电缆进入盘、台、箱、柜之前，都要安装∠40×4 的冲眼花角钢，其间距为 300mm。

2　电缆整理前根据盘内端子布置情况在盘内固定好异型槽板。并对电缆孔洞进行适当修理。

3　根据盘内端子排及预留孔洞部位、形式、电缆数量逐一与技术员确定电缆进盘模式。

4　将电缆全部放到盘下，以托架顺序、端子排排列顺序逐根整理。

5　电缆整理用绑线绑扎牢固。

6　电缆整理完毕，用斜口钳剪掉剩余绑线。

7　技术要求：

1）以每层托架上边沿对正平行在立柱外侧焊∠40×4 的冲眼花角钢，安装完毕，刷与立柱颜色一致的油漆。

2）电缆从托架下方掏出再上盘，无法掏的可直接上盘。

3）绑线绑扎位置、方向、间距一致。盘下电缆排列有序，盘间（或孔间）电缆数量分布应均匀，间距一致。成排盘下焊花纹角铁应高低一致。

4.3.5　电缆头制作及接线

1　电缆整理。根据电缆在端子排的位置，把电缆整理好，要求盘内电缆排列整齐、美观、无交叉。电缆进盘台柜之前，留有余度，不能拉太紧，并在进盘前300～400mm处用尼龙扎带固定牢固。根据盘柜布置要求，电缆分成排列。盘下电缆整好后，必须根据端子接线图纸核对电缆的编号、型号、数量，弄清楚各部位电缆根数及自己的方案，经队长、技术员同意方可进行下一步施工。

2　剥电缆。首先把每根电缆在盘内相同的高度（即固定电缆头的位置）临时固定，并做等高线标志，然后逐一拆下，在做标志处剥开电缆，注意持电缆的手应放在电缆刀前进方向的反方向，以防划伤手及身体，同时剥电缆用力要均匀、适中，不要用力过猛，以免伤及身体或线芯。电缆芯线的绝缘层要保证完好无损。铠装电缆剥钢带时要尽量靠近外层绝缘边缘，并用锉刀锉平钢带边缘，以防割手。

3　焊屏蔽线接地端子。机柜侧屏蔽电缆屏蔽层一般是在屏蔽导线引出端处，将编织的导线解开，拧成绳状（成绞合导体），引出长度不够可以用截面相当的绝缘软线加以连接引出，引出线做标示，并连接接线端子，制作完成后使用500V兆欧表测量芯线与屏蔽层的绝缘电阻，其绝缘电阻值不应小于5MΩ。测量合格后，接于指定的接地位置或过渡连接端子上，如通过接线盒时屏蔽层的断点要连接可靠并做好绝缘。

4　拉直芯线。剥开电缆内护套后，散开芯线，用钢丝钳将芯线一根一根的拉直，注意拉直芯线时用力不能过猛，以免使芯线机械强度降低，截面变小。然后用塑料带在芯线头上绑扎，并写上电缆编号，书写正确、清晰，防止接错电缆。注意在接线过程中不要脱落。

5　做头。盘内已固定好的电缆，逐根排列到接线部位，检验交叉情况后，方可做缆头。用黄色塑料带缠绕在芯线根部制作一小段内护层。然后用黑色热缩管缩套在电缆头上，固定在盘内。要求缠绕紧密，均匀，美观；端头平齐，烘烤均匀，不能有蜂腰鼓肚，热缩管长度要求一致，长度为40mm。

6　对线。如果电缆的另一端未接线则不需对线，否则应采用通灯法对线，然后套上相应的线号，根据端子排布线，留一定弧度，接线。

7　排线。按端子排位置把电缆分成几个区域，同一区域的电缆芯线绑扎成一束，沿盘内边缘或线槽到达各个端子排，芯线束不应遮住端子排且平整，排列整齐，并在下列各点进行绑扎：①每个电缆头出口处；②芯线交叉，汇合，分支，拐弯处；③直线段每隔100～150mm距离绑扎一次。注意：捆绑不宜太紧，每当间距应均匀。

8　分线。在排线的同时，在有接线的端子处把相应电缆的芯线找出或任抽出一根，抽线要从芯线束背面抽出（暗抽），然后继续排线，备用芯不能剪短，一直绑到最后，塑料带仍要保存，以便查线时发现错误及时改正。分线要求排列整齐，美观，匀称，横平竖直，表面无交叉。要求查线必须正确；号头正确，统一长度为 21mm。

9　接线。分好线后，固定线束，检查芯线在端子排上的对应位置是否正确；根据端子排的位置，将多余部分剪掉。要求从线束到端子间芯线要留有余度，且所有芯线余度应相同，芯线弯曲弧度一致。注意有号头的要留住号头；另一端末接线时按端子排出线图找到小号头套好，将多余部分剪掉。当端子排竖装时，小号头从上向下排列，当端子排水平安装时，小号头从左向右排列，最后用尖嘴钳按顺时针方向把线头弯成圆圈，接在端子排上；圆圈大小要适当，能套在螺丝上即可，当采用 D、D1 系列端子时，把线头压在端子上即可，注意不要压在绝缘皮上，致使回路不通，下班前清掉废电缆皮和芯线。

10　技术要求：

1）电缆敷设后两端应用热缩管做头套，热缩管加热要均匀，不可过火。电缆头包扎要整齐、严密、高度一致。

2）电缆芯线不应有伤痕，属于螺丝压接的端子，都采用线鼻子连接，线鼻子的压接要用进口压线钳压接，保证牢固可靠。单股线芯弯圈接线时，其弯曲方向应与螺栓紧固方向一致。多股软线与端子连接应加筒状线鼻子。导线与端子或接线柱接触应良好，端子板的每侧接线不得超过 2 根。

3）电缆芯线的绑扎采用尼龙扎带绑扎，表面绑扎距离一致，色泽一致。

4）接线应正确，导线在端子的连接处应留有一定弧度。线头回路编号用微电脑线路印号机在白色塑料扁管上印刷黑色字体（重要保护回路为红色字体，也可用红色塑料扁管印刷黑色字体）。

4.3.6　包塑金属软管敷设及接头安装

1　确定需用的金属软管长度，下料，控制设备附着在本体上要考虑热膨胀。

2　金属接头与金属软管连接。

3　紧固接头。

4　技术要求：

1）金属软管敷设范围是在一次元件的进线口、二次元件的进线口、接线盒的进出接口、控制设备的进线口等，根据设计原则上与金属接头配套使用。

2）金属软管进入一次元件的进线口、二次元件的进线口、接线盒的进出接口、控制设备的进线口等，其长度不得超过 500mm，并留有自然余度。

　　3）金属软管的连接处保证牢固可靠无脱落，系统连接完整，丝扣配合良好，密封胶圈装好。

　　4）金属软管的外观完好无裂缝，压瘪现象。

　　5）金属软管不得中间开口出线。

　　6）成排软管间距一致，弯曲弧度一致。

5　质量标准

5.1　质量目标：

　　按照国家工程质量验收规范，建立工程项目的质量体系，做到工程质量分级管理，把好质量关，在验收时达到一次交验合格。

　　加强现场施工质量检查；配备专业检查人员；严格地按照图纸施工；加强原材料质量检查工作，做好记录，坚持不合格产品不施工；严格按照施工组织设计及作业指导书进行施工。

5.2　桥架检查验收及质量标准

　　5.2.1　核对桥架型号规格，应符合设计要求。

　　5.2.2　检查桥架镀层应完好，外形无扭曲、变形。

　　5.2.3　用尺测量桥架，水平倾斜偏差：每米小于 2mm，总长小于 10mm。垂直偏差：每米小于 2mm，总长小于 10mm。内侧弯曲半径大于 300mm。

　　5.2.4　观察托盘、梯架的补偿装置，直线段每隔 30m 有 1 个，且齐全；测量接地安装，应符合设计要求。

　　5.2.5　观察不同高（宽）桥架，连接应平缓；过渡桥架，对接无错边。盖板固定牢固、便于拆卸。固定螺栓连接紧固、螺母置于槽外、焊接牢固、无变形。用尺测量层间中心距不小于 200mm，支架立柱间距符合设计要求。

5.3　线槽、电缆保护管检查验收及质量标准

　　5.3.1　核对槽盒、保护管、支架型号，规格应符合设计要求，外观无裂纹，伤痕，重皮，内部清洁，畅通。

　　5.3.2　线槽连接应平缓；对接无错边。盖板固定牢固、便于拆卸。固定螺栓连接紧固、螺母置于槽外、牢固、无变形。支架间距符合设计要求。

　　5.3.3　用尺测量保护管，弯曲半径应符合管内电缆半径的规定，弯曲度不小于 $90°$；观察保护管，弯头数量不大于 2 个，成排管子弯曲弧度相同，整齐，美观，管子表面无裂缝，凹坑。

　　5.3.4　保护管安装应做到：与高温热表面距离不小于 150mm，管与管中心间距为 2D；焊接符合《验标》焊接篇；管子固定牢固，排列整齐，美观；管口离设备距离易为 300mm，连接牢固，管口封堵良好，油漆完整。

5.4　电缆敷设检查验收与质量标准

5.4.1　核对电缆型号规格，应符合设计；检查外观，无凹瘪、损伤；电缆电线的绝缘电阻试验应采用 500V 兆欧表测量，100V 以下的线路采用 250V 兆欧表测量，电阻值不应小于 5MΩ。

5.4.2　电缆敷设应符合如下要求与标准：用尺测量电缆与保温层距离，平行敷设不小于 500mm. 交叉敷设不小于 200mm；层间距离，电缆与导管为 150～200mm。电缆与电缆为 150～200mm；用尺测量电缆弯曲半径，铠装电缆不小于 ϕ12mm，非铠装电缆不小于 ϕ6mm；与非保温热表面距离不小于 1m。电缆排列整齐、无交叉、拐弯弧度一致，标志牌齐全、清晰；核对电缆分层，应符合设计；敷设记录清晰、齐全。

5.4.3　电缆卡固定位置应符合下列要求：垂直敷设在每个支架上，水平敷设在首尾两端，保护管段在保护管前后，在控制盘前 300～400mm，在接线盒前 150～300mm，在端子排前 150～300mm，电缆拐弯及分支拐弯（分支）处。螺栓附件齐全。

5.5　接线检查验收及质量标准

5.5.1　电缆头制作安装要求；铠装电缆钢箍紧固，电缆头包扎整齐、美观、不漏，包扎长度一致，排列整齐，固定牢固，卡子螺栓齐全。

5.5.2　接线要求：芯线表面无氧化层、伤痕，芯线弯圈方向顺时针，螺栓、垫圈齐全，紧固接线片压接紧固，排线整齐美观，芯线与端子接触良好，接线正确、牢固，导线弯曲弧度一致，线号标志正确清晰，不褪色。

6　成品保护

6.0.1　加强工程管理，重视工程保护工作，并采取得力措施，防止工程受损和二次污染现象。

6.0.2　在施工生产过程中，下道工序的施工人员必须采取保护措施切实保护上道工序的劳动成果，重要的和易损坏成品和设备，施工前施工员应办理上下工序之间的书面交接手续，并有文字记录，双方签证，以明确工程保护范围和责任。

7　注意事项

7.0.1　要加强工程管理，重视工程保护工作，并采取得力措施，防治工程受损和二次污染现象. 使现场真正做到安全文明、工程优质达标。

7.0.2　坚决杜绝在楼地面上、墙壁上、沟道内用大锤打孔或小孔打开。如工程需要，应签发联络单，由指定的单位用专用的各种类型的打孔机打孔。

7.0.3　现场重要的或进口易损设备尽量安排在最后安装,并以书面形式移交现场保卫值班人员看管,防治设备受损或丢失。

7.0.4　在电缆桥架、仪表盘、柜及其他设备附近粉刷涂料、油漆时操作人员必须将周围设备用塑料布覆盖或遮挡。

7.0.5　对正在施工的楼面、楼梯栏杆要设置临时围栏及标志,可拆后装的小型零部件由专人保管,需要时再装。

8　质量记录

8.0.1　出厂合格证、质量检验报告等相关资料。

8.0.2　开箱验收记录。

8.0.3　分项工程检验批质量验收记录。

第4篇 仪表调试标准

第31章 分析仪表调试标准

本工艺适用于工业与民用建筑工程中分析类仪表调试施工。

1 引用标准

《自动化仪表工程施工及质量验收规范》GB 50093—2013

《石油化工仪表工程施工及验收规范》SH/T 3551—2013

《建筑电气工程施工质量及验收规范》GB 50303—2015

《建设工程施工质量验收统一标准》GB 50300—2013

《施工现场临时用电安全技术规范》JGJ 46—2005

2 术语

氧化还原电位（ORP）：反映水溶液中所有物质表现出来的宏观氧化—还原性。氧化还原电位越高，氧化性越强，电位越低，氧化性越弱。电位为正表示溶液显示出一定的氧化性，为负则说明溶液显示出还原性。

化学需氧量（COD）：是在一定条件下，用一定的强氧化剂处理水样时所消耗的氧化剂的量，以氧的 mg/L 表示。

3 施工准备

3.1 作业条件

3.1.1 编写完成分析仪表调试作业指导书。

3.1.2 仪表校验工作室应符合下列要求：

1 室内清洁，光线充足，通风良好，地面平坦。

2 室内温度维持在 10～35℃之间，空气相对湿度不大于 85%，无腐蚀性气体。

3 避开振动大、灰尘多、噪声大和有强磁场干扰的地方。

3.1.3 仪表调校用电源应稳定，50Hz220V 交流电源和 48V 直流电源，电压波动不应超过额定值的＋10%，24 伏直流电源不应超过＋5%。

3.1.4　仪表调校用气源应清洁、干燥，露点至少比最低环境温度低 10℃，气源压力应稳定，波动不应超过额定值的＋10％。

3.1.5　调校用标准仪器、仪表应具备有效的检定合格证书，基本误差的绝对值不宜超过被校仪表基本误差绝对值的 1/3。

3.1.6　调校前应熟悉仪表使用说明书。仪表校验前做好外观检查，铭牌及实物的型号、规格、材质、测量范围、刻度盘等应符合设计要求。无变形、损伤、零件丢失等缺陷，外形主要尺寸符合设计要求，附件齐全，合格证及检定证书齐全。

3.1.7　校验合格的仪表，应做好合格标记，及时填写校验记录，要求数据真实、字迹清晰，校验人应签名并注明校验日期。

3.1.8　经校验不合格的仪表，应按指定区域单独存放，或挂牌标识，并写好不合格记录，在未按评审意见处理并经复检合格之前，不得进入下一施工。

3.2　调试人员的组成和要求：

3.2.1　校验人员必须持证上岗。

3.2.2　调试人员应充分熟悉仪器仪表的性能及调试方法，并有国家承认的检定证书。

3.2.3　调试人员应熟悉仪表及控制装置的用途。

3.2.4　调校过程严格遵守规程、规范、技术要求。

3.3　工具机配备：

3.3.1　热工试验场所应配置一般的工具，如万用表，尖嘴钳，螺丝刀，剥线钳等。

3.3.2　分析仪表单体调试所需设备，如智能过程校验仪（ConST318）、万用表等。

4　操作工艺

4.1　工艺流程：

施工准备→仪表出库检查→仪表单体调试→仪表安装前的保管→试验记录的填写。

单体调试流程：

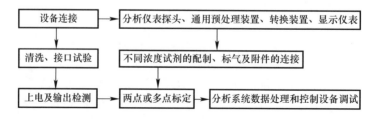

4.2　施工准备

4.2.1　熟悉图纸，了解仪表的型号、规格、材质等情况。

4.2.2　详细阅读仪表使用说明书，了解被校仪表的技术参数，掌握校验方法。

4.2.3　根据被校仪表的型号、规格，准备好校验仪器及必要的调校工具。

4.3　仪表出库检查

4.3.1　检查外观有无变形、损坏、零件丢失等现象。外形尺寸应符合设计要求。

4.3.2　核对铭牌及实物的型号、规格材质是否符合设计要求。

4.3.3　如经检查外观不合格应及时退回生产单位。

4.4　分析仪表单体调试

4.4.1　检查被校仪表外观，铭牌应完整、清楚，并注明型号、规格、位号等，应标记高、低压容室，表涂层完好、无锈蚀，内部零部件完整无损，无影响使用和计量性能的缺陷。

4.4.2　选择标准仪器：标准仪器精度在 0.5 级以上。

4.4.3　检验点选取：根据量程均匀选取压力检验点，检验点（包括高、低量程点）不得少于五点。确定后，可计算出各点相对应的输出电流值（即真值），实际检定误差不应超过下列最大允许误差值：

$d=\pm16\times\alpha\%$ MA（d-最大允许基本误差）、（$\alpha\%$-变送器精度等级）；

仪表最大允许误差＝±（仪表量程×精度等级）；

计算仪表误差：仪表示值误差≤仪表允许误差；

仪表回程误差≤仪表允许误差的绝对值；

轻敲位移≤仪表允许误差的绝对值的 1/2；

信号动作报警偏差≤仪表允许误差的绝对值。

4.4.4　检定前准备被检表所测物资可代替的介质或转换器。

1　相同密度、比重、浓度等。

2　无毒、无刺激性气味、对人无伤害的介质，分别配所测物资可代替 0%、25%、50%、75%、100% 的介质或转换器。

4.4.5　零位及量程检查：表计通电 15min 后，检查零位、满量程是否符合技术要求，如超出技术要求，使用智能过程校验仪（ConST318）修改使其符合要求。检查仪表软件组态，使用专用智能通讯器检查，应符合工艺及测量要求。

1　从下限（零位）开始，把传感器放置在不同的介质中依次 0%、25%、50%、75%、100%，观察电流显示或二次仪表显示是否分别为 4、8、12、16、20MA 或 0%、25%、50%、75%、100%，误差小于允许误差即为合格，读取被校表读数并记录，直到测量上限。

2　在现场不具备校准条件的分析仪表，只能做常规项目的检测。

4.5　仪表安装前的保管

4.5.1　搬运仪器仪表时应小心轻拿轻放，防止摔坏仪表及砸伤人。

4.5.2　对检验合格又暂时不能安装的仪表，应将表面擦干净放在货架上，盖上塑料布保存。

4.6　试验记录的填写

真实填写试验记录。

5　质量标准

5.1　主控项目

压力仪表的标准试验点不应少于 5 点，直接显示温度计的被检示值应符合仪表准确度的规定。

5.2　一般项目

仪表面板应清洁，仪表上应有试验标识和位号标志。

6　成品保护

6.0.1　调试完成后仪表设备应防护设施完备，保护仪表完好。

7　注意事项

7.0.1　试验人员应穿戴安全帽、工作服。

7.0.2　调试过程中要注意人员和设备的安全；试验人员不得少于两人。

7.0.3　仪表调试合格后要贴合格标志。

7.0.4　调试中若发现设备异常，应立即停止试验，待设备故障原因查明、处理完毕后才可继续试验。

8　质量记录

8.0.1　工程设计说明及图纸资料。

8.0.2　设备出厂技术说明书。

8.0.3　仪表校准和试验记录。

第 32 章　流量仪表调试标准

本工艺适用于工业与民用建筑流量仪表调试施工。

1　引用标准

《自动化仪表工程施工及质量验收规范》GB 50093—2013
《石油化工仪表工程施工及验收规范》SH/T 3551—2013
《建筑电气工程施工质量及验收规范》GB 50303—2015
《建设工程施工质量验收统一标准》GB 50300—2013
《施工现场临时用电安全技术规范》JGJ 46—2005

2　术语

2.0.1　流量

单位时间内流过某一段管道的流体的体积，称为该横截面的体积流量。简称为流量，用 Q 来表示。

3　施工准备

3.1　作业条件

3.1.1　应编写流量仪表调试作业指导书。

3.1.2　仪表校验工作室应符合下列要求

1　室内清洁，光线充足，通风良好，地面平坦。

2　室内温度维持在 10～35℃ 之间，空气相对湿度不大于 85%，无腐蚀性气体。

3　避开振动大、灰尘多、噪声大和有强磁场干扰的地方。

3.1.3　仪表调校用电源应稳定，50Hz220V 交流电源和 48V 直流电源，电压波动不应超过额定值的 +10%，24V 直流电源不应超过 +5%。

3.1.4　仪表调校用气源应清洁、干燥，露点至少比最低环境温度低 10℃，气源压力应稳定，波动不应超过额定值的 +10%。

3.1.5　调校用标准仪器、仪表应具备有效的鉴定合格证书，基本误差的绝对值不宜超过被校仪表基本误差绝对值的 1/3。

3.1.6 调校前应熟悉仪表使用说明书。仪表校验前做好外观检查，铭牌及实物的型号、规格、材质、测量范围、刻度盘等应符合设计要求。无变形、损伤、零件丢失等缺陷，外形主要尺寸符合设计要求，附件齐全，合格证及检定证书齐全。

3.1.7 校验合格的仪表，应做好合格标记，及时填写校验记录，要求数据真实、字迹清晰，校验人应签名并注明校验日期。

3.1.8 经校验不合格的仪表，应按指定区域单独存放，或挂牌标识，并写好不合格记录，在未按评审意见处骆并经复检合格之前，不得进入下一施工。

3.2 调试人员的组成和要求

3.2.1 校验人员必须持证上岗。

3.2.2 调试人员应充分熟悉仪器仪表的性能及调试方法，并有国家承认的检定证书。

3.2.3 调试人员应熟悉仪表及控制装置的用途。

3.2.4 调校过程严格遵守规程、规范、技术要求。

3.3 工具机配备：

3.3.1 热工试验场所应配置一般的工具，如万用表、尖嘴钳、螺丝刀、剥线钳等。

3.3.2 流量仪表单体调试所需设备，如智能过程校验仪（ConST318）、万用表等。

4 操作工艺

4.1 工艺流程

施工准备→仪表出库检查→仪表单体调试→仪表安装前的保管→试验记录的填写。

4.2 施工准备

4.2.1 熟悉图纸，了解仪表的型号、规格、材质等情况。

4.2.2 详细阅读仪表使用说明书，了解被校仪表的技术参数，掌握校验方法。

4.2.3 根据被校仪表的型号、规格，准备好校验仪器及必要的调校工具。

4.3 仪表出库检查

4.3.1 检查外观有无变形、损坏、零件丢失等现象。外形尺寸应符合设计要求。

4.3.2 核对铭牌及实物的型号、规格材质是否符合设计要求。

4.3.3 如经检查外观不合格应及时退回生产单位。

4.4　流量仪表单体调试

4.1.1　检查被校仪表外观，铭牌应完整、清楚，并注明型号、规格、位号等，应标记高、低压容室，表涂层完好、无锈蚀，内部零部件完整无损，无影响使用和计量性能的缺陷。

4.4.2　选择标准仪器：标准仪器精度在 0.5 级以上。

4.4.3　检定前准备被检表所测物资可代替的介质或转换器。

1　相同密度、比重、浓度等。

2　无毒、无刺激性气味、对人无伤害的介质。

3　分别配所测物资可代替 0％、25％、50％、75％、100％的介质或转换器。

4.4.4　零位及量程检查：表计通电 15min 后，检查零位、满量程是否符合技术要求，如超出技术要求，使用智能过程校验仪（ConST318）修改使其符合要求。检查仪表软件组态，使用专用智能通信器检查，应符合工艺及测量要求。

1　从下限（零位）开始，把传感器放置在不同的介质中依次 0％、25％、50％、75％、100％，观察电流显示或二次仪表显示是否分别为 4、8、12、16、20MA，或 0％、25％、50％、75％、100％，误差小于允许误差即为合格，读取被校表读数并记录，直到测量上限。

2　在现场不具备校准条件的流量仪表，只能做常规项目的检测。

4.5　仪表安装前的保管

4.5.1　搬运仪器仪表时应小心轻拿轻放，防止摔坏仪表及砸伤人。

4.5.2　对检验合格又暂时不能安装的仪表，应将表面擦干净放在货架上，盖上塑料布保存。

5　质量标准

5.1　主控项目

压力仪表的标准试验点不应少于 5 点，直接显示温度计的被检示值应符合仪表准确度的规定。

5.2　一般项目

仪表面板应清洁，仪表上应有试验标识和位号标志。

6　成品保护

6.0.1　调试完成后仪表设备应防护设施完备，保护仪表完好。

7　注意事项

7.0.1　试验人员应穿戴安全帽、工作服。

7.0.2　调试过程中要注意人员和设备的安全；试验人员不得少于两人。

7.0.3　仪表调试合格后要贴合格标志。

7.0.4　调试中若发现设备异常，应立即停止试验，待设备故障原因查明、处理完毕后才可继续试验。

8　质量记录

8.0.1　工程设计说明及图纸资料。

8.0.2　设备出厂技术说明书。

8.0.3　仪表校准和试验记录。

第33章 调节类仪表调试标准

1 引用标准

《分散型控制系统工程设计规定》HG/T 20573—2012

《仪表配管、配线设计规定》HG/T 20512—2014

《石油化工仪表工程施工及验收规范》SH/T 3551—2013

《仪表隔离和吹洗设计规定》HG/T 20515—2014

《计算机设备安装与调试工程施工及验收规范》YBJ—89

《自动化仪表工程施工及质量验收规范》GB 50093—2013

《石油化工仪表工程施工及验收规范》SH/T 3551—2013

《建筑电气工程施工质量及验收规范》GB 50303—2015

《建设工程施工质量验收统一标准》GB 50300—2013

《施工现场临时用电安全技术规范》JGJ 46—2005

2 术语

2.0.1 电动和气动单元组合仪表

变送单元、显示单元、调节单元、计算单元、转换单元、给定单元和辅助单元仪表的调试。

2.0.2 组件式综合控制仪

输入输出组件、信号处理组件、调节组件、辅助组件和盘装仪表。

2.0.3 基地式调节仪表

电动调节器、气动调节器、电（气）动调节记录仪。

2.0.4 执行仪表

气动、电动、液动执行机构、气动活塞式调节阀、气动薄膜调节阀、电动调节阀、电磁阀、伺服放大器、直接作用调节阀及阀附件。

3 施工准备

3.1 作业条件

3.1.1 调节阀、开关阀外观检查。

3.1.2　在仪表压缩空气吹扫合格后方可连接阀门。

3.1.3　安装固定牢固，便于观测，操作方便，机械传动部分灵活无卡滞现象。

3.1.4　控制室调试人员应熟悉画面流程操作和I/O接线方式。

3.1.5　回路测试在程序控制和联锁有关装置的硬件和软件功能试验完成方可进行。

3.1.6　阀门调整到设计文件规定的工作状态。

3.2　检定所需的设备回路测试所需的设备

过程校验仪、精密数字万用表、数字摇表、对讲机等。

3.3　调试人员的组成和要求

3.3.1　校验人员必须持证上岗，由控制室内操作员和现场调试员组成。

3.3.2　调校前应熟悉仪表使用说明书。

3.3.3　并有国家承认的检定证书。

3.3.4　控制室调试人员应熟悉画面流程（仪表及控制装置的用途、控制方式）。

3.3.5　调校过程严格遵守规程、规范、技术要求。

3.3.6　校验合格的仪表设备，应做好合格标记，及时填写校验记录，要求数据真实、字迹清晰，校验人应签名并注明校验日期。

4　操作工艺

4.1　工艺流程

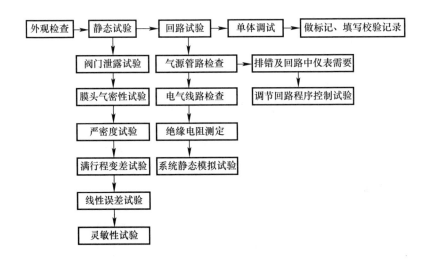

4.2　外观检查

4.2.1　阀门的外观检查应注意铭牌是否完整、清楚，并注明、位号铭牌及实物的型号、规格、材质、测量范围、开关位置清晰、刻度盘等应符合设计要求。

4.2.2　阀门的安装位置、位号应与设计图纸相符，阀体方向箭头与介质流向一致。

4.2.3　阀门刻度、表涂层完好、无锈蚀，内部零部件完整无损，无影响使用和计量性能的缺陷。

4.2.4　阀门的特性（FC/FO，气源故障、励磁故障下的动作情况）、阀门阀芯的位置情况要了解。

4.3　静态试验

4.3.1　阀门泄露试验

调节阀真空度或泄露性试验应随同工艺系统一起进行试验。

4.3.2　阀体压力试验、阀座密封试验

阀体压力试验和阀座密封试验等项目，可对制造厂出具的产品合格证明和试验报告进行验证。对事故切断阀应进行阀座密封试验，其结果应符合产品技术文件的规定。

4.3.3　执行机构在试验时应调整到设计文件规定的工作状态。

4.3.4　膜头、缸体泄漏性试验合格，行程试验合格。

4.3.5　阀门的动作灵活。没有开度振荡现象。检查执行机构的开度，应与调节机构开度和阀位表指示相对应。

4.3.6　对于特殊性阀门除上述试验之外还需要对阀门进行全行程时间试验。

4.4　回路试验

4.4.1　气源管路检查

气源分配器—阀门的减压阀—电磁阀及阀门定位器—阀门气缸气源管没有漏气，接头连接牢固。

4.4.2　电源管路检查：对被检电动门、气动阀的动力部分和反馈部分检查。对其动力部分容量进行核对，实际标准容量是否符合设计要求。控制回路要以设计图纸逐一用对线灯进行核对。电气线路检查应对照阀门接线表及 DCS/PLC、I/O 接线表。

4.4.3　排错及回路中仪表需要再次调试：控制室调试人员应熟悉画面流程操作和 I/O 接线方式时应注意有联锁的设备应该熟悉所形成的闭环节点设备的投切方式（温度、液位、压力、流量、物位），熟悉调节器的作用方式及 ESD 情况动作方式（开、关、保位）。

4.4.4　调节回路程序控制试验

组态内容或程序检查、应用功检查、回路试验。可编程仪表维护功能检查、系统环境功能调试、I/O 卡输入输出信号检查、调试，直接数字控制（DDC）输入输出转换功能、操作功能、回路试验。

4.4.5　绝缘电阻的测试

绝缘检查是用 500V 兆欧表对控制回路应进行绝缘检查，各回路对地绝缘电阻不小于 1MΩ；潮湿区域不得小于 0.5MΩ。在阀门绝缘电阻测定应该满足下表 33-1 要求。

绝缘电阻测定　　　　　　　　　　　表 33-1

额定电压或标称电路电压（直流或正弦波交流有效值）（V）	直流试验电压（V）	绝缘电阻（MΩ）	
		试验条件	
		一般试验大气条件	湿热条件
≤60	100	5	1
>60～130	250	7	2
>130～650	300	10	5

注：适用于具有保护接地端子或保护接地的仪表，依靠安全特低的电压（指用安全隔离变压器或具有独立绕组的变流器与供电干线隔离开的电路中，含有电子器件的点测量指示和记录仪表为导体之间或任何一个导体与地之间有有效值不超过 50V 的交流电压，不含有电子器件的电测量指示和记录仪表为导体之间有效值不超过 42V 的，或三相电路中导体和中间不超过 24V 的交流电压）供电仪表，在不同试验条件下进行绝缘电阻试验时，其与地绝缘的端子同外壳（或地）之间，互相隔离的端子之间分别施加的直流试验电压（绝缘电阻表电压）不得小于规定值。

4.4.6　系统静态模拟试验

1　用精密数字万用表测试 DCS（PLC）输出 AO 信号，以判断调节器的正反作用。检定点应在量程范围内一般不少于五点。

2　带有位置信号的阀门应按照阀门（阀芯）的实际位置，DI 进过安全栅反馈到 DCS（PLC）的位置状态满足实际。对于带有快速切断的阀门应在联锁条件下（模拟工况）。试验阀门的行程满足现场实际。

3　现场调试人员应充分熟悉仪器了解仪表的性能（FC/FO）气源故障、励磁故障下的动作情况及阀门阀芯的位置情况。

4.4.7　单体调试

1　送电前检查：检查阀门电机三相线圈、电磁阀线圈，用万用表测量电动机三相线圈其阻值，其阻值应大致相等。

2　检查电动门传动装置及终端开关是否灵活可靠，将电动门切换至手动装置，转动手轮，观察其传动装置有无卡涩，行程开关，力矩开关是否动作良好。

3　通电试验：在检查无误后，送上控制回路电源（动力回路先不上电）。先后按下开向或关向按钮，检查控制回路的接触器是否动作正确，并分别拨动开向行程开关、力矩开关及关向行程开关、力矩开关。检查相应控制回路的磁力接触器是否动作，否则应重新核对接线。

4　阀门的设定

1）阀门的设定主要是判断阀门的关阀方向（顺时针关阀/逆时针关阀）即阀门相序判断。

2）手动盘动阀门使阀门没有处在全关或全开位置。

3）动力回路送电对操作回路进行点动试验观察阀门的旋转方向以此判断关阀方向。如关阀方向与实际旋转相反应将三相电源中的任意两相对调。把阀门设定为顺时针关阀。

5　开阀方式的设定

一般来说阀门是以限位开控制阀门的停止即限位控制也有力矩控制阀门停止的具体采取何种方式设计图纸上有要求。如果没有图纸说明和阀门厂商建议可参考图 33-1。

阀门类型	关闭	打开
楔型闸阀	"力矩"	"限位"
调节阀	"力矩"	"限位"
蝶阀	"限位"	"限位"
直通阀	"限位"	"限位"
球阀	"限位"	"限位"
旋塞阀	"限位"	"限位"
截流阀	"限位"	"限位"
水闸	"限位"	"限位"
平行滑板	"限位"	"限位"

图 33-1　要求示意图

6　开关限位设定

1）在设定开、关限位之前先把开、关力矩调整到最小（一般阀门的开关力矩在 $40\%\sim100\%$ 之间）。

2）使用控制回路或现场操作按钮控制阀门关闭。必须先设置关阀限位应为常规阀门的计数器是以阀门关闭作为起始位。在阀门停止后用手动旋转手轮看是否还有行程。如果没有就设该点为关限位。如果还有行程阀门的原始限位动作。应该脱开行程控制机构小齿轮与计数器个位齿轮。（动作 1：用螺丝刀将行程机构中顶杆推进并旋转 $90°$，使主动小齿轮与计数器个位齿轮脱开。如果脱不开稍微旋转手轮再次重复）逆时针旋转关阀限位然后重复动作 1 使主动齿轮和计数齿轮重新咬合。使关限位后于力矩动作。然后重复动作 1 顺时针旋转使关阀限位刚好动作。

3）开阀限位设定与关阀限位雷同。

7　开关力矩设定：按设计要求设定如没有明确说明按开阀 60% 关阀 80% 设定（根据阀门和使用条件的不同而异）。

8　位置指示机构调整：

1）在调整好转矩、行程的基础上调整位置指示机构和远传电位器。

2）将阀门关闭（手动或自动）。

3）将位置指针调到表盘的"关"字或关符号处，移动电位器使电位器在零位上，并使电位器轴上的齿轮与开度轴上的齿轮啮合，拧紧电位器上齿轮的紧固钉即可。

9　远控试验：电动门就地调整完后，打到远控位从 DCS 进行操作，检查操作动作是否正确可靠，操作时用秒表记录阀门开关动作时间，并做好记录。

4.5　试验记录的填写

真实填写试验记录。

5　质量标准

5.1　主控项目

压力仪表的标准试验点不应少于 5 点，直接显示温度计的被检示值应符合仪表准确度的规定。

5.2　一般项目

仪表面板应清洁，仪表上应有试验标识和位号标志。

6　成品保护

6.0.1　搬运仪器仪表时应小心轻拿轻放，防止摔坏仪表及砸伤人。

6.0.2　对检验合格又暂时不能安装的仪表，应将表面擦干净放在货架上，盖上塑料布保存。仪表设备防护设施完备，保护仪表完好。

6.0.3　系统试验中应与相关的专业配合，共同确认程序运行和联锁保护条件及功能的正确性，并对试验过程中相关设备和装置的运行状态和安全防护采取必要措施。

7　注意事项

7.1　应注意的质量问题

7.1.1　阀门外形主要尺寸符合设计要求，附件齐全，合格证及检定证书齐全。

7.1.2　在阀门泄露试验时应注意液压试验介质应使用洁净水，当对奥氏体不锈钢管道进行试验时，水中氯离子含量不得超过 25mg/L。试验后应将液体排净。在环境温度 5℃ 以下进行试验时，应采取防冻措施。

7.1.3　对电源管路检查时如就地设备与 DCS/PLC 端子中间有接线箱，应逐段进行试验。

7.1.4　带有自锁保护的执行机构应逐项检查其自锁保护的功能。对于联锁点多、程序复杂的单元设备，可分项和分段进行试验后，再进行整体检查试验。

7.2　**应注意的安全问题**

7.2.1　阀门外管检查中材质检查为阀门及附件不应与所通气体发生化学反应，或某些特殊环境下的禁用金属。

7.2.2　对阀体压力试验和阀座密封试验等项目，对事故切断应进行阀座密封试验，其结果应符合产品技术文件的规定。

7.2.3　仪表压缩空气吹扫合格。压缩空气经过处理，是干燥、无油、无机械杂物的干净压缩空气（也有氮气）压力为 0.7～0.8MPa。

7.2.4　事故切断阀和设计规定了全行程时间的阀门，必须进行全行程时间试验。

7.2.5　阀门远控试验完成后如有阀门或者设备之间的联锁也应该通知相关人配合试验。

7.2.6　试验人员应穿戴安全帽、工作服。

7.2.7　调试过程中要注意人员和设备的安全；试验人员不得少于两人。

7.2.8　仪表调试合格后要贴合格标志。

7.2.9　调试中若发现设备异常，应立即停止试验，待设备故障原因查明、处理完毕后才可继续试验。

8　质量记录

8.0.1　工程设计说明及图纸资料。

8.0.2　设备出厂技术说明书。

8.0.3　仪表校准和试验记录。

第 34 章　温度仪表调试标准

本标准适用于工业与民用建筑工程中热电阻、热电偶以及温度计的单体调试工作。

1　引用标准

《工业铂、铜热电阻》JJG 229—2016

《弹簧管式一般压力表、压力真空表及真空表检定规程》JJG 52—2013

《数字温度指示仪检定规程》JJG 617—96

《双金属温度计试行检定规程》JJG 226—2001

《自动化仪表工程施工及质量验收规范》GB 50093—2013

《石油化工仪表工程施工及验收规范》SH/T 3551—2013

《建筑电气工程施工质量及验收规范》GB 50303—2015

《建设工程施工质量验收统一标准》GB 50300—2013

《施工现场临时用电安全技术规范》JGJ 46—2005

2　术语

2.0.1　热电偶

是温度测量仪表中常用的测温元件，它直接测量温度，并把温度信号转换成热电动势信号，通过电气仪表（二次仪表）转换成被测介质的温度。

3　施工准备

3.1　作业条件

3.1.1　建立热控现场实验室，室内环境温度应在 $20\pm5℃$，相对湿度不大于85%，且应符合消防管理的有关规定。

3.1.2　在实验室内建立仪表合格区与不合格区，避免出现仪表混放的情况。

3.1.3　热控试验时应清洁、安静、光线充足、无振动和电磁干扰。

3.1.4　电源电压（交流 $220V\pm10\%$、直流 $24V\pm5\%$）稳定。

3.2　调试人员的组成和要求

3.2.1　校验人员必须持证上岗。

3.2.2　调试人员应充分熟悉仪器仪表的性能及调试方法，并有国家承认的检定证书。

3.2.3　调试人员应熟悉仪表及控制装置的用途。

3.2.4　调校过程严格遵守规程、规范、技术要求。

3.3　工具机配备

3.3.1　热工试验场所应配置一般的工具，如万用表、尖嘴钳、螺丝刀、剥线钳等。

3.3.2　温度仪表单体调试所需设备，如智能过程校验仪（ConST318）、便携式温度校验仪。

4　操作工艺

4.1　工艺流程

施工准备→仪表出库检查→温度仪表单体调试→仪表安装前的保管→试验记录的填写。

4.2　施工准备

4.2.1　熟悉图纸，了解仪表的型号、规格、材质等情况。

4.2.2　详细阅读仪表使用说明书，了解被校仪表的技术参数，掌握校验方法。

4.2.3　根据被校仪表的型号、规格，准备好校验仪器及必要的调校工具。

4.3　仪表出库检查

4.3.1　检查外观有无变形、损坏、零件丢失等现象。外形尺寸应符合设计要求。

4.3.2　核对铭牌及实物的型号、规格材质是否符合设计要求。

4.3.3　如经检查外观不合格应及时退回生产单位。

4.4　温度仪表单体调试

4.4.1　热电阻、热电偶的调试。

1　外观检查

1）外观是否清洁完整，参比端接线端子是否有松动，接线应牢固。

2）保护套管应光滑无毛刺，无破损，能确实起到保护电阻丝的作用。

3）在常温下感温元件与保护管之间绝缘电阻应不小于 $100M\Omega$（电压为 $10\sim 100V$ 的兆欧表），无短路和开路现象。

2　示值检定

1）根据被检仪表的测量范围和精度选取合适的温度源（便携式温度校验仪 6001/6002）。

2）选取合适的校验点，一般取常温、量程中间点和满点三点测量。

3）将便携式温度校验仪设定在测量点，然后将被检表放入温度校验仪中，放置一段时间。

4）待其温度稳定以后，用智能过程校验仪（ConST318）读取被检表的温度，并做好试验记录。

5）根据被检表的分度号、量程以及精度等级，计算出最大允许误差，判断仪表是否合格。

6）校验完成后，给被检合格的仪表贴上合格标志，并将不合格的仪表与合格仪表区分放置。

4.4.2 温度计的调试

1 外观检查

1）外观是否清洁完整，表盘及表面玻璃不应有妨碍读数的缺陷和损伤。

2）保护套管应光滑无毛刺，无破损。

2 示值检定

1）根据被检仪表的测量范围和精度选取合适的温度源（便携式温度校验仪6001/6002）。

2）选取合适的校验点，一般取零点、量程中间点和满点三点测量。将便携式温度校验仪设定在测量点，然后将温度计放入温度校验仪中。

3）观看仪表指针偏转情况，应偏转平滑、无卡涩、现象，轻敲位移小于允许误差的二分之一。对于超差仪表，打开表盖，使用起针器重新定位，再重新校验。

4）校验完成后，对合格仪表贴合格标签，并做好试验记录。

4.5 仪表安装前的保管

4.5.1 搬运仪器仪表时应小心轻拿轻放，防止摔坏仪表及砸伤人。

4.5.2 对检验合格又暂时不能安装的仪表，应将表面擦干净放在货架上，盖上塑料布保存。

4.6 试验记录的填写

真实填写试验记录。

5 质量标准

5.1 主控项目

温度检测仪表的标准试验点不应少于 2 点，直接显示温度计的被检示值应符合仪表准确度的规定，热电偶和热点阻可在常温下检测其完好状态。

5.2　一般项目

仪表面板应清洁，且有试验标识和位号标志。

6　成品保护

6.0.1　调试完成后仪表设备应防护设施完备，保护仪表完好。

7　注意事项

7.0.1　试验人员应穿戴安全帽、工作服。

7.0.2　调试过程中要注意人员和设备的安全；试验人员不得少于两人。

7.0.3　仪表调试合格后要贴合格标志。

7.0.4　调试中若发现设备异常，应立即停止试验，待设备故障原因查明、处理完毕后才可继续试验。

8　质量记录

8.0.1　工程设计说明及图纸资料。

8.0.2　设备出厂技术说明书。

8.0.3　仪表校准和试验记录。

第35章 压力仪表调试标准

本工艺适用于工业与民用建筑中压力类仪表调试施工。

1 引用标准

《弹簧管式一般压力表、压力真空表及真空表检定规程》JJG 52—1999

《压力变送器检定规程》JJG 882—2004

《压力控制器检定规程》JJG 554—2011

《数字压力计检定规程》JJG 875—2005

《自动化仪表工程施工及质量验收规范》GB 50093—2013

《石油化工仪表工程施工及验收规范》SH/T 3551—2013

《建筑电气工程施工质量及验收规范》GB 50303—2015

《建设工程施工质量验收统一标准》GB 50300—2013

《施工现场临时用电安全技术规范》JGJ 46—2005

2 术语

电接点压力表：仪表经与相应的电气器件（如继电器及变频器等）配套使用，即可对被测（控）压力的各种气体与液体介质经仪表实现自动控制和发信（报警）的目的。

3 施工准备

3.1 作业条件

3.1.1 应编写压力仪表调试作业指导书。

3.1.2 仪表校验间应符合下列要求：

1 室内清洁，光线充足，通风良好，地面平坦。

2 室内温度维持在 10～35℃ 之间，空气相对湿度不大于 85%，无腐蚀性气体。

3 避开振动大、灰尘多、噪声大和有强磁场干扰的地方。

3.1.3 仪表调校用电源应稳定，50Hz220V 交流电源和 48V 直流电源，电压波动不应超过额定值的 +10%，24V 直流电源不应超过 +5%。

3.1.4　仪表调校用气源应清洁、干燥，露点至少比最低环境温度低 10℃，气源压力应稳定，波动不应超过额定值的＋10％。

3.1.5　调校用标准仪器、仪表应具备有效的检定合格证书，基本误差的绝对值不宜超过被校仪表基本误差绝对值的 1/3。

3.1.6　调校前应熟悉仪表使用说明书。仪表校验前做好外观检查，铭牌及实物的型号、规格、材质、测量范围、刻度盘等应符合设计要求。无变形、损伤、零件丢失等缺陷，外形主要尺寸符合设计要求，附件齐全，合格证及检定证书齐全。

3.1.7　校验合格的仪表，应做好合格标记，及时填写校验记录，要求数据真实、字迹清晰，校验人应签名并注明校验日期。

3.1.8　经校验不合格的仪表，应按指定区域单独存放，或挂牌标识，并写好不合格记录，在未按评审意见处理并经复检合格之前，不得进入下一施工。

3.2　调试人员的组成和要求

3.2.1　校验人员必须持证上岗。

3.2.2　调试人员应充分熟悉仪器仪表的性能及调试方法，并有国家承认的检定证书。

3.2.3　调试人员应熟悉仪表及控制装置的用途。

3.2.4　调校过程严格遵守规程、规范、技术要求。

3.3　工具机配备

3.3.1　热工试验场所应配置一般的工具，如万用表、尖嘴钳、螺丝刀、剥线钳等。

3.3.2　压力仪表单体调试所需设备，如智能过程校验仪（ConST318）、全自动压力校验仪、标准活塞压力计、智能过程压力校验仪、万用表。

4　操作工艺

4.1　工艺流程

施工准备→仪表出库检查→压力类仪表单体调试→仪表安装前的保管→试验记录的填写。

4.2　施工准备

4.2.1　熟悉图纸，了解仪表的型号、规格、材质等情况。

4.2.2　详细阅读仪表使用说明书，了解被校仪表的技术参数，掌握校验方法。

4.2.3　根据被校仪表的型号、规格，准备好校验仪器及必要的调校工具。

4.3　仪表出库检查

4.3.1　检查外观有无变形、损坏、零件丢失等现象。外形尺寸应符合设计要求。

4.3.2　核对铭牌及实物的型号、规格材质是否符合设计要求。

4.3.3　如经检查外观不合格应及时退回生产单位。

4.4　压力类仪表单体调试

4.4.1　检查被校仪表外观，铭牌应完整、清楚，并注明型号、规格、位号等，应标记高、低压容室，表涂层完好、无锈蚀，内部零部件完整无损，无影响使用和计量性能的缺陷。

4.4.2　选择标准仪器：标准仪器精度在 0.05 级以上。

4.4.3　检验点选取：根据量程均匀选取压力检验点，检验点（包括高、低量程点）不得少于 5 点。确定后，可计算出各点相对应的输出电流值（即真值），实际检定误差不应超过下列最大允许误差值：$d = \pm 16 \times a\% \mathrm{MA}$（$d$ 为最大允许基本误差）、（$a\%$ 为变送器精度等级）。

4.4.4　标准表的选择：仪表检定时，标准表的综合误差应大于等于被校表的允许误差的 1/4，量程为被校表量程的 1～1.5 倍。根据被检表等级和量程，选择模块、压力源等，并计算出被检表的最大允许误差。

仪表最大允许误差＝±(仪表量程×精度等级)；

计算仪表误差：仪表示值误差≤仪表允许误差；

仪表回程误差≤仪表允许误差的绝对值；

轻敲位移≤仪表允许误差的绝对值的 1/2；

信号动作报警偏差≤仪表允许误差的绝对值。

4.4.5　压力表及压力开关

1　压力表检定

1）仪表零位检查：带有止销的压力表，无压时指针应紧靠止销，无止销压力表指针应位于零位标志内。

2）电接点压力表绝缘电阻的检查：用 500V 兆欧表检查，稳定 10s 后读数，绝缘电阻大于 20MΩ。

3）禁油压力表的检查：表计内注入温水（30～40℃），到出后水面应无油花。

4）真空部分检定两点（三点），大于 0.3MPa 时，疏空时指针应能指向真空方向。电接点压力表应进行设定点偏差的检查。

5）检定用工作介质：测量上限不大于 2.5MPa 的压力表，工作介质为清洁的空气或性能稳定的其他气体。大于 2.5MPa 的压力表工作介质选用无腐蚀性的液体如透平油，标注有禁油的应用空气检定。

6）安装：将被检表和标准压力表安装到压力校验台上，被检表安装在左侧，两表受压点应基本上位于同一水平面上，否则考虑液柱修正。

7）密封性检查：用压力泵（真空泵、空压泵）平稳升压（或抽真空），示值达到压力上限（或抽真空至 0.08MPa）时，停止并耐压 3min（或按厂家要求），检查是否有泄漏，之后降至零点，仪表指针在全行程中运动应平稳无跳动或卡住现象。

8）仪表迁移：如果仪表安装位置与测点不在同一水平面上，检定时按下式修正：

$P = P1 \pm \rho g h$（测点位置高于安装位置用"＋"）　　　　　（式 35-1）

P 为标准表压力；$P1$ 为表压力；ρ 为测量介质密度；

g 为重力加速度；h 为仪表安装位置与侧点位置的垂直高度；

现场可根据以下方法粗略推算：10m 水柱落差为 0.1MPa。

9）压力表检定：根据所定的检验点，将仪表压力缓慢上升（或下降）至每个压力检定点，均进行两次读表（被检表）。第一次轻敲表壳前读数，第二次轻敲表壳后读数，读数时将标准表指针对准刻度，读别校表，读出最小分辨值（最小分度值的 1/5），并记录。

10）真空表检定：根据所定的检验点，将仪表压力缓慢抽真空（或疏空）至每个压力检定点（最大值可定为 -0.08MPa），均进行两次读表（被检表）。第一次轻敲表壳前读数，第二次轻敲表壳后读数并纪录。

2　电接点压力表检定

1）电接点压力表先将接点挡针调至最大或最小。再根据压力表、真空表检定方法进行检定。

2）将挡针调至设定值（报警点），检查报警偏差，平稳缓慢升压（或降压）到信号接通或断开，此时读取的值为上（下）切换值，设定值与其之差应小于仪表允许误差。

3）信号接通或断开时读取的值之差为切换差，应小于仪表允许误差的绝对值。

压力真空表检定方法：先检定真空部分再检定压力部分，方法同压力表和真空表校验方法。

3　压力开关

1）压力开关是以触点闭合和断开的形式输出开关量信息，被校表装在压力校验台的右边。

2）压力开关多是不大于 2.5MPa，选用全自动压力校验仪或华信校验仪。

3）大于 2.5MPa 的选用标准活塞压力计，把合适的传压介质冲到油杯内，关死油杯阀，缓慢的旋转手轮加压，排净导压管内的空气，检查导压管路是否畅通。

4）上升动作的压力开关，当压力升到压力开关规定的动作值时，调整压力开关的调整旋钮，使压力开关的触点动作。

5）下降动作的压力开关，先加压使压力开关动作，当压力下降到压力开关规定的动作值时，调整压力开关的调整旋钮，使压力开关的触点动作。

6）压力开关动作误差小于基本误差绝对值。

7）记录填写：按仪表要求填写记录表格的各项内容，数据真实可靠。

8）根据检定规程和验评要求对仪表进行其他项目地检查。

9）仪表调整：仪表出现线性误差时，调整拉杆和扇形齿轮的连接螺钉，向外移示值减小，向内移示值增大。出现非线性误差时，调整拉杆和扇形齿轮间的夹角，误差先负后正，减小夹角角度，再按线性误差调整，直至误差在允许误差范围内。

4　变送器仪表校验

1）密封性检查：平稳缓慢升压（或疏空）至变送器压力上限值（或 -80kPa），停止并保持密封 15min，检查标准表，后 5min 压力变化不大于 2％（或按制照厂要求）。

2）零位及量程检查：表计通电 15min 后，检查变送器零位、满量程是否符合技术要求，如超出技术要求，使用智能过程校验仪（ConST318）修改使其符合要求。检查仪表软件组态，使用专用智能通讯器检查，应符合工艺及测量要求。

3）从下限（零位）开始，平稳升压（或疏空）至各压力校验点使压力依次达到变送器量程的 0％、25％、50％、75％、100％，观察电流显示是否分别为 4、8、12、16、20MA，误差小于允许误差即为合格，读取被校表读数并记录，直到测量压力上限，保持上限压力 3min，再平稳的返回至各压力校验点，回程时压力由 100％，依次降到 75％、50％、25％、0％，看相应的电流显示。同样要达到合格标准，读数时读出最小分辨值，记录读数。

4）仪表迁移：如果压力仪表安装位置与测点不在同一水平面上，检定时按下式修正：

$$P = P1 \pm \rho g h （测点位置高于安装位置用 "+"）\qquad（式 35-2）$$

P 为标准表压力；$P1$ 为表压力；ρ 为测量介质密度；

g 为重力加速度；h 为仪表安装位置与侧点位置的垂直高度；

现场可根据以下方法粗略推算：10m 水柱落差为 0.1MPa，使用智能过程校验仪（ConST318）迁移。

5　压力数字仪表检定

1）从下限开始增大毫安信号，即上行程，对应仪表检定点输入对应的信号值（MA），接近被检点时应缓慢改变输入量，读取仪表各上行程示值直至满量程，再减小输入信号，读取下行程示值直至零位，上限值只进行上行程的检定，下限值只进行下行程的检定。根据下式计算误差：$\triangle P = (P1 - P)$　　　（式 35-3）

式中：$\triangle P$ 为基本误差（MPa）；

P 为标准表输入的各信号值换算的压力值（MPa）；

$P1$ 为被检表的各检定点对应的压力值（MPa）。

2）仪表设定值的检定：将仪表调至设定值（报警点），检查报警偏差，平稳缓慢增加（或减少）信号（MV、Ω、mA），仪表相应接点接通或断开，此时读取的值为上（下）信号动作值，其与设定值之差应小于仪表允许误差。

3）数据修约：仪表记录中读数必须按被校仪表的分辨力值进行修约，如分辨力为 0.1，修约至小数点后一位即可。计算误差值按被校仪表的分辨力值的 1/10 进行修约，设定点误差按被校仪表的分辨力值进行修约。

4.5　仪表安装前的保管

4.5.1　搬运仪器仪表时应小心轻拿轻放，防止摔坏仪表及砸伤人。

4.5.2　对检验合格又暂时不能安装的仪表，应将表面擦干净放在货架上，盖上塑料布保存。

5　质量标准

5.1　主控项目
压力仪表的标准试验点不应少于 5 点。

5.2　一般项目
仪表面板应清洁，仪表上应有试验标识和位号标志。

6　成品保护

6.0.1　调试完成后仪表设备应防护设施完备，保护仪表完好。

7　注意事项

7.0.1　试验人员应穿戴安全帽、工作服。

7.0.2　调试过程中要注意人员和设备的安全；试验人员不得少于两人。

7.0.3　仪表调试合格后要贴合格标志。

7.0.4　调试中若发现设备异常，应立即停止试验，待设备故障原因查明、处理完毕后才可继续试验。

8　质量记录

8.0.1　工程设计说明及图纸资料。

8.0.2　设备出厂技术说明书。

8.0.3　仪表校准和试验记录。

第36章　液位仪表调试标准

本标准适用于工业与民用建筑工程中的浮筒液位计、电接点液位计等液位仪表的调试工作。

1　引用标准

《自动化仪表工程施工及质量验收规范》GB 50093—2013
《石油化工仪表工程施工及验收规范》SH/T 3551—2013
《建筑电气工程施工质量及验收规范》GB 50303—2015
《建设工程施工质量验收统一标准》GB 50300—2013
《施工现场临时用电安全技术规范》JGJ 46—2005

2　术语

2.0.1　液位测量

液位指密封容器（池子）或开口容器（池子）中液位的高低，对其测量是对液位仪表外观、绝缘以及精度的检查测量来检验仪表是否合格，能否满足工艺生产的需求，确保量值传递的准确性。

3　施工准备

3.1　作业条件

3.1.1　建立热控现场实验室，室内环境温度应在$20\pm5℃$，相对湿度不大于85%，且应符合消防管理的有关规定。

3.1.2　在实验室内建立仪表合格区与不合格区，避免出现仪表混放的情况。

3.1.3　热控试验时应清洁、安静、光线充足、无振动和电磁干扰。

3.1.4　电源电压（交流$220V\pm10%$、直流$24V\pm5%$）稳定。

3.2　调试人员的组成和要求

3.2.1　校验人员必须持证上岗。

3.2.2　调试人员应充分熟悉仪器仪表的性能及调试方法，并有国家承认的检定证书。

3.2.3　调试人员应熟悉仪表及控制装置的用途。

3.2.4　调校过程严格遵守规程、规范、技术要求。

3.3　工具机配备

3.3.1　热工试验场所应配置一般的工具，如万用表、尖嘴钳、螺丝刀、剥线钳等。

3.3.2　液位仪表单体调试所需设备，如智能过程校验仪（ConST318）、全自动压力校验仪。

4　操作工艺

4.1　工艺流程：

施工准备→仪表出库检查→仪表单体调试→仪表安装前的保管→试验记录的填写。

4.2　施工准备

4.2.1　熟悉图纸，了解仪表的型号、规格、材质等情况。

4.2.2　详细阅读仪表使用说明书，了解被校仪表的技术参数，掌握校验方法。

4.2.3　根据被校仪表的型号、规格，准备好校验仪器及必要的调校工具。

4.3　仪表出库检查

4.3.1　检查外观有无变形、损坏、零件丢失等现象。外形尺寸应符合设计要求。

4.3.2　核对铭牌及实物的型号、规格材质是否符合设计要求。

4.3.3　如经检查外观不合格应及时退回生产单位。

4.4　仪表单体调试

所需的设备：智能过程校验仪（ConST318）、万用表、全自动压力校验仪。

4.4.1　浮筒液位计的调试

1　外观检查：

1）外观是否清洁完整，参比端接线端子是否有松动，接线应牢固。

2）保护套管应光滑无毛刺、无破损，能确实起到保护的作用。

2　零点调试

1）在液位正处于零时可进行调零，检查并记录下液位为零时的指示值。

2）将测量室内的清水排除。

3）按键来减少零点的数值即输入偏差数值来补偿零点偏差。完成设定后返回测量模式，观察指示和输出电流以确认该指示和输出时零点。

3　满度调试

1）在液位处于100％时可进行满量程的调节，检查并记录下液位为100％时的指示值。

2）零点调整好后，向测量室内注入清水至满刻度处。

3）按键来增大满量程的指示值即输入偏差数值来补偿满量程偏差。完成设定后回测量模式，观察指示和输出电流以确认该指示和输出时满点。

4）中间各点调试：取量程范围的 25%、50%、75% 分别做出标记，所对应的输出电流为 8mA、12mA、16mA。

5）校验完成后，给被检合格的仪表贴上合格标志，并将不合格的仪表与合格仪表区分放置。

6）水校法无法调试两种介质密度都大于水的情况，校验比水密度大的工作液体的浮筒，不能够校验 100% 时的刻度。

4.4.2　电接点液位计的调试

1　外观检查

1）外观是否清洁完整，线路是否有断开，接线螺钉是否紧固。

2）保护套管应光滑无毛刺，无破损。

2　线路检定

1）根据被检仪表的测量范围（一般设 17 个或 19 个电接点）检测。

2）电接点液位计一端接电极芯，另一端接测量筒体的公共电极。

3）用万用表选通断测量公共电极与电极芯的每条线路是否断路无接通（内部有液位时通）。

4）校验完成后，对合格仪表贴合格标签，并做好试验记录。

4.4.3　磁翻板液位计的调试

1　外观检查

1）外观是否清洁完整，线路是否有断开，接线螺钉是否紧固。

2）保护套管应光滑无毛刺，无破损。

2　质量检定

1）先打开上部引管阀门注入介质（一般为水），然后缓慢开启下部阀门，让介质平稳进入主导管（避免介质急速冲击浮子，引起浮子剧烈波动，影响显示准确性）。

2）观察磁性红白球翻转是否正常，然后关闭下引管阀门，打开排污阀，让主导管内液位下降。

3）据此方法操作三次，确属正常，即可投入使用。

4.5　仪表安装前的保管

4.5.1　搬运仪器仪表时应小心轻拿轻放，防止摔坏仪表及砸伤人。

4.5.2　对检验合格又暂时不能安装的仪表，应将表面擦干净放在货架上，盖上塑料布保存。

4.6　试验记录的填写

真实填写试验记录。

5　质量标准

5.1　主控项目

液位检测仪表的标准试验点不应少于 2 点，直接显示液位的被检示值应符合仪表准确度的规定，液位计可在常温下检测其完好状态。

5.2　一般项目

仪表面板应清洁，仪表上应有试验标识和位号标志。

6　成品保护

6.0.1　调试完成后仪表设备应防护设施完备，保护仪表完好。

7　注意事项

7.0.1　试验人员应穿戴安全帽、工作服。

7.0.2　调试过程中要注意人员和设备的安全；试验人员不得少于两人。

7.0.3　仪表调试合格后要贴合格标志。

7.0.4　调试中若发现设备异常，应立即停止试验，待设备故障原因查明、处理完毕后才可继续试验。

8　质量记录

8.0.1　工程设计说明及图纸资料。

8.0.2　设备出厂技术说明书。

8.0.3　仪表校准和试验记录。

第37章　仪表回路调试标准

本标准适用于工业与民用建筑工程中仪表回路调试。

1　引用标准

《自动化仪表工程施工及质量验收规范》GB 50093—2013

《石油化工仪表工程施工及验收规范》SH/T 3551—2013

《建筑电气工程施工质量及验收规范》GB 50303—2015

《建设工程施工质量验收统一标准》GB 50300—2013

《施工现场临时用电安全技术规范》JGJ 46—2005

2　术语

2.0.1　仪表回路

仪表回路也就是仪表或仪表元件的工作过程。

3　施工准备

3.1　作业条件

3.1.1　所有与系统控制有关的外部常规仪表、零部件必须经过调试、检查合格。

3.1.2　所有连接电缆的接线必须正确无误并无短路和接地现象。

3.1.3　接地系统（AC、DC）必须完整、合格。

3.1.4　电气专业已调试合格，与电气专业已具备接受和输出信号的条件。

3.1.5　各种工艺参数的整定值均已确定。

3.2　调试人员的组成和要求

3.2.1　校验人员必须持证上岗。

3.2.2　调试人员应充分熟悉仪器仪表的性能及调试方法，并有国家承认的检定证书。

3.2.3　调试人员应熟悉仪表及控制装置的用途。

3.2.4　调校过程严格遵守规程、规范、技术要求。

3.3　工具机配备

热工试验场所应配置一般的接线工具，如万用表，智能过程校验仪（ConST318），对讲机、500V 兆欧表、尖嘴钳、螺丝刀、剥线钳等。

4　操作工艺

4.1　工艺流程

仪表系统回路校线→受电仪表系统回路调试→调试与投入→检查试运行。

4.2　仪表系统回路校线、受电

4.2.1　按照相关接线图进行查线、校线，校线时应拆下接线端子上的线后再进行校线，对短接的线端也应断开再校线。校线可以选用万用表、对讲机等设备。

4.2.2　盘、箱、柜内从电源进线到盘内电源总开关再到回路分开关，以及再到表计电源开关，必须按接线图检查正确，否则会影响下一步的受电工作。

4.2.3　绝缘检查：盘内所有交直流电力回路受电前，必须用兆欧表检查绝缘（半导体、集成电路元件除外）。

4.2.4　仪表系统校线、受电，且受电方向是：

供电总开关→盘内电源总开关→回路分开关→表计电源开关。

4.3　仪表系统回路调试

4.3.1　调试温度检测回路

1　用万用表检查回路接线，正确率应为 100%。

2　热电偶补偿导线的＋、－极性要正确，要用万用表进行回路接线检查。

3　信号电缆屏蔽层接地应良好。

4　调试与投入

1）在就地将一次元件一次线打掉，在线上加毫伏信号（热电偶），电阻值（热电阻），同时在计算机显示屏和控制盘装仪表上看显示是否与所加信号对应的温度值一致，查阅相关温度对照值，进热工报警装置的是否按设置要求报警。

2）计算机显示值和盘装表显示值在允许范围内为合格，如发现显示不正确，应重新检查回路，排除差错，若系统误差大于允许误差，则应对组成该检测回路的各个仪表逐一重新进行单体调校。

5　经调试合格后出具试验记录，字迹清楚、数据准确、项目齐全。

4.3.2　调试压力检测回路

1　所需的仪器

智能过程校验仪（ConST318）、数字万用表。

2　检查

1）用万用表检查接线的正确率应为 100%。

2）检查所配管路正、负压侧与差压变送器正、负压侧安装是否正确。

3）管路冲洗是否干净。

4）差压测量零点是否正确。

5）调试与投入

① 用智能过程校验仪（ConST318）在就地一次元件加毫安信号，同时在计算机显示屏或控制盘装仪表上看显示是否与所加毫安信号对应的压力值一致，在允许范围内为合格，进热工信号报警装置的是否按设置要求报警。

② 若显示不正确，应重新检查回路，排除差错。若系统误差大于允许误差，则应对组成该回路的各个仪表逐一进行单体调校。量程需要迁移、开方的，用手操器进行迁移、开方。

③ 进行压力测量修正：当取压点高于测量仪表时，对仪表进行负迁移；当取压点低于测量仪表时，对仪表进行正迁移；迁移的压力值由仪表由取压点的距离决定。

④ 调试流量检测回路时对流量与差压非线性关系进行处理。

⑤ 压力、差压测量回路综合误差应≤允许综合误差（与相关仪表示值对比）。

⑥ 电远传表示值应清晰、正确，报警动作值准确、可靠。

6）经调试合格后出具试验记录，字迹清楚、数据准确、项目齐全。

4.3.3　调试液位检测回路

1　所需仪器：500V 兆欧表、电阻箱、数字万用表、智能过程校验仪（ConST318）。

2　检查

1）用万用表检查接线正确率应为 100%。

2）用 500V 兆欧表检查电极相对外壳的绝缘电阻。

3）与热力系统一起进行压力试验，检查测量筒的严密性，应无渗漏。

3　调试和投入

1）接通交流电源，首先让仪表进入试灯状态，用直流电阻箱模拟水导电，电阻接入转换器相对应的接线端子上，对水位显示高、低报警及其动作值逐点检查。

2）检验数字或光柱示值误差、模拟量输出误差及信号动作误差是否符合制造厂规定。

3）对零液位而产生压差的液位检测仪表，对该仪表零点进行迁移（若单表调试时已经迁移，回路调试则不用再迁移），量程保持不变；

4）投入运行后与就地水位计比较，检查显示是否正常，高、低超限报警动作是否正确、可靠。

4　经调试合格后出具试验记录，字迹清楚、数据准确、项目齐全。

4.3.4　电容式物位计测量回路调试

1　所需仪器：智能过程校验仪（ConST318）、数字万用表。

2　检查

1）用万用表检查接线正确率应为 100％。

2）用万用表检查每回路连接线电阻：传感器与显示器间的连接导线电阻应＜15Ω；显示器远传输出信号的导线电阻应＜45Ω。

3　调试及投入

1）线路初始分布电容调整（零位示值允差）应为±1.0％。

2）调试检查示值允差：非防爆型为±1.0％；安全火花型为±1.5％。

3）检查报警动作值允差为±2.5％。

4　调试合格后的回路填好试验记录。

4.3.5　仪表自动调节系统回路调试

1　所需仪器：数字万用表、智能过程校验仪（ConST318）。

2　检查

1）用万用表检查接线正确率应为 100％。

2）阀门要求安装前根据国家规范进行气密性泄漏率检查及行程校验，通道校验前必须接好气源，满足供气要求，且检查气源压力是否符合阀门要求。

3　调试和投入

1）按照设计的规定，检查并确定调节器及执行器的动作方向，并确认执行机构在其全行程内动作顺畅，且无卡涩现象。

2）在系统的信号发生端，给调节器输入模拟信号，检查其基本误差、手动的输出保持特性和比例、积分、微分动作以及自动和手动操作的双向切换功能。

3）将调节器置自动状态，检查自动调节状态下执行器的全行程动作是否符合设计要求。

4）用手动操作机构的输出信号，检查执行器从始点到终点的全行程动作。

5）当控制器或操作站上有执行器的开度和起点、终点信号显示时，应同时进行检查。

4　经调试合格后出具试验记录，字迹清楚、数据准确、项目齐全。

4.3.6　报警回路调试

1　所需仪器：数字万用表、智能过程校验仪（ConST318）。

2　检查

1）用万用表检查接线正确率应为 100％。

2）热工信号单元接线图中查出所有热工测点及来源。

3）检查报警接点到报警器的电阻值应≤20Ω。

4）检查"试灯"、"消音"按钮电源相数、零线联接方式是否符合制造厂规定。

5）光报警器、音箱、电源箱，外观检查良好。通电测试，报警器、音响、电源箱符合设计要求。

3　调试和投入

1）对系统内的报警给定器及仪表、电气设备内的报警组件按设计规定的给定值进行整定。从报警组件处输入与给定报警值相对应的模拟信号，使报警接点动作，计算动作时的输入值与给定报警值之间的误差，若超差则重新调整给定报警值，重复以上试验，直至合格，并做好记录。调整时必须注意报警是低位报警还是高位报警。

2）在系统的信号发生端输入模拟信号，使报警回路处于报警状态下，其音响和灯光信号是否达到设计要求。消铃、复位按钮能正常工作。

4　经调试合格后出具试验记录，字迹清楚、数据准确、项目齐全。

4.3.7　程序控制和联锁回路调试

1　程序控制系统和联锁系统有关装置的硬件和软件功能试验已经完成，系统相关的回路试验已经完成。

2　系统内的报警给定器整定值和试验应符合设计或运行要求。

3　系统内的仪表、电气设备的整定值和试验应符合设计或运行要求。

4　在信号输入端送入模拟信号，对程控系统进行开环调试，系统的步序、逻辑关系、动作时间以及输出状态均应符合设计要求。

5　联锁系统应进行开环调试及整套联动两个试验，动作应准确可靠。

6　系统试验中应与相关的专业配合，共同确认联锁保护及功能的正确性，并对试验过程中相关设备和装置的运行采取必要的安全防护措施。

4.4　最终检查

检查系统误差是否在设计、规范规定的允许误差范围之内，如超差，则重新调试，直至合格。检查调节装置、报警装置是否按设计要求可靠动作，如不符合要求，待整改后，重新调试，直至合格。系统调试结束后及时填写系统调试记录，并应及时得到相关人员签字确认。

5　质量标准

5.0.1　在检测回路的信号输入端输入模拟被测变量的标准信号，回路的显示仪表部分的示值误差，不应超过回路内各单台仪表允许基本误差平方和的平方根值。

5.0.2 报警系统：在系统的信号发生端输入模拟信号，使报警回路处于报警状态下，其音响和灯光信号是否达到设计要求。

5.0.3 控制回路通过控制器或操作站的输出向执行器发送控制信号，检查执行器执行机构的全行程动作方向和位置应正确。

5.0.4 控制回路执行器带有定位器时应同时试验。

5.0.5 控制回路当控制器或操作站上有执行器的开度和起点、终点信号显示时，应同时检查试验开度和起点、终点信号的正确性。

5.0.6 报警系统中有报警信号的仪表设备，检测报警开关，仪表的报警输出点，应根据设计文件规定的设定值进行整定。

5.0.7 在报警回路的信号发生端模拟输入信号，检查报警灯光、音响和屏幕显示应正确。

5.0.8 报警的消音、复位和记录功能应正确。

5.0.9 程序控制系统和联锁系统有关装置的硬件和软件功能试验已完成，系统相关的回路试验已完成。

5.0.10 程序控制系统和联锁系统中的各有关仪表和部件的动作设定值，应根据设计文件规定进行整定。

5.0.11 程序控制系统的试验应按程序设计的步骤逐步检查试验，其条件判定、逻辑关系、动作时间和输出状态应符合设计文件的规定。

5.0.12 联锁控制系统的联锁条件和输入输出功能应符合设计文件规定。

5.0.13 温度检测回路可在检测元件的输出端向回路输入电阻值或毫伏值模拟信号。

6 成品保护

6.0.1 调试完成后仪表设备应防护设施完备，保护仪表完好。

6.0.2 压力测量仪表应关闭根部取样阀和仪表入口阀，打开排污阀。差压变送器还应打开三阀组上平衡阀。

6.0.3 自动调节阀应关闭阀前、阀后截止阀，以防止调节阀单边过压。

7 注意事项

7.0.1 试验人员应穿戴安全帽、工作服。

7.0.2 调试过程中要注意人员和设备的安全；试验人员不得少于两人。

7.0.3 仪表调试合格后要贴合格标志。

7.0.4 调试中若发现设备异常，应立即停止试验，待设备故障原因查明、处理完毕后才可继续试验。

8　质量记录

8.0.1　工程设计说明及图纸资料。

8.0.2　设备出厂技术说明书。

8.0.3　仪表校准和试验记录。